艺术程序设计讲义

薄一航◎著

中国国际广播出版社

图书在版编目（CIP）数据

艺术程序设计讲义 /薄一航著. —北京：中国国际广播出版社，2023.8

北京电影学院精品系列教材

ISBN 978-7-5078-5384-1

Ⅰ.①艺… Ⅱ.①薄… Ⅲ.①程序设计－高等学校－教材 Ⅳ.①TP311.1

中国国家版本馆CIP数据核字（2023）第150581号

艺术程序设计讲义

著　　者	薄一航
责任编辑	林钰鑫
校　　对	张　娜
版式设计	邢秀娟
封面设计	赵冰波
出版发行	中国国际广播出版社有限公司［010-89508207（传真）］
社　　址	北京市丰台区榴乡路88号石榴中心2号楼1701 邮编：100079
印　　刷	北京启航东方印刷有限公司
开　　本	710×1000　1/16
字　　数	390千字
印　　张	25
版　　次	2023 年 10 月　北京第一版
印　　次	2023 年 10 月　第一次印刷
定　　价	98.00 元

目　录

静态篇

动态篇

提高篇

语法篇

学生作业

静态篇

第 1 章　预备知识

【本章重点】

1. 了解什么是计算机语言。

2. 熟悉 Processing 语言的运行环境。

3. 掌握计算机画布的概念和设置。

【本章难点】

对计算机语言的理解。

【本章学习目的】

了解什么是计算机语言，初步了解 Processing 语言的功能与作用，并掌握计算机画布的概念与设置。

"程序设计（也称为编程）"听起来似乎是一个与艺术毫无关系的课程，甚至会被认为是一门理工类课程，实则并非如此。近年来，科学技术与艺术相融合发展已经逐渐被科技界和艺术界所认可，科学与艺术的关系也日益紧密。程序设计的先驱唐纳德·克努特（Donald Ervin Knuth）一直认为，程序设计既是技术的，也是艺术的。理性的、系统的、逻辑性极强的程序设计与感性的、发散的、创新性极强的艺术创作并不矛盾。程序设计，作为一种新的创作工具，已经不再属于理工科课程所专有，艺术类学科的学生、艺术家等也可以来学习和使用。这种新的创作工具与创作方式无疑也给艺术创作提供了更加广阔的思路与空间。这门课实则也是一门艺术创作课。

1.1 计算机语言

在正式学习计算机程序设计之前，我们先回忆一下平时用画笔和画纸绘制一幅绘画作品的过程（这里我们以水彩画为例），如图1-1（a）所示：

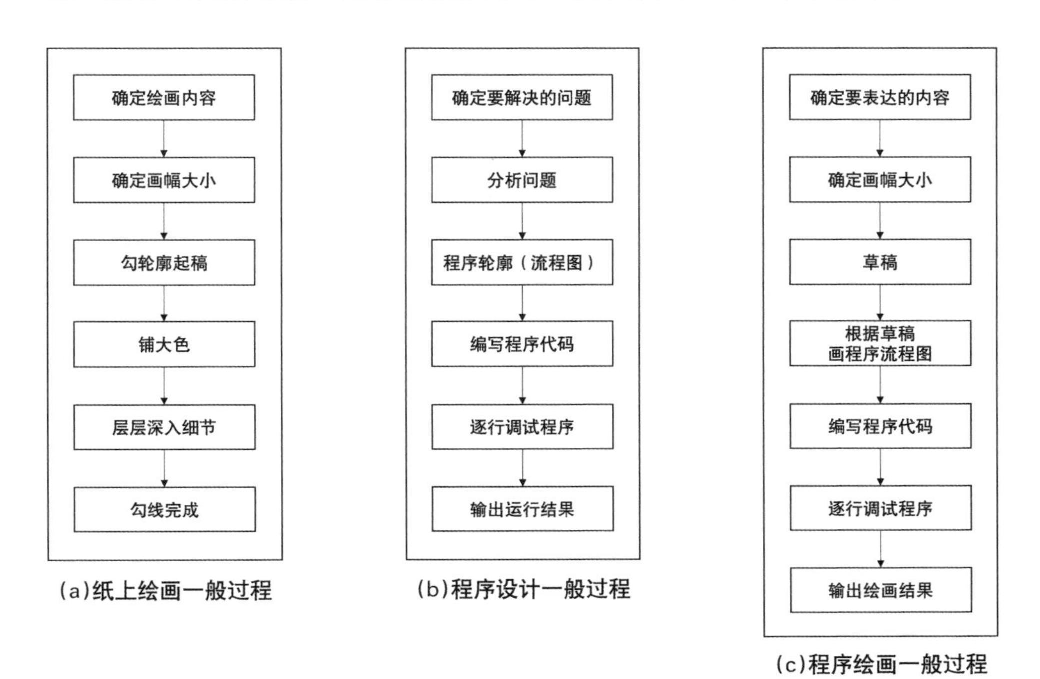

图1-1　纸上绘画、程序设计和程序绘画的一般过程图

首先，在确定我们想要绘制的内容之后，根据想要表达的内容选择和确定画幅的大小。通常情况下，在绘画的过程中是不会随意改变画幅大小的。接下来，用铅笔起稿，勾勒出所要表达内容的轮廓。在轮廓勾勒完成之后，便开始上色的过程。上色过程是层层深入、循序渐进的，直至画面上的每一个细节均被逐层表现出来。从某种意义上来讲，程序设计的过程与纸上绘画的过程有着惊人的相似之处，如图1-1（b）所示。在确定和分析要解决的问题之后，程序设计的第一步就是要画出整个程序的草图，即程序的流程图，来确定整个程序的执行过程与走向，这与勾勒轮廓有着相似的作用。接下来，根据所画的流程图，来逐行编写程序代码。通常，在编写代码的过程中，为了避免后续调试

过程中出现更多的、难以寻根的困难，代码编写过程会与程序调试过程穿插进行。经过反复逐行编写与调试，程序最终执行无误，并输出正确的结果。这一过程类似于纸上绘画过程中的上色过程，由粗到细，循序渐进，层层深入与细化。

计算机虽然不能直接代替画笔，但可以作为一种新的艺术创作工具来使用。此时，计算机语言便可以充当画笔的角色，以计算机屏幕为媒介，进行绘画创作。而今天，当我们试图用程序设计（计算机语言）来完成一幅绘画作品时，比如这门课要学习的Processing语言，其过程也是类似的，如图1-1（c）所示。在我们进行程序设计之前，通常会先在草纸上勾画出想要绘制的大致草图，思考清楚图层关系、位置关系、内在的逻辑顺序等，再据此画出程序的流程图。

总的来讲，我们要使用计算机语言在计算机画布上进行绘画，进行一系列视觉设计。那么，到底什么是计算机语言呢?

首先，计算机语言是一种“语言”，是计算机与计算机之间，或者计算机与人之间进行沟通、对话的语言。同汉语、英语、法语一样，计算机语言也有自身的单词、句子、语法、结构等。当我们使用计算机语言进行创作时，掌握一门计算机语言是必要的。

计算机语言的分类方法不止一种。

第一种常见的分类方法，将计算机语言分为低级语言和高级语言两大类。其中，低级语言中包括机器语言和汇编语言两种。机器语言主要用于计算机与计算机之间的对话和沟通，是利用0-1代码的分段、组合进行表达的语言，人们往往较难读懂和理解。而相比于机器语言，汇编语言有了一定改进，把0-1代码转换为具有不同含义的英文缩写，更容易被人们接受。与低级语言相对，高级语言是人与计算机进行沟通交流的语言，人们可以通过高级语言与计算机进行互动。因此，相比于低级语言，高级语言更容易被人们理解和使用，更为人性化，它由更为易懂的字符、数学公式等组成，面向用户及其要解决的问题。当然，高级语言的种类越来越丰富，每种高级语言都有各自特有的功能、特点和针对性。举几个大家都比较熟悉的例子，比如说，适合于艺术创作的创意编程语言：Processing，Openframework，VVVV等，用于科学计算的R语言、S语言、Matlab语言等，以及Shell，Python，PHP等脚本类语言，等等。

第二种常见的分类方法，是根据程序设计语言流程结构的不同，将计算机语言分为面向过程的（Procedure-oriented）计算机语言与面向对象的（Object-oriented）计算机语言两大类。其中，面向过程的计算机语言，又叫结构化程序设计语言，是一种自上而下、按部就班、逐行逐步完成每一个任务的程序设计方式，C语言便是其中最为常见的一种面向过程的计算机语言。而面向对象的计算机语言是以某一个对象为基本的程序结构单位与核心，而不再以过程为核心，常见的面向对象的计算机语言有Java，C++等。

尽管计算机语言种类繁多，但所有计算机语言都拥有相通的语法结构，而不同的计算机语言有其各自不同的函数库、语法习惯、系统变量、系统常量等。因此，只要大家掌握一门高级语言的语法，触类旁通，便可以较快地学会其他计算机语言。

在了解什么是计算机语言之后，那么什么是程序设计呢？它与计算机语言是一种什么样的关系呢？简单地讲，程序设计是以某一种计算机语言为工具，通过问题分析、算法设计、代码编写、调试运行等一系列程序步骤解决待定的问题。世界上第一位程序员是一名女性，她是英国著名诗人乔治·戈登·拜伦（George Gordon Byron）的女儿——爱达·勒芙蕾丝（Ada Lovelace）。第一个计算机程序在巴贝奇分析机计算伯努利数就是由爱达设计完成的。随后，爱达还提出了子程序和循环的概念。可以说，程序设计概念的出现要早于计算机问世。

人们在完成由某一种高级语言编写的程序之后，还需要一个翻译过程，将用高级语言编写的程序，即源程序，翻译成计算机唯一能够看懂的0-1机器语言，即目标程序，这也就是所谓的“编译”过程。一般情况下，每一种不同的高级语言都有自身对应的编译程序来完成这一由源程序到目标程序的翻译过程。

我们如何以计算机语言为工具来进行我们的视觉艺术创作就是这门课要解决的核心问题。回到前面我们给大家提到的传统的绘画过程与程序设计的过程，借用计算机语言为工具进行绘画的过程，如图1-1（c）所示。首先要确定自己所要表达的内容，在纸上或者脑中简单勾勒出所要表达的内容，根据具体要表达的内容选择或设计相应的算法和结构，画出程序流程图，并根据流程图逐行编写代码，调试运行，直至输出想要的结果。

1.2 初步认识Processing语言

这门课我们以创意编程语言Processing为工具进行艺术创作。

首先，大家一起先来简单了解一下Processing语言的身世，即它的诞生、发展历史、特点、主要功能等。

相比于C语言、C++、Matlab、Java等计算机语言，Processing语言还属于“朝气蓬勃、年轻力壮的青年”。说到Processing语言的起源，势必要提到数字媒体领域的一位传奇人物——约翰·梅达（John Maeda），美国著名设计师和艺术家，同时也是一位计算机科学家，他曾经设计开发的Design by Numbers语言可以说是Processing语言的鼻祖。早在1996年，梅达便任教于麻省理工学院（MIT，Massachusetts Institute of Technology）媒体实验室美学与计算小组（ACG，Aesthetics & Computation Group）。受到梅达的Design by Numbers语言的影响与启发，2001年，该小组培养出来的卡西·里耶斯（Casey Reas）与本·弗莱（Ben Fry）创造了像草图一般简单的程序设计语言——Processing。经历漫长的打磨之后，2008年11月，他们正式推出Processing 1.0版本。时至今日，Processing语言依旧一直在持续更新与迭代，世界上也有越来越多的各界人士喜爱和使用Processing语言。

Processing语言是一种非常人性化、便于理解、可扩展性极强、应用领域越来越广泛的程序设计语言。生成艺术、交互艺术和数据可视化是Processing语言最基本、最原始的三个主要应用。

Processing语言的软件是可以免费下载的（官网地址：www.processing.org），大家可以根据自己的计算机的型号、系统类型下载相应版本的软件。其安装过程也十分简便快捷，只需要双击所下载的文件即可。截止到2023年4月4日，Processing语言的最新版本为4.2版本。这里，我们将以Mac系统下的最新版本为例展开讲解。

Processing软件最大的特点之一就是其开发环境十分简捷，如图1-2所示。该软件的界面总共有三个部分组成（以Mac版本为例，主菜单与工作窗口是分离的，而Windows版本的主菜单在工作窗口的最上边）：主菜单［图1-2（a）上面］、工作窗口［图1-2（a）］和作品展示窗口［图1-2（b）］。其中，主菜单位于计算机屏幕的最上端（与Windows版本的不同），主菜单中的选项我们会在后面的课程中陆续介绍给大家。这里，我们主要先来认识一下工作窗口和作品展示窗口。作品展示窗口比较简单，当你运行程序时，运行所得到的结果便会在该窗口中展示。而工作窗口，也就是我们的创作窗口，界面看起来也不复杂，主要包括5个部分。

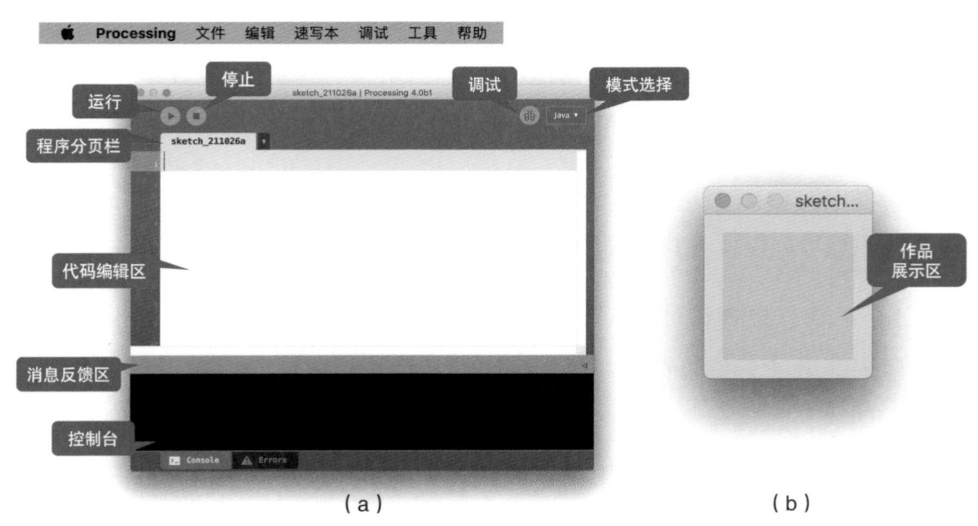

图1-2 Processing软件工作窗口与作品展示窗口示意图

1.2.1 快捷按钮

4.0版本的快捷按钮比以往版本少一些，如图1-2（a）所示，只保留运行按钮、停止按钮、调试按钮和模式选择下拉框。单击运行按钮后程序开始执行，并弹出作品展示窗口显示所创作的内容。单击停止按钮后程序停止运行，作品展示窗口关闭。单击调试按钮会弹出变量窗口，即显示程序调试过程中各个变量的名字及其值的变化。随着Processing版本不断更新及其功能不断扩展，可选的模式也越来越丰富。它默认的模式为Java模式。除此之外，它还有支持网页版运行的JavaScript p5. js模式、Python模式等，大家还可以在此下拉框菜单中选择“添加模式…”来添加自己要使用的模式。

1.2.2 程序分页栏

这个功能在其他软件中也极为常见。这里，当我们要同时打开多个程序，或者同时打开某个程序的多个模块时，这些程序就会显示在不同的分页栏上。我们可以把每一个分页栏看作一个草图（sketch），其左上角显示的便是该草图的名字。在Processing软件中，默认的草图名字为“sketch”+“年月日”+“英文字母”。比如图1-2（a）中，当前分页栏草图的名字为“sketch_211026a”，表示该草图为2021年10月26日创建的第一个草图。相应地，当天创建的第二个草图的名字则为“sketch_211026b”，以此类推。我们要新建、删除或者重命名一个分页栏时，可以单击草图名字右边的下拉三角来选择相应的选项进行操作。

1.2.3 代码编辑区

代码编辑区位于分页栏的下方，用于代码编写，该区域的左侧标有程序每一行的行号，以便查找程序中的错误。

1.2.4 消息反馈区

代码编辑区下方较窄的灰色区域为单行消息显示区。比如，当我们保存某个草图时，该区域会显示“Saving...”。当我们运行程序时，该区域会显示“Debugger busy...”。如果程序中出现错误，举个常见的错误例子，程序中漏掉了一个右花括号“}”，此时，该区域会显示“语法错误-Incomplete statement or extra code near ‘extraneous input ‘<EOF>’ ’”。

1.2.5 控制台

控制台位于消息反馈区下方的黑色区域，用来显示更多的技术中的细节消息与问题。当前版本的软件中，该区域分成控制区（ ）和错误区（ ）两个部分，分别显示数据、变量等细节信息和详细的错误信息。比如，用print（ ）函数或者println（ ）函数输出某个变量的值，该值是不会出现在作品展示窗口中的，而是显示在该区域。需要注意的一点是，该区域适用于显示一些临时的信息或消息，而不适用于那些高速实时的信息。错误区这一部分，会实时显示具体的程序中所出现的详细的错误信息，而这些错误信息提示有助于我们调试、更正程序中出现的错误。

在正式学习Processing程序设计语言之前，另一个需要向大家强调的问题就是关于程序的保存问题。在程序编写的过程当中，一定要养成边写边保存的好习惯，以免造成不必要的损失和麻烦。选择主菜单栏中“文件”菜单栏里面的“保存”选项，此时系统会自动将当前的草图文件（.pde类型的文件）默认地保存在安装Processing软件时所创建的名为“Processing”的文件夹内。当然，大家可以根据自己的需要和习惯选择其他保存路径。如果我们需要修改草图文件的默认保存路径，则可以在主菜单“Processing→Preferences...”下的“Sketchbook location（速写本位置）：”菜单项中进行修改。无论我们保存到哪个路径下，系统都会在该路径下新建一个与草图文件（.pde文件）同名的文件夹来保存该草图文件。换句话说，草图文件必须存放在一个与其同名的文件夹内才可以正常运行。当然，尽管草图有其默认的名字，我们仍可以根据需要对其重新命名，或者在保存的过程中直接修改其名字。需要注意的是，如果我们给保存好的草图文件重新命名，同时要将其所在的文件夹的名字也进行相同的修改，即：我们要始终保证草图文件和其所在的文件夹名字相同。

大家在一开始学程序设计时就要养成良好的命名习惯，无论给草图起名字，还是后面要讲的变量或者函数的名字，都要尽量做到“见名知意”，即从名字中就能体现出该草图文件所能实现的功能或生成的内容，以免日后在程序文件较多的时候出现查找困难等问题。

1.3 计算机画布

1.3.1 什么是计算机画布

当我们以计算机语言为工具进行绘画时，计算机画布则会取代普通画纸成为作品展示的新媒介。下面，我们就来进一步认识一下这种新媒介——计算机画布。

简单地讲，我们可以把计算机画布看作透过显示器显示出来的一张“白纸”，可以通过计算机语言把想要表达的内容呈现在这张特殊的“白纸”上。换一个角度讲，这张“白纸”是存储在计算机中的，是数字的。因此，我们可以将其看作一幅空白的数字图像，是由M行N列个像素点排列组成，这些像素点的颜色值均为1或空（NULL），即不记录任何色相、饱和度、亮度等颜色属性，我们用计算机语言绘画的过程其实就是对这些像素点的像素值进行处理的过程。后面的章节我们会具体向大家介绍有关图像处理的内容。

1.3.2 计算机画布的坐标分布

大家上小学时就学过坐标系的概念，有了坐标系的概念，我们才能准确地在平面或空间中进行定位。如图1-3所示，数学中的坐标系也叫笛卡尔坐标系（Cartesian Coordinates），以平面二维坐标系为例，笛卡尔坐标系由水平的X轴（从左指向右）和垂直的Y轴（从下指向上）相交而成，交点即为该坐标系的原点（0，0），即x=0，y=0的点。两条坐标轴将整个二维平面分成四个象限（Ⅰ，Ⅱ，Ⅲ，Ⅳ），其中第Ⅰ象限中所有坐标的值均为大于等于0的实数。将笛卡尔坐标系水平翻转180°，便可以得到计算机屏幕的画布坐标系［如图1-3（b）所示］。虽然我们在计算机屏幕上只能看到笛卡尔坐标系中的第Ⅰ象限，但这并不意味着其他象限不存在，它们依然存在，只是我们无法在计算机屏幕上直接看到而已。经过翻转之后，此时屏幕的坐标原点位于计算机屏幕左上角顶点的位置，沿水平方向从左到右x坐标的值依次增大，沿垂直方向从上到下y坐标的值依次增大。

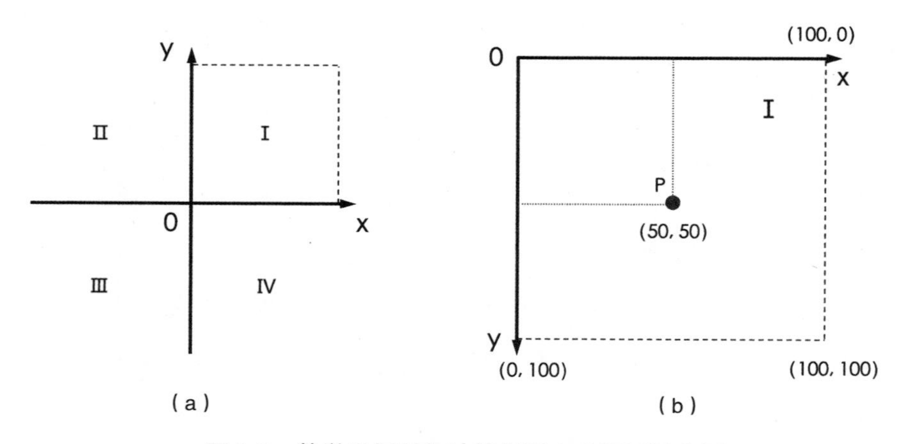

图1-3　数学坐标系与计算机画布坐标系示意图

计算机画布坐标分布与计算机屏幕的坐标分布一致。所谓计算机画布指的就是屏幕上用计算机语言进行绘画的区域。左上角顶点为坐标系原点，沿着画布区域上边沿为X轴，x坐标值从左到右依次增大，沿着画布区域左边沿为Y轴，y坐标值从上到下依次增大。同样地，在计算机画布区域内，我们所看到的是坐标系中第Ⅰ象限的内容，其他象限的内容依旧存在。有了计算机画布的坐标分布，我们便可以很方便地定位画布上每个像素点的位置（坐标）；有了坐标值（x，y），我们便可以通过坐标（x，y）告知计算机在画布的什么位置绘画。

1.3.3 计算机画布的大小

通常，我们用画纸绘画时，会用“K”“寸”“尺”等单位来描述一幅画的大小或画幅。而对数字图像而言，我们常用“M×N”来形容其画幅，即该数字图像有多少行和多少列个像素点组成。计算机画布的大小也是类似，指的就是该画布由多少行和多少列个像素点组成。如图1-4所示，该计算机画布由500行个像素点和500列个像素点组成，该画布的大小即为500×500，其中心点的坐标为（250，250）。

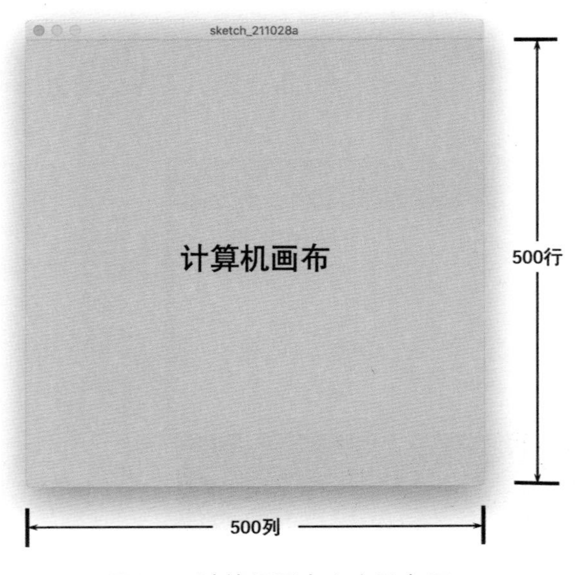

图1-4　计算机画布大小示意图

这里，作品展示窗口即为我们创作的画布。如同纸上绘画一样，在绘画之前，首先要确定好画幅的大小，而画幅的大小一旦确定，不允许在绘画过程中随意调整或修改。在Processing语言中，有一个专门用来设置画布大小的函数size（w，h）。其中，size为函数名，从字面意思也可以得知该函数的作用是用于设定大小，即宽和高的。括号中的两个参数w和h则分别用来设定画布的宽和高。需要说明的是，size（ ）函数通常位于程序的开始，即绘画之前先进行画幅大小的设置，并且在程序的运行过程当中不允许随意改变画布的大小，即后面的程序中不允许再调用size（ ）函数进行画布大小的重新设置或修改。下面，我们通过一个案例来看一下如何来设置画布的大小。

○案例1-1：

设置画布大小为宽300，高600。

如图1-5（a）所示，主窗口的程序编辑区为一条设置画布大小的语句。注意：在Processing语言中，每条语句用"；"结尾，且系统已有的函数的名字都为蓝色字体，这也是Processing语言很人性化的一点，以便我们区分系统函数、自定义函数、系统变量、自定义变量等的名称。设置宽和高的参数位置是固定的，括号里的第一个参数设置的就是画布的宽，而括号里的第二个参数设置的就是画布的高，不可随意交换参数的位置。图1-5（b）为作品展示窗口，即大小为300×600的画布。

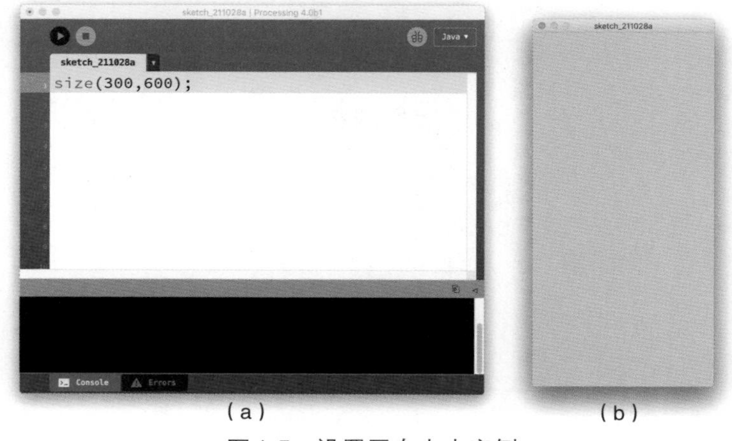

（a） （b）

图1-5 设置画布大小案例

在确定画幅大小之后，要思考的便是在画布的什么位置画。计算机可以通过坐标来确定画布中每个像素点的位置。前面，我们讲了画布坐标系的分布，在接下来的程序当中，我们便可以通过坐标（x，y）来告知计算机要在画布的什么位置上进行绘画。再次需要说明的一点是，我们在画布上看到的是坐标系中第Ⅰ象限的内容，尽管我们没有办法在画布上直接看到其他象限的内容，但这并不意味着其他象限不存在，它们依然存在。

注意：我们在程序中设置画布大小时，尽量不要超过计算机屏幕的大小，一旦超出屏幕的大小，不仅超出屏幕的部分不能被看到，还会严重影响程序的运行速度。原因也很好理解，画布越大，需要计算的像素点就越多，运算速度自然也就越慢。另外，前面我们提到，绘画过程中或者说程序运行过程中是不允许改变画布大小的。因此，在我们用size（w，h）函数设置画布大小时，参数w和h应为两个常数，而不能用随时会发生变化的变量。并且，当设置完画布大小之后，系统变量width和height的值也便被确定。在后面的程序中，我们可以直接用这两个系统变量来表示画布的宽和高。

1.3.4 画布的背景

平时，我们在纸上画画时，可以选择白色的画纸，也可以选择其他颜色的画纸，或者直接用颜料把背景画成需要的颜色。Processing中也一样，我们可以通过计算机语言来设置计算机画布的背景，不仅可以设置不同颜色的背景，还可以将一幅图像作为画布的背景。设置背景的函数也很好记，函数名就是“背景”的英文+（c）：background（c）。其中，括号中的参数即为我们要设置的颜色值或图像变量。下面，我们通过一个具体案例来看一下如何设置画布的背景，图1-6（a）（b）（c）分别为以下三个案例的运行结果。

○案例1-2-1：

将大小为300×600的画布背景设置为灰色。

• 代码1-2-1：

```
1)size(300, 600);
2)background(125);
```

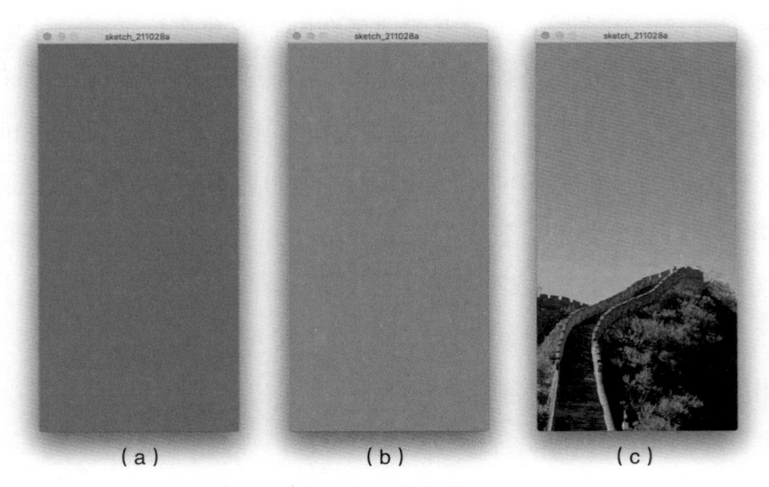

（a）（b）（c）

图1-6　画布背景示例图

○案例1-2-2：

将大小为300×600的画布背景设置为绿色。

• 代码1-2-2：

```
1）size（300，600）；
2）background（0，255，0）；
```

○案例1-2-3：

将大小为300×600的画布背景设置为一幅画。

• 代码1-2-3：

```
1）size（300，600）；
2）PImage im=loadImage（"im.jpeg"）；
3）im.resize（width，height）；
4）background（im）；
```

【课堂作业】

1. 谈谈你对计算机语言的理解和认识。

2. 熟悉一下Processing的工作环境。

3. 要求设计一个大小为580×280、背景为红色的画布。

第 2 章　简单图形的绘制

【本章重点】

1. 掌握基本图形函数的使用方法。

2. 掌握循环结构。

【本章难点】

循环结构的掌握。

【本章学习目的】

通过调用基本图形函数进行简单图形的绘制，并学会使用循环语句完成重复图形的绘制。

2.1 矩形的绘制

2.1.1 画一个简单的矩形

我们先来回忆一下如何用画笔在画纸上画一个矩形。首先，我们确定画纸的大小和背景样式之后，所要思考的是在画纸的什么位置上画，所画矩形的宽和高分别是多少。同样地，我们用Processing语言画矩形时也要经历这样的思考过程。我们要告诉计算机：画什么？在哪儿画？画多大？

Processing语言非常人性化的一点就在于其函数名基本都可以做到见名知意，不需要我们再花时间去记忆这些常用的函数名。这里，我们要画矩形，画矩形的函数为rect（x，y，w，h），函数名取rectangle矩形这个单词的前四个字母，简洁明了且容易记忆。括号里的参数则用来告诉计算机所画矩形在画布上的位置以及矩形的宽和高。下面，我们通过一个具体的案例来看一下如何在计算机画布上画一个矩形。

○ 案例2-1：

在500×500的背景为白色的画布的中心位置画一个宽和高均为200的矩形。

• 代码2-1：

```
1）size（500，500）;
2）background（255）;
3）rect（150，150，200，200）;
```

默认情况下，rect（x，y，w，h）函数中的前两个参数x和y用来设定矩形左上角顶点在画布上的位置坐标，而后两个参数则用来告知计算机所画矩形的宽和高分别是多少。有了左上角顶点的位置与矩形的宽和高，我们便可以准确地画出这个矩形。因此，写程序之前，我们要大致画一个草图，具体确定一下矩形左上角顶点的位置坐标。

大家可能觉得还要画草图计算矩形左上角顶点的位置坐标太麻烦，针对上述案例这种情况，还有一种更为简单的解决办法。在Processing语言中，有一个专门用来设置矩形模式的函数rectMode（ ），用来指定rect（ ）函数中不同参数的含义。默认情况下，即我们没有使用rectMode（ ）函数来专门指定rect（ ）函数中各个参数的含义时，rect（ ）函数中的四个参数依次分别为矩形左上角顶点的位置坐标以及矩形的宽和高。

知识点

rectMode（ ）函数可以改变rect（ ）函数中各个参数的含义，主要包括以下几种模式：

• rectMode（CORNER）：为默认情况，也就是说，即使我们不用rectMode（ ）进行模式设置，rect（ ）函数的四个参数分别表示矩形左上角顶点的位置坐标与矩形的宽和高。这种模式的参数为CORNER（系统常量），表示一个拐点，即位置参数为矩形一个拐点的位置坐标，如案例2-1所示的情况。

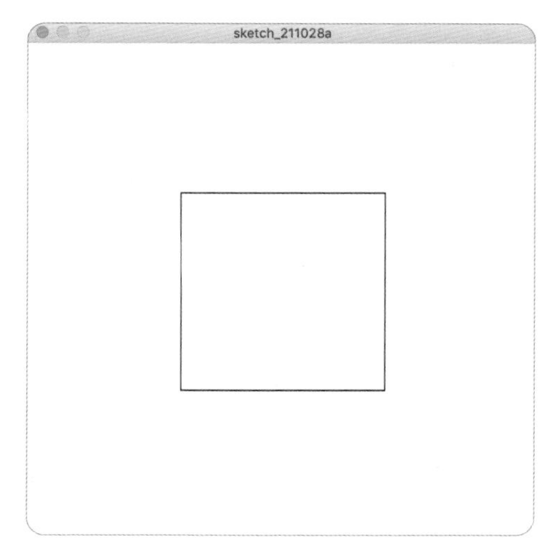

图2-1　案例2-1运行结果图

• rectMode（CORNERS）：从参数CORNERS可以看出，这里要设置的不是矩形某一个拐点的位置坐标，而是多个拐点的位置坐标。因此，在这种模式下，rect（　）函数中的前两个参数为矩形左上角顶点的位置坐标，而后两个参数为矩形右下角顶点的位置坐标，这两个顶点位置确定之后，矩形的宽和高也便可以确定。

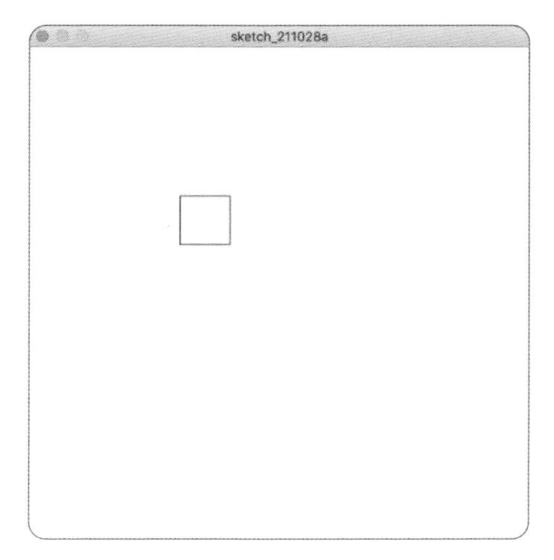

图2-2　矩形模式为CORNERS时运行结果图

例如：

```
size( 500, 500 );
background( 255 );
rectMode( CORNERS );
rect( 150, 150, 200, 200 );
```

与案例2-1相比，尽管rect（150，150，200，200）函数表面上看起来没有发生任何变化，但rectMode（CORNERS）使得rect（ ）函数中参数的含义发生了变化。此时，前两个参数依旧为矩形左上角顶点的位置坐标，而后两个参数则变为矩形右下角顶点的位置坐标。因此，从绘制结果来看，如图2-1与图2-2所示，完全是两个不同的矩形。

- rectMode（CENTER）：为中心模式。也就是说，rect（ ）函数的前两个参数为矩形中心点在画布上的位置坐标，而后两个参数仍为矩形的宽和高。有了这种模式的设置，案例2-1中的rect（ ）函数中位置参数的设置则变得更为简单，前两个参数变为画布中心的位置坐标即可，即：

```
size( 500, 500 );
background( 255 );
rectMode( CENTER );
rect( 250, 250, 200, 200 );
```

- rectMode（RADIUS）：为半径模式。在这种模式下，rect（ ）函数的前两个参数仍然是矩形中心点的坐标，而后两个参数分别为矩形宽和高的一半。

例如：

```
size( 500, 500 );
background( 255 );
rectMode( RADIUS );
rect( 250, 250, 100, 100 );
```

需要注意的一点是，函数中每一个参数都有其自身的含义，即使在不同的模式下，每个位置上的参数意义均不同，我们也不能随意改变这些参数的先后顺序。

【课堂练习】

要求在600×600的画布上，以矩形为元素，设计并画出“BFA”字样。

2.1.2 画一个有颜色的矩形

从前面案例的结果中可以看出，所画的矩形是黑白的、没有色彩的。那么我们如何让矩形拥有色彩呢？Processing语言中为我们准备了关于颜色的一系列函数、系统变量和系统常量。下面，我们通过两个案例来看一下程序中对颜色的设置和使用。

○ 案例2-2：

要求在尺寸为500×500的黑色画布中心画一个填充红色且边框为黄色的200×200的矩形。

• 代码2-2：

```
1)size(500, 500);
2)background(0);
3)rectMode(CENTER);
4)fill(255, 0, 0);
5)stroke(255, 255, 0);
6)rect(250, 250, 200, 200);
```

图2-3　案例2-2运行结果图

案例2-2是在案例2-1的基础上增加了对矩形颜色的设置。其中程序第4）行的fill（ ）函数用来给闭合图形内部填充颜色，而第5）行的stroke（ ）函数用于给图形的边框或者线条设置颜色。这两个函数也很容易记忆，fill这个词本身就有“填充、充满”的意思，stroke这个词本身也有“线条”的意思。需要说明的一点是，诸如颜色等属性的设置函数要放在绘图语句的前面，即先进行属性的设置，再画图；否则，这些属性的设置将不会奏效。

那么，这些颜色设置函数中的颜色参数该如何选择和设定呢？下面，我们就来具体看一下关于颜色的设置问题。

知识点：Processing语言中的颜色设置

2.1.2.1 颜色模式

所谓颜色模式，指的是记录颜色的方式，是将某种颜色用数字形式的模型来表示。常见的颜色模式有RGB模式、Lab模式、HSB模式、灰度模式、索引模式等。其中，RGB模式是最基本的颜色模式，其他各种颜色模式都可以通过RGB模式转换得到。

在Processing语言中，有两种常用的颜色模式：RGB模式（默认颜色模式）和HSB模式。

- RGB模式：根据色光三原色原理，自然界中的任何一种颜色都可以由不同强度的红（Red）、绿（Green）、蓝（Blue）色光三原色组合而成。数码显示设备、计算机屏幕等均采用色光三原色原理进行颜色的显示。该模式下，fill（ ）函数、stroke（ ）函数等颜色设置函数中的三个参数分别表示R值、G值和B值，且先后顺序不能改变。其中R，G，B颜色分量的取值范围均为0—255（包括0和255），通过不同比例的三原色组合即可得到不同的颜色。换句话说，R，G，B三原色数值的大小代表该颜色分量在整体颜色中所占比例的大小。比如，红色的RGB值为（255，0，0），此时R值为255，也是最大值，而G值和B值分别为0，意味着该颜色中只包含红色的成分，即红色占100%，且为最大值，而没有包含绿色和蓝色的成分。绿色（0，255，0）和蓝色（0，0，255）也是同样的道理。另外，有两个比较特殊的颜色就是黑色（0，0，0）与白色（255，255，255）。其中，黑色的R，G，B值均为0，即不包含任何三原色成分；而白色的RGB值均为255，即三个颜色分量均为最大值。注意：Processing语言中默认的颜色模式即为RGB模式。

- HSB模式：色相（Hue）、饱和度（Saturation）和亮度（Brightness）是心理学中颜色的三要素，该颜色模式是按照人类对颜色的感受和敏感程度对颜色进行分类，因此，也是最直观、最符合人眼视觉感知的颜色模式。其中，色相也叫色度，主要用来区别不同的颜色。如图2-4所示的360°色环，色环上不同的位置对应不同的颜色，0°所对应的为红色，120°所对应的为绿色，而240°所对应的为蓝色。因此，色相（H）的取值范围为0—360（包括0和360）。饱和度代表着某种颜色的纯度，即颜色越纯净越鲜明，其饱和度越高；相反，颜色越灰暗，饱和度越低。饱和度最高值为100%，最低值为0%，因此饱和度的取值范围为0—100（包括0和100）。从色环上看，色环中心到色环边缘饱和度依次递增，即色环中心的饱和度为0%，边缘的饱和度为100%。亮度指的是颜色的明亮程度，颜色中的白色成分越高，其亮度也就越高；而其中的黑色成分越高，其亮度就会越低。亮度的取值范围也是0—100（包括0和100）。如果程序中要使用HSB模式的话，我们就需要用colorMode（ ）函数将颜色模式设置为HSB，即colorMode（HSB），之后程序中的颜色参数便表示H值、S值和B值，而不再是R值、G值和B值了。

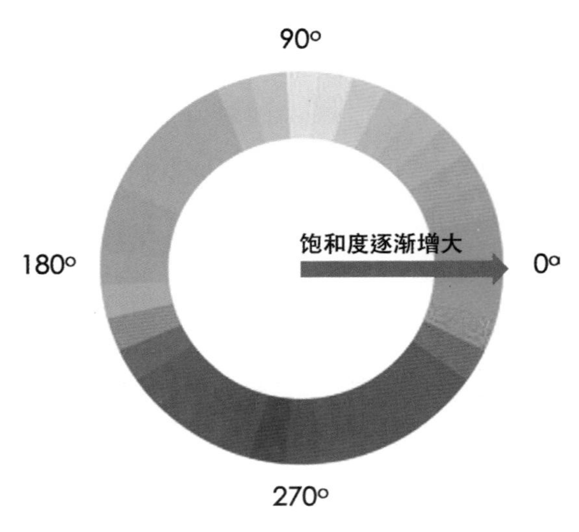

图2-4　360°色环示意图

下面，我们具体来看一下colorMode（ ）函数的用法。

colorMode（ ）函数的参数主要包括两种不同颜色模式的选择：RGB和HSB。默认情况下，即当我们不调用colorMode（ ）函数进行颜色模式设置时，程序中使用的是RGB颜色模式，且R，G，B的取值范围均为0到255。而我们需要改变颜色模式的默认设置，即改变R，G，B的取值范围或者采用HSB颜色模式时，则需要使用colorMode（ ）函数来进行具体的设置。该函数主要有如下几种参数形式：

• colorMode（cmode）：其中，参数cmode可以是RGB，也可以是HSB。这种形式并未具体设置cmode中每种分量的取值范围，因此均为默认的取值范围，即R，G，B的取值范围均为0—255，而H，S，B的取值范围分别为0—360、0—100和0—100。

• colorMode（cmode，cmax）：其中，参数cmode仍然为颜色模式，而参数cmax为一个float类型的数，设置了cmode中每个分量的取值范围。比如，colorMode（RGB，150），此时，R，G，B的取值范围均为0—150。通过该参数设置，可以将颜色分量均控制在某一个范围内。

• colorMode（cmode，cmax1，cmax2，cmax3）：其中，参数cmode仍为颜色模式，而与上一种形式不同的是这种形式可以分别设置每个颜色分量的取值范围。根据cmode的不同，cmax1设置了R（Red）或H（Hue）的取值范围为0-cmax1，cmax2设置了G（Green）或S（Saturation）的取值范围为0-cmax2，cmax3设置了B（Blue）或B（Brightness）的取值范围为0-cmax3。比如，函数colorMode（HSB，240，80，60），规定色相H的取值范围为0—240，饱和度S的取值范围为0—80，而亮度B的取值范围为0—60。

• colorMode（cmode，cmax1，cmax2，cmax3，cmaxA）：该形式在上一种形式的基础上又加了一个参数cmaxA，无论cmode颜色模式是RGB还是HSB，第五个参数cmaxA设置的都是透明度的取值范围，为0-cmaxA。需要说明的是，我们在设置颜色模式时，如果设置了颜色分量的取值范围，比如colorMode（HSB，360，100，100），设置HSB三个颜色分量的取值范围分别为0—360、0—100和0—100，而在后面的程序中重新设置颜色模式为colorMode（RGB），但并未具体设置每个颜色分量的取值范围时，会继续沿用前面设置的取值范围，即R，G，B的取值范围也为0—360，0—100，0—100。为了避免这种情况发生，我们在重新设置颜色模式时，需要对每个颜色分量的取值范围重新进行具体的设定，即colorMode(RGB，250，200，155)。这样一来，RGB三个颜色分量的取值范围则会变为0—250，0—200，0—155。

2.1.2.2 颜色的表示形式

颜色函数和颜色变量是Processing语言所特有的函数和变量类型。这里，颜色的表示形式主要有四种：灰度、灰度+透明度、彩色和彩色+透明度。所设置的颜色形式是通过参数的个数来确定的。具体的参数设置形式如下：

• 灰度：此时，颜色设置函数中只有一个参数，且参数的取值范围，即灰度值的取值范围是0到255，0表示黑色，255表示白色。如图2-5所示，根据参数取值从小到大的变化，灰度从黑色逐渐变化到白色。

图2-5　灰度条示意图

• 灰度+透明度：颜色设置函数中有两个参数时，表示所设置的颜色形式是具有透明度的灰色。其中，第一个参数为灰度值，第二个参数为透明度值，透明度的取值范围也为0—255，数值越小，透明度越高；反之，透明度越低。

• 彩色：颜色设置函数中有三个参数时，表示所设置的颜色形式是彩色的。默认情况下，颜色模式为RGB模式，这三个参数分别为R值、G值和B值。设置颜色模式为HSB模式时，这三个参数则分别为H值、S值和B值。

• 彩色+透明度：颜色设置函数中有四个参数时，表示所设置的颜色形式是具有透明度的彩色。前三个参数根据颜色模式的不同表示R值、G值和B值或者H值、S值和B值，第四个参数则表示该颜色的透明度，具体取值与“灰度+透明度”颜色形式中透明度的设置相同。

注意：这些参数的顺序是不能随意改变的，每个位置上的参数均有其固定的含义。

• 十六进制数（Hexadecimal）：十六进制数是一种相对比较特殊的颜色表示方式。当然，我们不需要专门去记忆各种颜色的十六进制数。打开“工具（Tools）”菜单下的“颜色选择器（Color Selector）…”，也叫拾色器，便可以查看你所选取的颜色十六进制数，同时包括RGB值和HSB值。如图2-6所示，我们可以打开颜色选择器窗口，通过鼠标在颜色选择器窗口中心区域的色条上选择色相，此时左边较大的这个方形区域内会出现该色相在不同亮度、饱和度下的颜色，我们用鼠标在此方形区域内选择需要的颜色。此时，窗口右侧最上边的方框内会显示所选取的颜色，其下方则会给出该颜色的HSB值、RGB值及其十六进制值。十六进制数的颜色表示方式最大的特点就是只有一个参数，不需要分别列出各个分量的值。

下面我们通过一个案例来具体学习一下颜色的设置。

图2-6　颜色选择器窗口

○案例2-3：

试画出六个填充不同类型颜色（灰度、灰度+透明度、RGB彩色、RGB彩色+透明度、十六进制颜色、十六进制颜色+透明度）的矩形。

• 代码2-3：

```
1）size（500，700）;
2）background（0）;
3）fill（125）;
4）rect（100，100，100，100）; //矩形①
5）fill（125，100）;
6）rect（300，100，100，100）; //矩形②
7）fill（255，255，0）;
8）rect（100，300，100，100）; //矩形③
9）fill（255，255，0，100）;
10）rect（300，300，100，100）; //矩形④
11）fill（#2D552F）;
12）rect（100，500，100，100）; //矩形⑤
13）fill（#2D552F，100）;
14）rect（300，500，100，100）; //矩形⑥
```

注意：在对图形进行颜色、边框样式等属性的设置时，这些属性设置的语句要放在画图函数的前面，即先进行属性的设置，后画图形，属性的设置只对其后所画的图形奏效。另外，如果需要绘制多个图形，且每个图形有不同的属性，我们要分别对每个图形进行相应的属性设置，否则所设置的属性会作用到后面所画的所有图形上。比如案例2-3中，六个矩形填充了不同的颜色，如图2-7所示，我们需要在绘制每一个矩形的前面先分别进行颜色的设置。

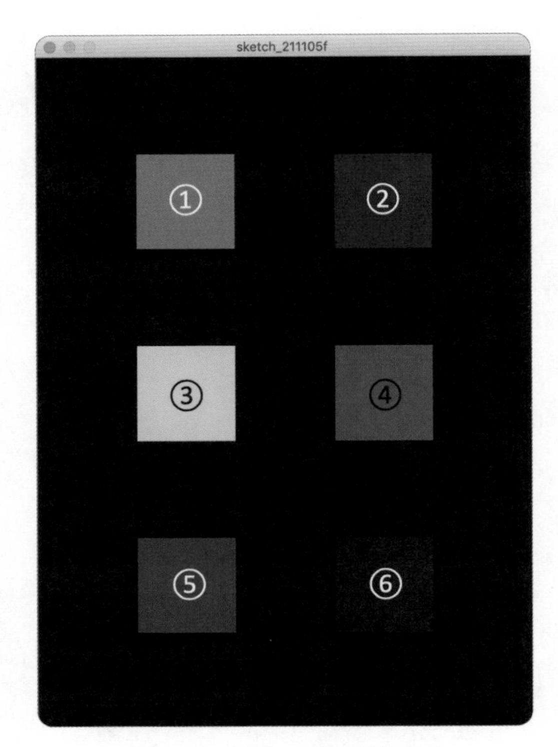

图2-7　案例2-3运行结果图

2.1.2.3 颜色的提取与创建

在Processing语言中，我们可以方便地通过color（　）函数创建一个新的颜色。具体用法如下：

• color（　）函数：用来创建一个颜色，并将其存放在一个颜色变量里面。根据参数个数的不同，所创建颜色的形式也不同。只有一个参数时，所创建的颜色为灰度形式。有两个参数时，所创建的颜色为具有透明度的灰度形式。有三个参数时，所创建的颜色则根据所设置颜色模式的不同，要么为RGB模式的，要么为HSB模式的。有四个参数时，则是具有透明度的RGB或者HSB模式。具体格式如下：

- color（gray）：创建灰度形式的颜色，其中gray可以为0—255（包括0和255）之间的任意灰度值。
- color（gray，alpha）：创建具有透明度的灰度形式的颜色，其中gray仍为0—255（包括0和255）的灰度值，alpha为透明度值，取值范围也是

0—255（包括0和255）。

▪ color（v1，v2，v3）：根据所采用的颜色模式的不同，v1，v2，v3分别为R值、G值、B值或者H值、S值、B值，RGB的取值范围均为0—255，HSB的取值范围分别为0—360、0—100和0—100。

▪ color（v1，v2，v3，alpha）：创建具有透明度的彩色模式，其中v1，v2，v3与上一形式相同，alpha为透明度值，取值范围仍为0—255。

上面我们讲到，可以用color（ ）函数创建一种颜色。除此以外，我们还可以将所创建的颜色赋给一种特殊类型的变量来记录、存放和使用该颜色，即颜色类型（color）的变量，这也是Processing语言中比较特殊的一种类型的变量。如果我们采用的是十六进制的颜色值，直接将该十六进制数赋给颜色变量即可。而如果我们用的是RGB或者HSB模式的颜色，则需要通过color（ ）函数或者get（ ）函数来获取颜色的值。下面，我们通过一个例子来看一下颜色变量和颜色函数的使用：

○ 案例2-4：

颜色变量的声明和使用。

● 代码2-4：

```
1)color fc;
2)fc=#00F2F0;
3)size(500, 500);
4)fill(fc);
5)rect(200, 200, 100, 100);
```

这段程序中声明了一个颜色类型的变量fc来记录和存储矩形的填充色，并用十六进制数的形式来表示该颜色值。在fill（ ）函数中设置颜色参数时，我们直接用颜色变量fc作为填充颜色的参数即可。

另外，某种颜色在计算机中存放时，并非直接将RGB值或者HSB值存入，而是以一种特殊的记录颜色的形式。因此，我们用print（ ）或者println（ ）函数输出某个颜色变量的值时，会输出一些比较奇怪的、不容易看懂的数值，甚至会输出一个负数。那么，如果我们想要提取或查看某种颜色正确的颜色值时，仅直接使用print( )或者println( )函数是不行的。我们可以调用red( )、green( )、blue( )函数提取红绿蓝的颜色值，调用hue( )、saturation( )、brightness( )函数提取色相、饱和度和亮度的值。比如，在案例2-4中，提取颜色变量fc中红绿蓝的颜色值以及色相、饱和度和亮度的值，还可以直接调用hex( )函数提取其十六进制的值（注意：十六进制的颜色值为一个字符串，而不是一个具体的数字），如下代码所示：

```
float r=red(fc);
float g=green(fc);
float b=blue(fc);
float h=hue(fc);
float s=saturation(fc);
float br=brightness(fc);
String cs=hex(fc);
```

○案例2-5：

在400×300的黑色画布上画出红绿蓝相互重叠的三个100×100正方形。

【步骤1】首先在400×300的黑色画布上画出三个重叠的100×100的正方形。

• 代码2-5-1：

```
1)size(400, 300);
2)background(0);
3)rect(100, 50, 100, 100); //矩形①
4)rect(150, 100, 100, 100); //矩形②
5)rect(200, 150, 100, 100); //矩形③
```

从这一步的结果中我们会发现，后画的矩形会重叠在先画的矩形之上，比如该案例中，如图2-8所示，矩形①被矩形②遮挡住一部分，而矩形②又被矩形③遮挡住一部分。这也是所谓的图层问题，最先画的在最下面一层，而最后画的在最上面一层。因此，大家在设计自己的画面内容时，对有遮挡的情况，一定要注意图层的问题，即绘画的顺序问题。

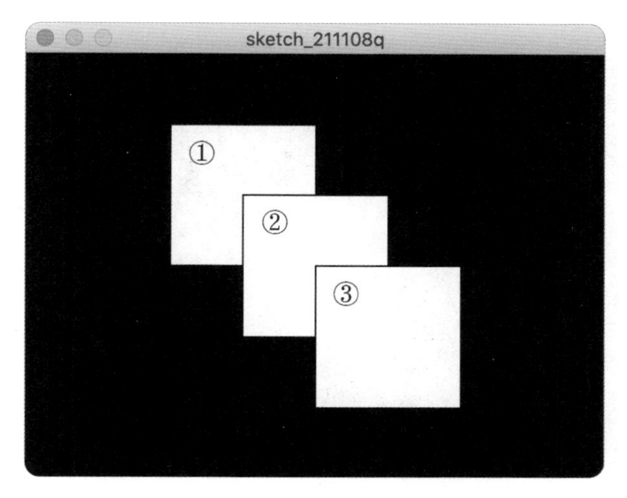

图2-8　案例2-5步骤1运行结果图

【步骤2】给所画的三个矩形填充颜色。

- 代码2-5-2：

```
1)size(400, 300);
2)background(0);
3)fill(255, 0, 0); //将下面所画的矩形填充成红色
4)rect(100, 50, 100, 100);
5)rect(150, 100, 100, 100);
6)rect(200, 150, 100, 100);
```

运行上述代码，我们会发现，所画的三个矩形均被填充了红色，如图2-9所示。原因很简单，当我们调用fill( )函数为图形填充颜色时，该设置会自动应用于其后所画的所有图形。如果我们要给不同的图形填充不同的颜色，则需要再绘制这些图形前分别调用fill( )函数进行各自颜色的填充。

另外，这里还有一个顺序问题，即我们要先进行颜色等属性的设置，然后再绘制图形，这些属性才能够应用于所画的图形上。否则，如果属性设置位于绘图函数之后，这些属性对前面所画的图形无效。因此，如果我们要给三个矩形分别填充不同的颜色，则要在画三个矩形之前分别调用fill( )函数来实现（见代码2-5-3第3）、5）、7）行），见代码2-5-3，运行结果如图2-10所示：

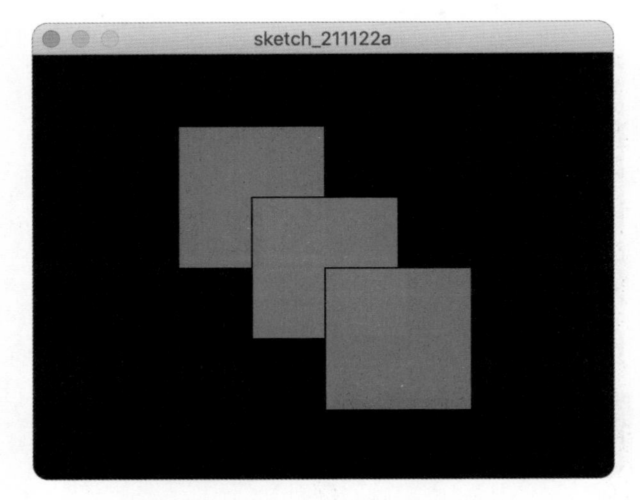

图2-9　案例2-5步骤2运行结果图1

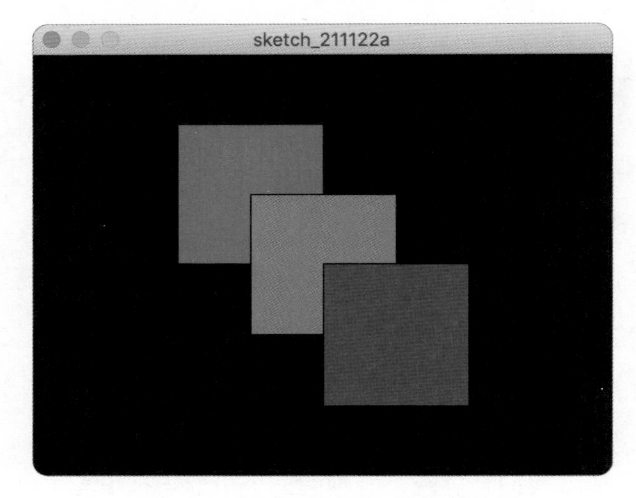

图2-10　案例2-5步骤2运行结果图2

• 代码2-5-3：

```
1）size（400，300）；
2）background（0）；
3）fill（255，0，0）；//将下面画的矩形填充为红色
4）rect（100，50，100，100）；
5）fill（0，255，0）；//将下面画的矩形填充为绿色
6）rect（150，100，100，100）；
```

7）fill（0，0，255）；//将下面画的矩形填充为蓝色

8）rect（200，150，100，100）；

【步骤3】将三个矩形的边框颜色设置为白色。

题目要求三个矩形的边框均为白色，因此，我们只需要在绘制三个矩形之前进行一次边框颜色的设置即可（见代码2-5-4第3）行），见代码2-5-4，运行结果如图2-11所示：

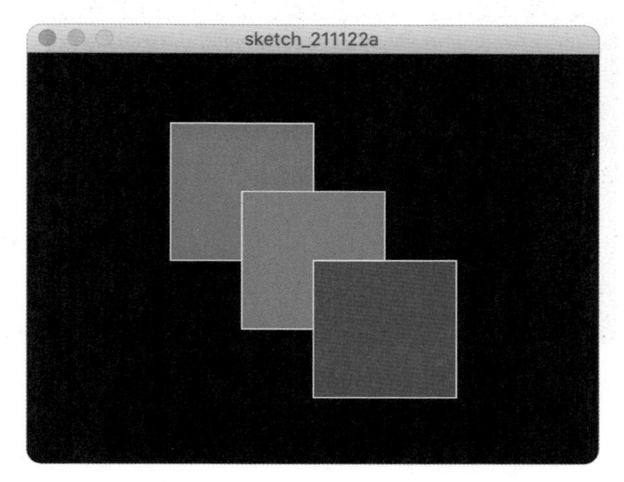

图2-11　案例2-5步骤3运行结果图

- 代码2-5-4：

1）size（400，300）；

2）background（0）；

3）stroke（255，255，255）；//将下面所画矩形的边框设置为白色

4）fill（255，0，0）；

5）rect（100，50，100，100）；

6）fill（0，255，0）；

7）rect（150，100，100，100）；

8）fill（0，0，255）；

9）rect（200，150，100，100）；

【步骤4】在填充颜色中加入透明度设置。

从上面的绘画结果中不难看出，矩形之间存在遮挡与覆盖的情况，我们可以在填充颜色时加入透明度参数，从而形成一种新的视觉效果（见代码2-5-5第4）、6）、8）行），运行结果如图2-12所示：

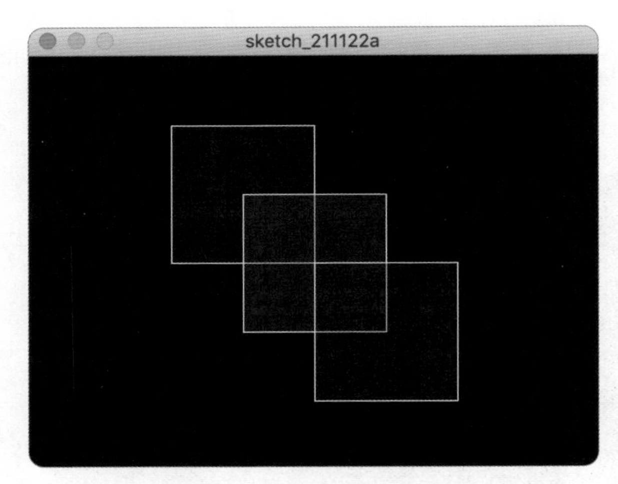

图2-12　案例2-5步骤4运行结果图

- 代码2-5-5：

```
1)size(400, 300);
2)background(0);
3)stroke(255, 255, 255);
4)fill(255, 0, 0, 50); //将下面画的矩形填充为透明的红色
5)rect(100, 50, 100, 100);
6)fill(0, 255, 0, 50); //将下面画的矩形填充为透明的绿色
7)rect(150, 100, 100, 100);
8)fill(0, 0, 255, 50); //将下面画的矩形填充为透明的蓝色
9)rect(200, 150, 100, 100);
```

2.1.3 画一个有个性的矩形

除了上一节中我们讲过的颜色属性的设置之外，还有一些其他的图形属性设置函数，来帮助我们绘制出更加丰富、个性化且多样化的图形。这里，我

们仍以矩形为例，给大家介绍三种常用的属性设置函数。

2.1.3.1 边框的设置

图形的边框设置主要包括两个方面：边框的颜色与边框的宽度（重量或粗细）。其中，边框颜色的设置函数stroke（ ），前面已经给大家介绍过，其参数设置与fill（ ）函数相同，我们可以根据不同的参数设置来设置不同类型的颜色。对边框宽度的设置，在Processing语言中有专门用来设置边框宽度的函数strokeWeight（ ），从函数的名字便很容易得知该函数的功能和作用。

需要说明的是，在Processing语言中，对这种由两个或者多个英文单词组成的函数名或系统变量名，第一个单词通常全部小写，而从第二个单词开始首字母均大写，这种命名习惯可以方便大家识别某个函数或者系统变量的含义。大家在自定义变量或者函数名时也可以沿用该习惯。

○ 案例2-6：

将案例2-5中三个矩形的边框分别设置为由细到粗不同的宽度（运行结果如图2-13所示）。

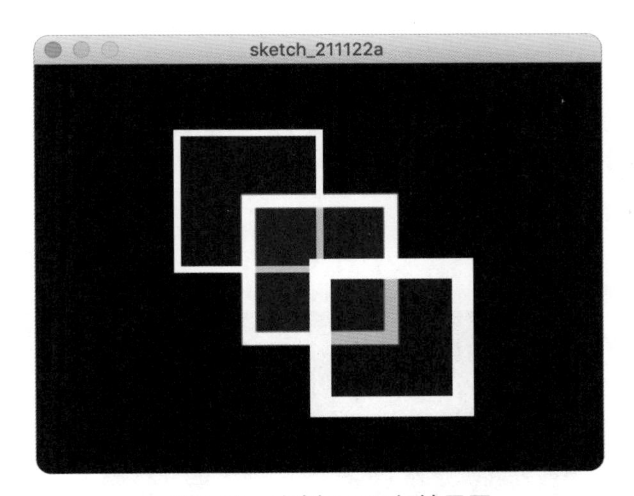

图2-13　案例2-6运行结果图

• 代码2-6：

```
1）size（400，300）；
2）background（0）；
```

```
3)stroke(255, 255, 255);
4)strokeWeight(5); //将下面所画矩形的边框宽度设置为5
5)fill(255, 0, 0, 50);
6)rect(100, 50, 100, 100);
7)strokeWeight(10); //将下面所画矩形的边框宽度设置为10
8)fill(0, 255, 0, 50);
9)rect(150, 100, 100, 100);
10)strokeWeight(15); //将下面所画矩形的边框宽度设置为15
11)fill(0, 0, 255, 50);
12)rect(200, 150, 100, 100);
```

strokeWeight(）函数中的参数为一个数字，可以为整数，也可以为浮点数。该数字的大小代表着图形边框的宽度，数值越大，代表边框越粗，反之则越细。其中，边框的宽度以一个像素点的宽度为基本单位，默认情况下，边框的宽度为1，即为一个像素点那么宽。因此，在案例2-6中，三个矩形边框的宽度分别为5个像素点、10个像素点和15个像素点。当然，还有一种比较特殊的情况，即参数为0，也就是边框的宽度为0，无边框的情况。此时，我们可以把strokeWeight(）的参数设置为0，也可以用noStroke(）函数将图形设置为无边框的形式。

○案例2-7：

将案例2-6中的红色矩形设置为无边框（运行结果如图2-14所示）。

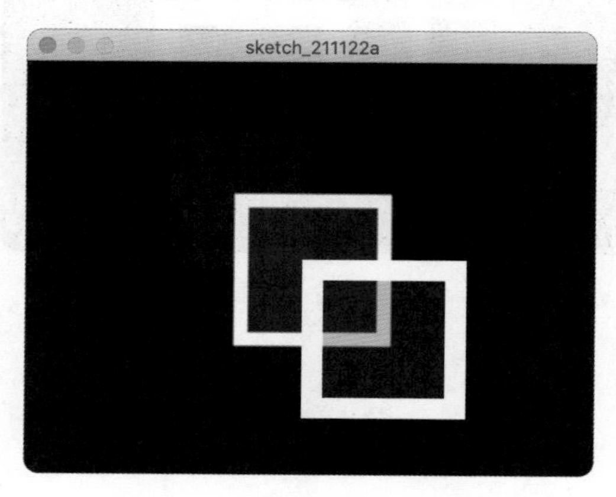

图2-14　案例2-7运行结果图

• 代码2-7：

```
1)size(400, 300);
2)background(0);
3)noStroke( ); //将下面所画的矩形设置为无边框的形式
4)fill(255, 0, 0, 50);
5)rect(100, 50, 100, 100);
6)stroke(255, 255, 255); //恢复下面所画矩形的边框并设置为白色
7)strokeWeight(10);
8)fill(0, 255, 0, 50);
9)rect(150, 100, 100, 100);
10)strokeWeight(15);
11)fill(0, 0, 255, 50);
12)rect(200, 150, 100, 100);
```

noStroke( ) 函数不需要任何参数。另外，同其他属性设置一样，当不同的图形具有不同属性的时候，要分别进行设置；否则，最初的设置会应用到后面所有的图形。比如，该案例中，第一个红色矩形是无边框的，而后面两个矩形是有边框的，且边框宽度不同。因此，对于第一个红色矩形，我们进行了 noStroke( ) 的设置，而后面两个矩形，我们分别设置了其边框宽度为10和15。

2.1.3.2 交点的设置

所谓交点，指的是矩形或者其他多边形边框线交叉的点，如图2-15中的红点所示。函数strokeJoin(joinMode)用于设置交点的类型，其中joinMode主要有三种形式：MITER(尖角)、BEVEL(平角)和ROUND(圆角)。默认情况下，交点的形式为尖角（MITER)。

这里需要说明三点：第一，由于交点是针对边框而言的，我们使用noStroke( ) 函数把图形设置为无边框时，strokeJoin( ) 将失去意义。第二，椭圆等图形不存在边框交点的情况，因此该属性对于椭圆等图形也无效。第三，当边框的宽度较窄时，该属性的效果并不明显。

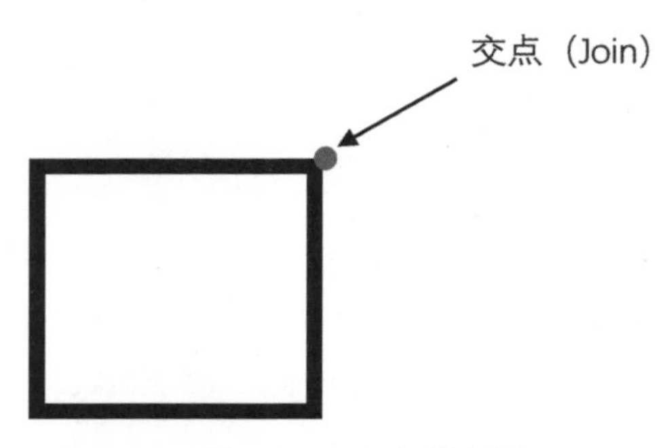

图2-15　交点示意图

○案例2-8：

将案例2-5中的三个矩形边框宽度均设置为15，交点类型分别为尖角、平角与圆角（运行结果如图2-16所示）。

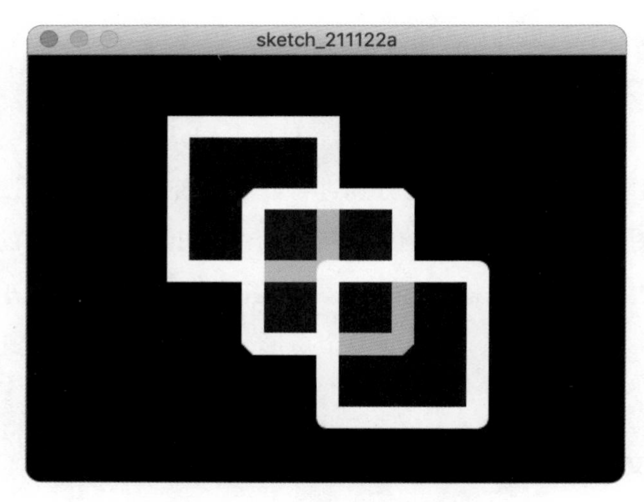

图2-16　案例2-8运行结果图

• 代码2-8：

```
1）size（400，300）；
2）background（0）；
3）strokeWeight（15）；
4）stroke（255，255，255）；
5）strokeJoin（MITER）；//下面所画矩形边框的交点为尖角
```

```
6)fill(255, 0, 0, 50);
7)rect(100, 50, 100, 100);
8)strokeJoin(BEVEL); //下面所画矩形边框的交点为平角
9)fill(0, 255, 0, 50);
10)rect(150, 100, 100, 100);
11)strokeJoin(ROUND); //下面所画矩形边框的交点为圆角
12)fill(0, 0, 255, 50);
13)rect(200, 150, 100, 100);
```

2.1.3.3 顶点的设置

顶点，指的是直线或曲线的端点。顶点的类型即顶点的形状，主要有SQUARE（方形）、PROJECT（方形扩展形）和ROUND（圆形）三种。当然，同交点形状一样，这个属性也是在线条有一定的宽度时才有效果。函数strokeCap（capMode）用来设置顶点的类型。需要说明的是，该属性对矩形、圆形、多边形、三角形等闭合图形不奏效。

○案例2-9：

画两条相交的直线，直线宽度为20，顶点类型分别为圆形和方形（运行结果如图2-17所示）。

图2-17　案例2-9运行结果图

• 代码2-9：

```
1)size(500, 500);
2)background(0);
3)stroke(255);
4)strokeWeight(20);
5)strokeCap(ROUND); //将下面所画直线的顶点设置为圆形
6)line(150, 150, 350, 350);
7)strokeCap(SQUARE); //将下面所画直线的顶点设置为方形
8)line(100, 250, 400, 250);
```

知识点：Processing中常用的属性设置函数

• background( )：用来设置画布背景的颜色。在Processing语言中，默认的背景颜色为亮灰色。该函数通过不同的参数设置可以得到不同的画布背景颜色。另外，我们不仅可以将背景设置成不同的颜色，还可以载入一幅图像作为画布的背景。当然，此时需要将图像的大小调整为画布的尺寸，具体语句见案例1-2-3代码第3）行语句“im.resize(width, height);”。

- background(gray)：设置画布的背景颜色为0—255之间的灰度颜色。其中，gray为所设置的灰度值。
- background(gray, alpha)：设置画布背景为具有透明度的灰度颜色。其中，gray为0—255之间的灰度值，alpha为透明度的值，取值范围也为0—255。
- background(v1, v2, v3)：根据所设置的颜色模式，v1，v2，v3分别为R值、G值和B值或者H值、S值和B值。其中，R，G，B的取值范围均为0—255，而H，S，B的取值范围分别为0—360、0—100和0—100。
- background(v1, v2, v3, alpha)：设置画布背景为具有透明度的彩色，v1，v2，v3同上所述，透明度值alpha取值范围依旧为0—255。
- background(im)：设置图像im为画布的背景。

• noStroke( )：设置所画图形为无边框的形式，通常其参数为空。

注意：若在程序中同时设置了noStroke( )和noFill( )，无论所画的图形是什么，皆为空白图像。

• stroke（ ）：与noStroke（ ）函数相反，stroke（ ）函数用来设置点、线或者图形边框的颜色。根据所使用的颜色模式的不同，设置不同的颜色参数。默认情况下，Processing的颜色模式为RGB模式。具体的参数设置主要有以下几种情况：

▪ stroke（rgb）：其中，rgb为一个表示颜色的十六进制的整数。即用一个十六进制的数来设置点、线或者图形边框的颜色。

▪ stroke（rgb，alpha）：该形式在上一种情况的基础上加入了颜色透明度的设置，即rgb仍为十六进制的颜色值，而alpha为透明度值，取值范围为0—255（包括0和255）。

▪ stroke（gray）：将点、线或者图形边框设置为灰色，其中，gray为灰度值，取值范围为0—255（包括0和255）。

▪ stroke（gray，alpha）：该形式在上一种情况的基础上加入了灰度透明度的设置，alpha为透明度值，取值范围为0—255（包括0和255）。

▪ stroke（v1，v2，v3）：根据所使用的颜色模式的不同，v1，v2，v3的值分别为R，G，B或者H，S，B。

▪ stroke（v1，v2，v3，alpha）：该形式在上一种情况的基础上加入了颜色透明度的设置，alpha为透明度值，取值范围为0—255（包括0和255）。

• strokeWeight（weight）：用来设置点、线或者图形边框的宽度，宽度的度量以像素为单位。其中，参数weight为所设置的宽度值。当weight=1时，表示所设置的点、线或者图形边框的宽度为一个像素的宽度。

• strokeJoin（join）：设置线段交点的类型，这些交点的类型主要有尖的、平的和圆的三种，对应参数join的值分别为MITER、BEVEL和ROUND。默认情况下，即不进行strokenJoin（join）设置的情况下为尖的（MITER）。

• strokeCap（cap）：设置线段端点类型。这里，端点的类型可以为方形、方形扩展形和圆形，所对应参数cap的值分别为SQUARE、PROJECT和ROUND。

2.1.4 多个矩形的绘制

当我们在画布上画一个矩形、两个矩形、三个矩形……甚至十个矩形时，我们可以调用一个或者多个rect（x，y，w，h）函数依次绘制。然而，当我们需要画100个或者更多个按行/按列排列的矩形时，我们尽管依旧可以多次调用rect（x，y，w，h）函数来实现，但绘制效率会变得很低，也有悖于我们利用计算机语言进行绘画的初衷之一。遇到这种情况，我们可以采用程序设计中的循环结构来简单快速地完成。下面，我们就以画六个按行排列且大小相同的矩形为例，来看看这其中的规律。

○案例2-10：

在500×500的画布上绘制六个30×30的矩形（运行结果如图2-18所示）。

图2-18　案例2-10运行结果图

• 代码2-10-1：

```
1)size(500, 500);
2)background(255);
3)fill(0);
4)rect(220, 100, 30, 30);
5)rect(220, 150, 30, 30);
```

```
6)rect(220, 200, 30, 30);
7)rect(220, 250, 30, 30);
8)rect(220, 300, 30, 30);
9)rect(220, 350, 30, 30);
```

在这一组rect( )函数中，观察每一个函数中的参数，我们不难发现，第一个参数，即矩形左上角顶点的x坐标均为220，且矩形的宽和高均为30不变，发生变化的是矩形左上角顶点的y坐标，且这六个矩形左上角顶点的y坐标在有规律地变化着，即每次增加50。根据这一规律，我们来看另外一组代码，即代码2-10-2。

• 代码2-10-2：

```
1)size(500, 500);
2)background(255);
3)fill(0);
4)for(int y=100; y<=350; y+=50){
5)rect(220, y, 30, 30);
6)}
```

由于发生变化的只有矩形左上角顶点的y坐标，我们在程序中用一个变量y来表示这个变化的量。这里for是循环结构的关键字，在这个结构中总共包含三个部分：循环什么时候开始，什么时候结束，每次循环所更新的内容。这三个部分也是构成一个完整的循环结构的三要素。花括号所括起来的是需要循环执行的语句，只要还没有达到循环结束的条件，就会随着更新条件的变化反复执行花括号中的语句。

在这个for循环结构中，我们称y为循环变量（循环变量的名字可以根据需要来命名，尽量做到见名知意，并且循环变量在跳出循环结构后便失去作用）。执行第一轮循环时，y=100，符合循环继续的条件y<=350，因此执行花括号内的语句，即画第一个矩形rect（220，100，30，30），第一轮循环结束，循环变量更新，在自身的基础上增加50，即此时y=150。仍然符合循环继续执行的条件y<=350，继续执行花括号内的语句，即画第二个矩形rect（220，150，30，30），第二

轮循环结束，继续更新循环变量y的值，此时y=200。一直重复上面的步骤，直至最后一轮循环结束，循环变量y更新至400，已不符合循环执行的条件y<350，停止并跳出循环，继续执行循环结构之后的程序。

从上面的案例中可以看出，循环结构的使用会使程序变得更加简洁明了，尤其是针对这种规律变化的图形结构。同时，它还可以降低代码的错误率。

如果我们想要这些矩形块的颜色也发生渐变该怎么办呢？

○ 案例2-11：

将案例2-10中六个矩形的颜色设计成红色渐变的（运行结果如图2-19所示）。

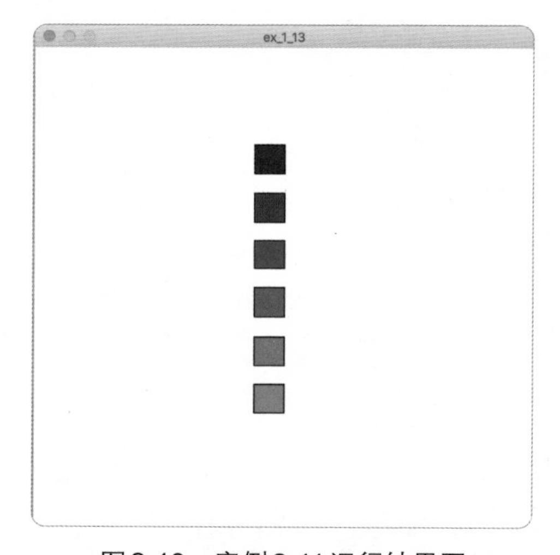

图2-19　案例2-11运行结果图

• 代码2-11：

```
1）size（500，500）；
2）background（255）；
3）float c=100；
4）for（int y=100；y<=350；y+=50）{
5）fill（c，0，0）；
6）rect（220，y，30，30）；
7）c+=30；
8）}
```

前面我们讲过，如果我们想给不同的图形赋予不同的属性，需要在画图之前分别对不同的图形进行各自的属性设置。案例中要求这些矩形的颜色呈红色渐变，即所填充颜色的红色分量是变化的。因此，我们声明了一个变量c来作为红色分量的参数，随着循环的执行，变量c的值每次增加30，即所填充的红色分量每次增加30。

【课堂练习】

1. 绘制一列宽度依次增加，颜色呈绿色渐变的矩形。

2. 绘制水平排列的六个矩形，具体样式自行设计。

通过for循环结构我们可以很轻松地画出一列或者一行矩形，如果我们要绘制10行10列个矩形该怎么办呢？当然，我们依旧可以通过使用10个for循环结构来分别绘制每一列或者每一行矩形，但是这对数量更多的情况显然是不适用的。下面，我们来给大家介绍一种更加快捷的方法，即双重for循环结构来解决这个问题。

○ 案例2-12：

在500×500的画布上绘制25行 ×25列个宽和高均为10的矩形（运行结果如图2-20所示）。

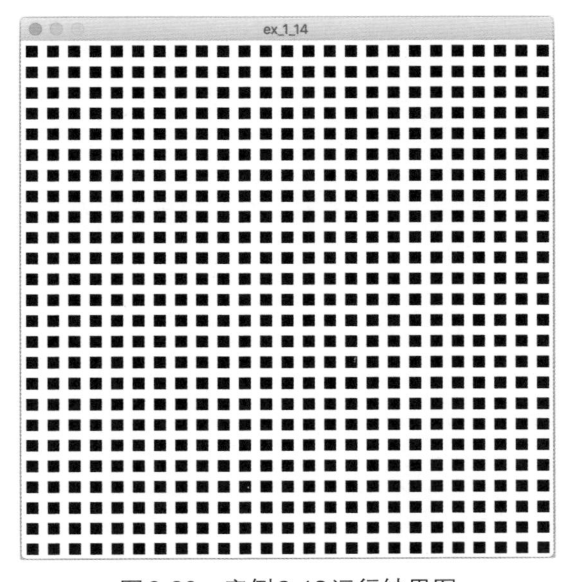

图2-20　案例2-12运行结果图

• 代码2-12：

```
size( 500, 500 );
background( 255 );
fill( 0 );
for( int y=5; y<=490; y+=20 ){
    for( int x=5; x<=490; x+=20 ){
        rect( x, y, 10, 10 );
    }
}
```

我们可以按行为单位一行一行地画，也可以按列为单位一列一列地画。该案例中，我们以行为单位来画。对于每一行矩形而言，其x坐标依次增大，y坐标保持不变，每画完一行矩形，y坐标会增加20。这里，我们用了双重for循环，即两个嵌套的for循环来实现。对于双重for循环，大家只要记住一句话："外层循环执行一次，内层循环执行一轮。"上例中，当y=5时，符合循环执行条件y<=490，开始执行内层循环，而内层循环就是上述案例中所讲的单重for循环，内层循环执行完毕即完成第一行所有矩形的绘制，更新外层循环的循环变量，即y=25，依旧符合循环继续执行的条件，那就继续第二轮内层循环来绘制第二行矩形，……。如此循环，直至画完最后一行矩形。

○ 案例2-13：

在500 × 500的画布上绘制25行 × 25列个宽和高均为10的、呈红色渐变的矩形（运行结果如图2-21所示）。

• 代码2-13：

```
size( 500, 500 );
background( 255 );
float c=100;
for( int y=5; y<=490; y+=20 ){
    for( int x=5; x<=490; x+=20 ){
```

```
            fill(c, 0, 0);
            rect(x, y, 10, 10);
        }
        c+=5;
    }
```

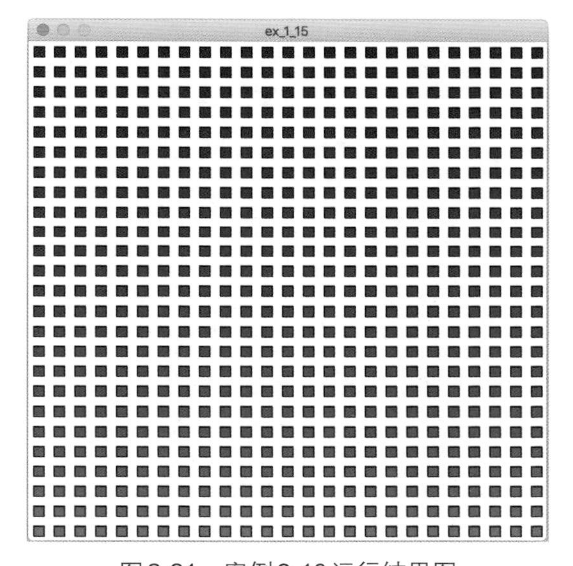

图2-21 案例2-13运行结果图

这里，我们依旧声明一个变量c来控制矩形填充色的变化，每画完一行矩形，调整一次变量c的值，进而使矩形颜色逐行发生变化。

2.2 其他图形的绘制

2.2.1 常见的绘图函数

- 点point( )：在画布上画一个点，也是最基本的视觉元素。
  - point(x, y)：其中参数x和y指定了所画的点在画布上的位置坐标。默认情况下，所画的一个点的大小即为一个像素点的大小，我们可以通过strokeWeight( )函数来设置点的大小，通过stroke( )函数来设置点的颜色。

○案例2-14：

在100 × 100的画布中心画一个大小为10的红点（运行结果如图2-22所示）。

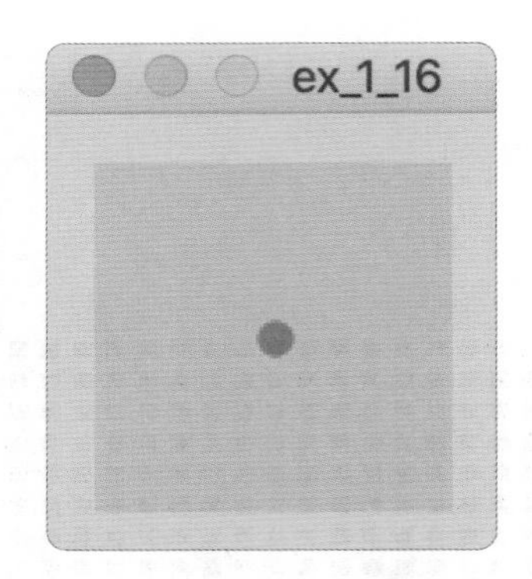

图2-22　案例2-14运行结果图

• 代码2-14：

```
stroke(255, 0, 0); //设置点的颜色为红色
strokeWeight(10); //设置点的大小为10个像素点的大小
point(50, 50); //在画布（50, 50）的位置画一个大小为10、颜色为红色的点
```

▪ point（x，y，z）：我们若在3D空间画点，还需要在参数中加入第三维Z轴的坐标值z。

需要说明的是，当我们用多个point（　）函数画多个点时，这些点都是独立的点，它们之间没有任何联系或关联，这一点有别于下面要讲的顶点函数vertex（　）。

• 顶点vertex（　）：通过连接各个顶点来绘制不同的自定义形状。该函数与point（　）函数不同，单独使用vertex（　）函数是没有任何意义的，往往需要多个vertex（　）函数同时使用，并且所有的vertex（　）函数需要放在一对beginShape（　）和endShape（　）函数里面，这样便可以将每个vertex（　）顶点按顺序连接起来形成一定的形状。其中，beginShape（　）表示形状绘制的开始，而endShape（　）表示形状绘制的结束。通过这种方式绘制的形状也可以使用fill（　）函数来填充颜色，用stroke（　）、strokeWeight（　）等属性设置函数来设置形状的各种属性。如果在endShape（　）函数的参数中设置CLOSE参数，即

endShape（CLOSE），那么在连接每一对相邻顶点时会把最后一个顶点与第一个顶点也连接起来形成一个闭合轮廓的图形。

▪ vertex（x，y）：其中x和y为该顶点在画布上的位置坐标。需要说明的是，这些vertex（　）顶点的顺序不同，所绘制的图形也有所不同。

○ 案例2-15：

依次改变vertex（　）函数的顺序并观察绘制结果。

● 代码2-15-1：

```
size(100, 100);
background(0);
stroke(0, 255, 255);
strokeWeight(5);
noFill( );
beginShape( );
vertex(30, 20);
vertex(85, 20);
vertex(85, 75);
vertex(30, 75);
endShape( );
```

代码2-15-1中，按照顺时针的次序依次连接（30，20）（85，20）（85，75）和（30，75）四个顶点，运行结果如图2-23所示。

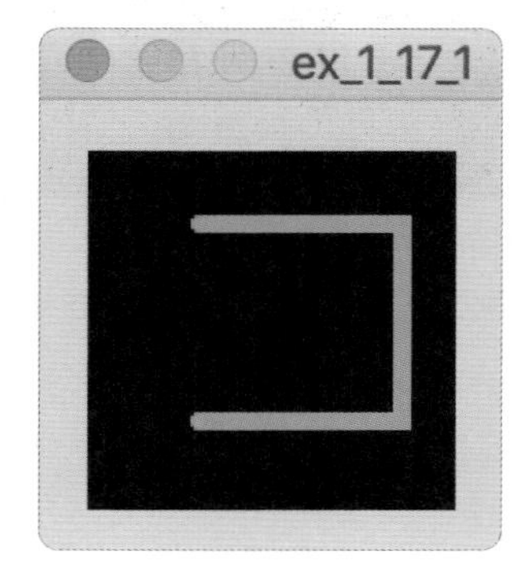

图2-23　代码2-15-1运行结果图

• 代码2-15-2：

```
size(100, 100);
background(0);
stroke(0, 255, 255);
strokeWeight(5);
noFill( );
beginShape( );
vertex(30, 20);
vertex(85, 20);
vertex(85, 75);
vertex(30, 75);
endShape(CLOSE);
```

代码2-15-2与代码2-15-1唯一的区别就在于：endShape（CLOSE）函数的参数不为空，而是系统常量CLOSE。这也即意味着由这些顶点构成的形状是闭合的，程序会自动将首尾两点连接起来形成一个闭合的形状，如图2-24所示。

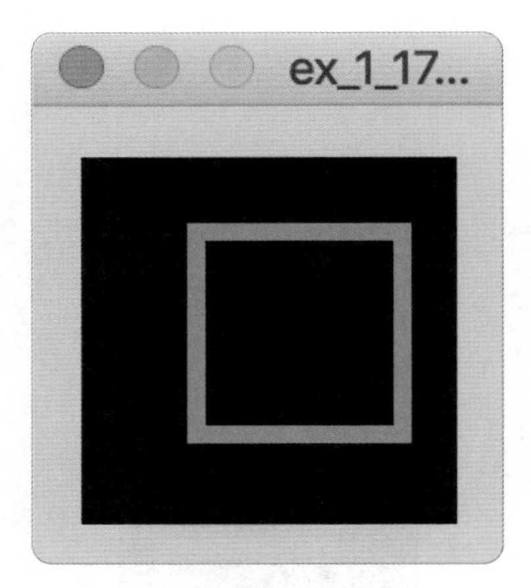

图2-24　案例2-15-2运行结果图

• 代码2-15-3：

```
size(100, 100);
background(0);
```

```
stroke(0, 255, 255);
strokeWeight(5);
noFill( );
beginShape( );
vertex(30, 20);
vertex(85, 20);
vertex(30, 75);
vertex(85, 75);
endShape( );
```

代码2-15-3与代码2-15-1的区别在于：在代码2-15-3中交换代码2-15-1中第三个和第四个顶点的位置，默认情况下，所有vertex( )函数是按照输入顺序顺时针连接起来的；在交换最后两个顶点的位置之后，其连接的顺序也会发生相应改变，如图2-25所示。

图2-25　案例2-15-3运行结果图

- 代码2-15-4：

```
size(100, 100);
background(0);
stroke(0, 255, 255);
strokeWeight(5);
```

```
noFill( );
beginShape( );
vertex(30, 20);
vertex(85, 20);
vertex(30, 75);
vertex(85, 75);
vertex(30, 20);
endShape( );
```

代码2-15-4比代码2-15-3中多一个顶点（30，20），即首顶点，在连完第四个顶点（85，75）之后，继续将第四个顶点与第一个顶点相连接，如图2-26所示。

图2-26　案例2-15-4运行结果图

• 线line( )：说到画一条直线，我们可以通过画若干个位置上相邻的点（point）来实现，也可以使用专门的画直线函数line( )来实现。大家都知道，两点确定一条直线，在line( )函数的参数中只要给定直线两个端点的位置坐标即可。

▪ line(x1，y1，x2，y2)：其中x1和y1为该直线其中一个端点的位置坐标，x2和y2为该直线另一个端点的位置坐标。同样，我们也可以通过stroke( )函数与strokeWeight( )函数来分别设置直线的颜色和粗细。需要说明的是，所有关于图形属性的设置语句都应放在画图语句的前面，即：先进行属性设置，再画图形。

▪ line（x1，y1，z1，x2，y2，z2）：当我们在3D空间画直线时，依旧遵循两点确定一条直线的原则，只是这里的点是3D空间的点，因此需要在参数中加入两个端点的第三维坐标z1和z2。其中，（x1，y1，z1）为空间直线其中一个端点的坐标，而（x2，y2，z2）为其另一个端点的坐标。

○ 案例2-16：

绘制三条平行的不同颜色、不同粗细的直线（运行结果如图2-27所示）。

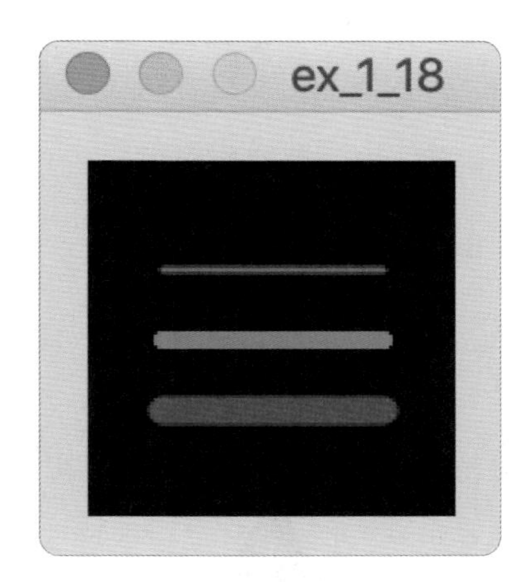

图2-27　案例2-16运行结果图

• 代码2-16：

```
size(100, 100);
background(0);
strokeWeight(2);
stroke(255, 0, 0);
line(20, 30, 80, 30);
strokeWeight(5);
stroke(0, 255, 0);
line(20, 50, 80, 50);
strokeWeight(8);
```

```
stroke(0, 0, 255);
line(20, 70, 80, 70);
```

• 三角形triangle( )：将三个点依次连接在一起即可形成一个三角形。因此，在三角形函数triangle( )中，我们只需要给定三角形三个顶点的坐标即可。三角形为一个平面，不存在3D的情况。

▪ triangle(x1, y1, x2, y2, x3, y3)：其中，(x1, y1)(x2, y2)(x3, y3)分别为三角形三个顶点的坐标。当然，我们也可以通过三条首尾相连的直线构成一个三角形。fill( )、stroke( )、strokeWeight( )等属性设置函数同样适用于三角形的属性设置。

○ 案例2-17：

画一个边框为黑色、宽度为5、填充红色的正三角形（运行结果如图2-28所示）。

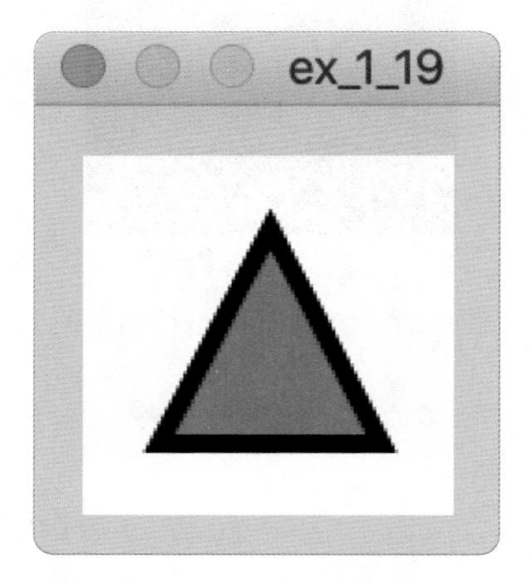

图2-28　案例2-17运行结果图

• 代码2-17：

```
size(100, 100);
background(255);
strokeWeight(5);
stroke(0, 0, 0);
fill(255, 0, 0);
```

```
triangle(50, 20, 20, 80, 80, 80);
```

• 四边形quad( )：不同于rect( )函数，quad( )函数所画的为一个由任意的四条边构成，内角和为360°的四边形，这个四边形不仅可以是矩形，也可以是不规则的四边形。

▪ quad(x1, y1, x2, y2, x3, y3, x4, y4)：其中，(x1, y1)为四边形第一个顶点的坐标，(x2, y2)、(x3, y3)和(x4, y4)依次按顺时针顺序设置四边形的另外三个顶点的坐标。

○ 案例2-18：

画一个红色透明的无边框任意四边形（运行结果如图2-29所示）。

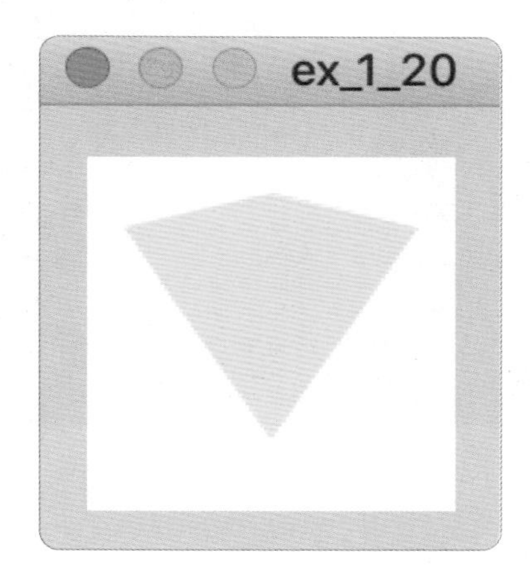

图2-29 案例2-18运行结果图

• 代码2-18：

```
size(100, 100);
background(255);
noStroke( );
fill(255, 0, 0, 30);
quad(10, 20, 50, 80, 90, 20, 50, 10);
```

• 正方形square( )：绘制正方形。我们可以用rect( )函数绘制一个宽与高相等的矩形，即正方形，也可以直接用square( )函数绘制一个正方形。默认情况下，函数的前两个参数为正方形左上角顶点的坐标，第三个参数为正方形的边长。我们可以通过调用rectMode( )函数来改变square( )函数的参数设置。

- square(x，y，ex)：默认情况下，参数x和y为正方形左上角顶点的坐标，参数ex为正方形的边长。

○案例2-19：

绘制三个互相重叠的正方形（运行结果如图2-30所示）。

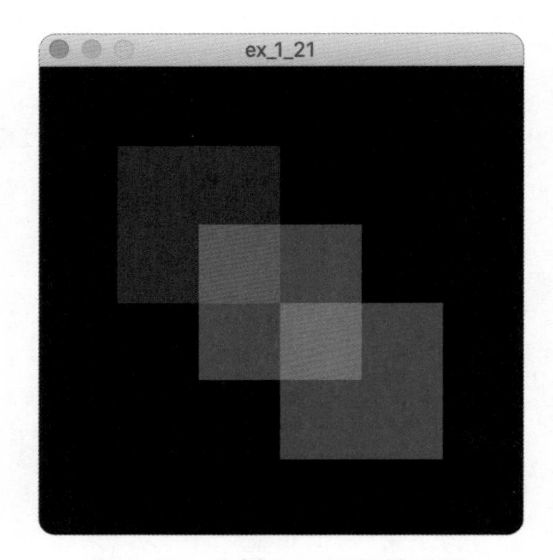

图2-30 案例2-19运行结果图

- 代码2-19：

```
size(300, 300);
background(0);
noStroke( );
fill(255, 0, 0, 100);
square(50, 50, 100);
fill(255, 255, 0, 100);
square(100, 100, 100);
fill(0, 255, 255, 100);
square(150, 150, 100);
```

- 椭圆ellipse（ ）：画椭圆与画矩形相似，同样需要告诉计算机椭圆在画布上的位置，以及椭圆的短轴和长轴，即椭圆的宽和高。

  - ellipse（x，y，w，h）：默认情况下，前两个参数设置椭圆中心点位置的x和y坐标，后两个参数为椭圆的宽和高，如果宽和高相等，则所画的为正圆。类似于rectMode（ ）函数，我们也可以通过ellipseMode（ ）函数对椭圆的模式进行设置。若所设置模式为ellipseMode（CENTER），即默认模式，那么ellipse（ ）函数的前两个参数x和y为椭圆中心点的坐标，而后两个参数分别为椭圆的宽和高。若所设置模式为ellipseMode（RADIUS），那么ellipse（ ）函数的前两个参数x和y依旧是椭圆中心点的坐标，而后两个参数则为椭圆宽和高的一半。若所设置模式为ellipseMode（CORNER），那么ellipse（ ）函数的前两个参数为该椭圆所在矩形绑定框左上角顶点的坐标，而后两个参数为椭圆的宽和高。若所设置的模式为ellipseMode（CORNERS），那么ellipse（ ）函数的前两个参数为椭圆所在矩形绑定框左上角顶点的坐标，后两个参数则为绑定框右下角顶点的坐标。

○案例2-20：

在画布的中心画一个填充黄色、边框宽度为10、边框为蓝色的正圆形（运行结果如图2-31所示）。

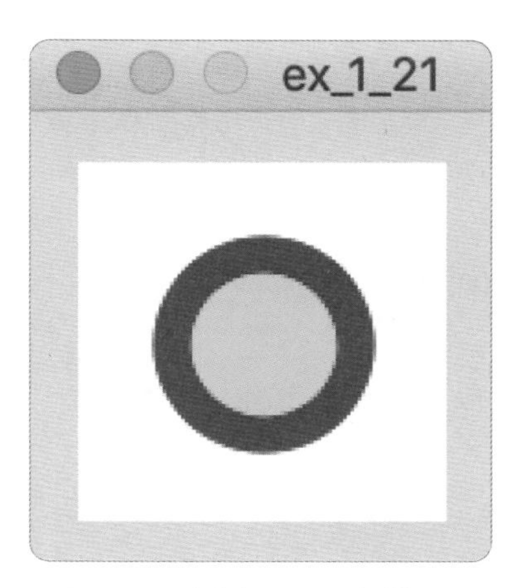

图2-31　案例2-20运行结果图

• 代码2-20：

```
size( 100, 100 );
background( 255 );
strokeWeight( 10 );
stroke( 0, 0, 255 );
fill( 255, 255, 0 );
ellipse( 50, 50, 50, 50 );
```

• 贝塞尔曲线bezier（ ）：用来绘制曲线。假想曲线的两端分别有两个操纵杆，曲线两端固定不动，通过移动这两个操纵杆来改变曲线的形状。因此，我们需要四个位置、八个参数来完成一条曲线的绘制。

▪ bezier（x1，y1，cx1，cy1，cx2，cy2，x2，y2）：其中（x1，y1）（x2，y2）分别为曲线的起始位置和终止位置，（cx1，cy1）（cx2，cy2）分别控制操纵曲线的形状。设想（cx1，cy1）与（x1，y1）之间，（cx2，cy2）与（x2，y2）之间分别连有两个杆，如图2-32中的虚线所示，上下左右移动这两个杆，曲线的弯曲程度或者弯曲方向会发生变化。比如，将（cx1，cy1）向上移动时，曲线的下面部分的弯曲程度会变大且向上移。

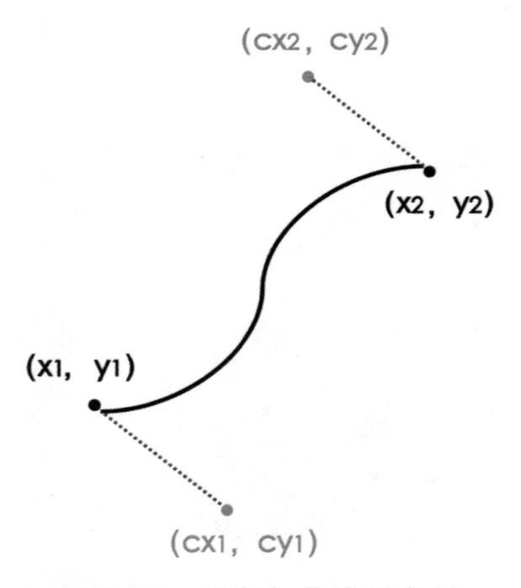

图2-32 贝塞尔曲线示意图

○ 案例2-21：

画一条黑色的宽度为5的S型曲线（结果如图2-33所示）。

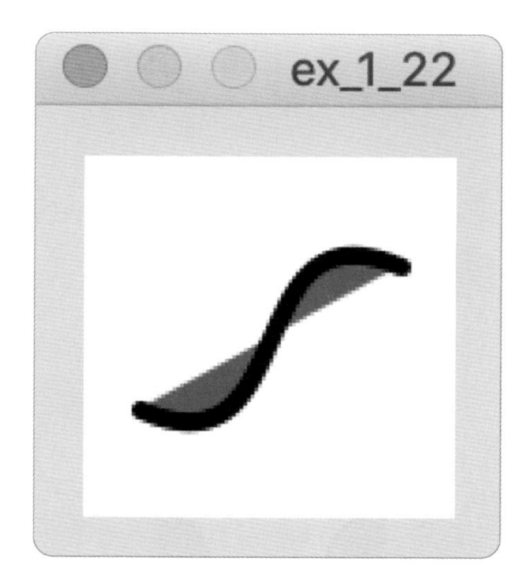

图2-33 案例2-21运行结果图

• 代码2-21：

```
size(100, 100);
background(255);
fill(100);
stroke(0);
strokeWeight(5);
bezier(85, 30, 40, 10, 60, 90, 15, 70);
```

• 弧线arc( )：沿椭圆的边缘外侧画弧线。根据arc( )函数中的参数来定义弧线的绘制。类似椭圆模式的设置，我们也可以调用ellipseMode( )函数来更改圆弧所在椭圆的原点。圆弧的开始点与终止点按顺时针排列。

▪ arc(a, b, c, d, begin, end)：参数a为弧线所在椭圆的x坐标，参数b为弧线所在椭圆的y坐标，参数c为弧线所在椭圆的宽，参数d为弧线所在椭圆的高，参数begin为弧线开始的角度，具体用弧度表示，而参数end为弧线结束的角度，也用弧度表示。

▪ arc(a, b, c, d, begin, end, mode)：其中前六个参数与上一种形式相同，而第七个参数mode为绘制弧线的方式，主要有三种模式：PIE、OPEN和CHORD。其中，默认模式为OPEN开放的边缘。

○案例2-22：

画四条填充不同颜色的弧线，如图2-34所示。

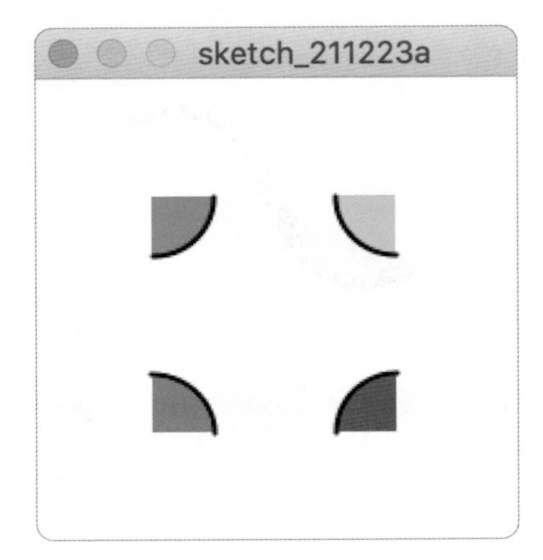

图2-34　案例2-22运行结果图

•代码2-22：

```
size(200, 200);
background(255);
strokeWeight(2);
stroke(0);
fill(255, 0, 0);
arc(50, 50, 50, 50, 0, HALF_PI);
fill(255, 255, 0);
arc(150, 50, 50, 50, HALF_PI, PI);
fill(0, 255, 0);
arc(50, 150, 50, 50, PI+HALF_PI, TWO_PI);
fill(0, 0, 255);
arc(150, 150, 50, 50, PI, PI+HALF_PI);
```

○案例2-23：

用不同的模式画同一条弧线，如图2-35所示，分别为OPEN模式［图（a）］、CHORD模式［图（b）］和PIE模式［图（c）］下同一弧线的结果图。

（a）

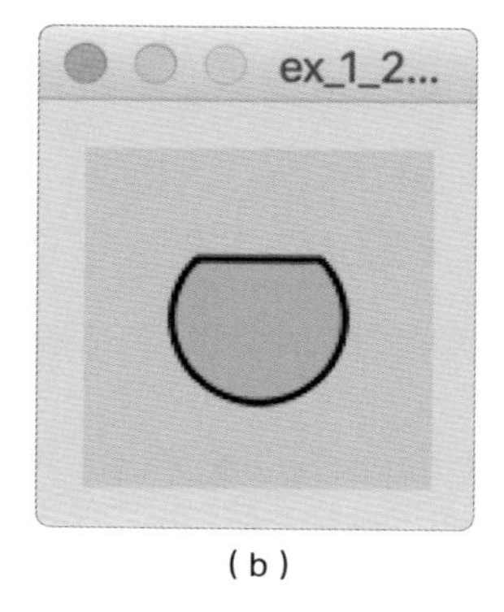

（b）

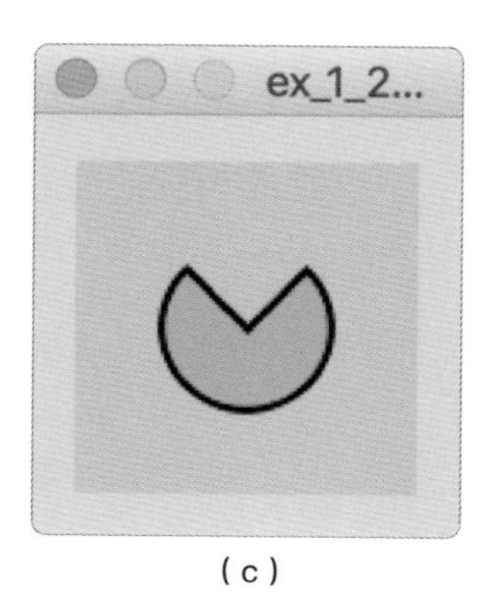

（c）

图2-35 案例2-23运行结果图

• 代码2-23-1：

```
size(100, 100);
strokeWeight(2);
stroke(0);
fill(255, 0, 0, 50);
arc(50, 50, 50, 50, 0, PI, OPEN);
```

• 代码2-23-2：

```
size(100, 100);
strokeWeight(2);
stroke(0);
fill(255, 0, 0, 50);
arc(50, 50, 50, 50, 0, PI, CHORD);
```

• 代码2-23-3：

```
size(100, 100);
strokeWeight(2);
stroke(0);
```

```
fill(255, 0, 0, 50);
arc(50, 50, 50, 50, 0, PI, PIE);
```

• 圆circle（ ）：画圆。与椭圆函数不同，该函数绘制的为正圆。我们也可以通过ellipseMode（ ）函数来调整circle（ ）中参数的内容。

▪ circle（x，y，ex）：默认情况下，参数x，y为所画圆中心点的坐标，参数ex为圆的宽和高，即直径。

○ 案例2-24：

画两个相互重叠的正圆（运行结果如图2-36所示）。

图2-36　案例2-24运行结果图

• 代码2-24：

```
size(350, 300);
background(255);
noStroke( );
fill(255, 0, 250, 50);
circle(150, 150, 100);
fill(0, 255, 255, 50);
circle(200, 150, 100);
```

• 球体sphere（ ）：绘制由镶嵌的三角形构成的空心球体，为三维图形的绘制。

▪ sphere（r）：其中参数r为球体的半径。

○ 案例2-25：

绘制一个半径为150的球（运行结果如图2-37所示）。

图2-37　案例2-25运行结果图

• 代码2-25：

```
size(500, 500, P3D);
fill(100, 120, 255);
lights( );
translate(250, 250, 0);
sphere(150);
```

这里，我们调用lights（ ）函数进行球面默认灯光的设置。大家会发现，sphere（ ）函数中只有一个设置球半径的参数，而没有位置设置参数，默认球心坐标在坐标原点（0，0）的位置。我们可以通过translate（ ）函数平移坐标轴来重新定义球体的中心。另外，我们还可以调用noStroke（ ）函数来去掉球体上的三角格线，调用fill（ ）函数给球面填充不同的色彩。

• 长方体box（ ）：绘制一个长方体，默认长方体的中心点在画布的坐标原点（0，0）的位置。我们可以把长方体看作一个被拉伸的矩形。长方体的长宽高相等时，则为立方体。

- box（s）：只有一个参数s时，表示长方体的在各个维度上的长度相等，都为s，即长方体的宽、高和深度均为s，也就是正方体。
- box（w，h，d）：分别设置长方体的宽、高、深度。

○ 案例2-26-1：

绘制一个中心在画布中心的立方体（运行结果如图2-38所示）。

图2-38　案例2-26-1运行结果图

- 代码2-26-1：

```
size(500, 500, P3D);
translate(250, 250, 0);
rotateY(0.6);
stroke(0);
fill(100, 120, 255, 80);
box(150);
```

○ 案例2-26-2：

绘制一个中心在画布中心的长方体（运行结果如图2-39所示）。

- 代码2-26-2：

```
size(500, 300, P3D);
translate(250, 150, 0);
```

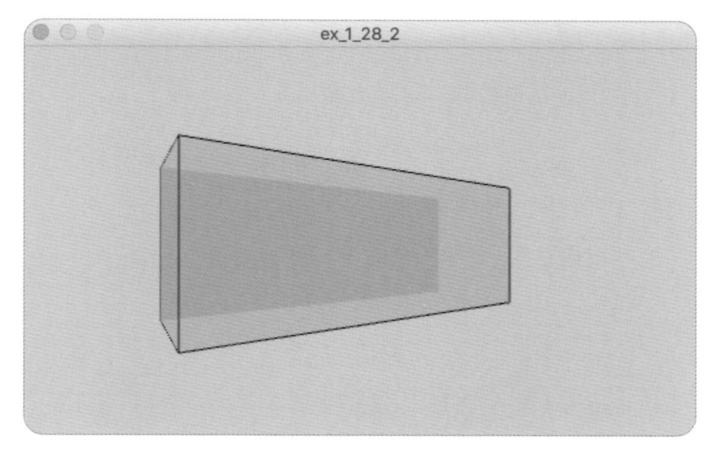

图2-39　案例2-26-2运行结果图

```
rotateY(0.6);
stroke(0);
fill(100, 120, 255, 80);
box(250, 100, 80);
```

2.2.2 一般数学等式曲线

中学时，我们学习过不少数学等式，比如$y=\sqrt{x}$，$y=x^2$，等等。这些等式均有自己对应的曲线图。比如，最常见的抛物线，也就是$y=x^2$的曲线图，如图2-40所示。

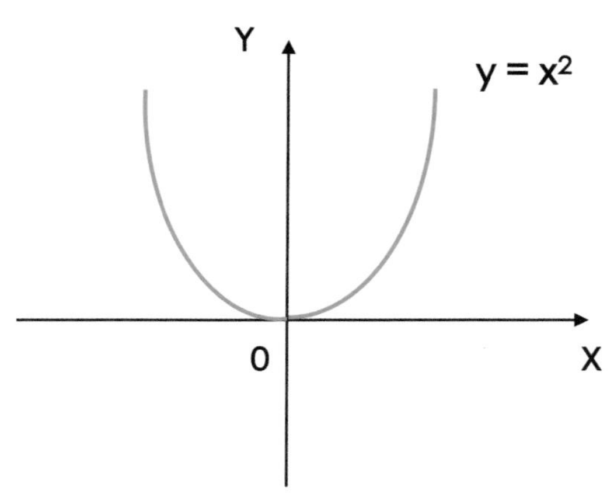

图2-40　数学等式$y=x^2$曲线图

下面，我们来了解一下在Processing语言中专门针对各种数学计算的函数。

• sqrt(v)：计算一个非负数v的平方根。

比如，

```
float a=sqrt(81); //a的值为9
```

• pow(v，n)：计算一个数v的n次方。

比如，

```
float a=pow(2, 5); //a的值为32
float b=pow(2, -2); //a的值1/4
```

• sq(v)：计算参数v的平方，其中v可以为任意数字，该函数的计算结果为大于等于0的数。

比如，

```
float a=sq(-7); //a的值为(-7)^2=49
```

另外三个绘制数学曲线常用的函数为norm( )、lerp( )和map( )：

• norm(v，minV，maxV)：归一化函数（Normalizing）。该函数是为了我们计算方便，将某个数从某个区间转化为0.0—1.0之间的一个数。假设把40从20到100之间转化为0.0—1.0之间的数，其过程如下：

$$\frac{40-20}{100-20}=0.25$$

通俗地讲，归一化运算类似于等比例转换，40在20—100区间之内所占的位置比例为0.25，转化到0.0—1.0区间之内所在的位置比例依旧为0.25。该函数中的第一个参数v为要转换的数，minV与maxV是参数v当前所属范围的最小值（下限）与最大值（上限）。如果v的值超出该范围，所得到的结果可能为小于0或者大于1的情况，大家要尽量避免这种情况出现。

比如，

```
float a=norm(150, 100, 200); //a的值为0.5
float b=norm(100, 100, 200); //b的值为0.0
float c=norm(200, 100, 200); //c的值为1.0
```

• lerp(minV，maxV，v)：线性插值函数（Linear Interpolation）。该函数将

0.0—1.0之间的数转化成为另一个区间内的数，即将参数v（$v \in$［0.0，0.1］）转化为区间［minV，maxV］之间的数，其中，minV与maxV为将要转化到的区间的最小值（下限）与最大值（上限），v为0.0—1.0之间的待转化的数据。假设我们要把0.5从0.0—1.0之间的值转化为-0.5—0.5之间的值，其过程如下：

$$0.5 \times [0.5-(-0.5)]+(-0.5)=0.0$$

即先求出0.5在区间［-0.5，0.5］上的比例长度，再加上区间的下限，即最小值即可。

比如，

```
float a=lerp(-50.0, 50.0, 0.0); //a的值为-50.0
float b=lerp(-50.0, 50.0, 0.5); //a的值为0.0
float a=lerp(-50.0, 50.0, 1.0); //a的值为50.0
```

• map（v，minV1，maxV1，minV2，maxV2）：映射函数，即将某个数从某一个区间转化到另一个区间。参数v为需要转化的数，minV1与maxV1为参数v当前所在区间的最小值与最大值，minV2与maxV2为参数v将要转化到的新区间的最小值与最大值。比如，我们要把0.5从区间［0，1］映射到区间［0，255］，同样是一个等比例转换，即先求出0.5在0—1之间的位置比例，再求出该比例在区间［0，255］内对应的值，其过程如下：

$$\frac{0.5-0.0}{1.0-0.1} \times (255.0-0.0)=127.5$$

比如，

```
float a=map(100.0, 0.0, 200.0, -0.5, 0.5); //a的值为0.0
float b=map(0.0, 0.0, 200.0, -0.5, 0.5); //a的值为-0.5
float c=map(200.0, 0.0, 200.0, -0.5, 0.5); //a的值为0.5
```

了解上述各种数学函数的含义和用法之后，下面我们来给大家介绍一下如何运用这些函数绘制一些简单的曲线。

数学中最常见、最简单的曲线莫过于$y=x^2$的抛物线，如图2-40所示，假设变量x的值介于0.0—1.0之间，当x的值线性递增时，y的值则呈指数级递增，坐标（x，y）在坐标系中的变化轨迹便形成了该抛物线，如图2-41所示。类似的，$y=x^3$，$y=x^4$，…，也是同样的道理。

x	$y=x^2$
0.0	0.0
0.2	0.04
0.4	0.16
0.6	0.36
0.8	0.64
1.0	1.00

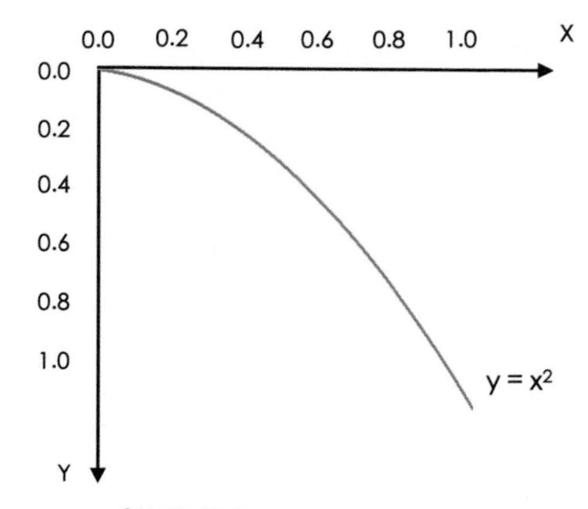

图2-41 $y=x^2$抛物线图

○ 案例2-27：

绘制$y=x^2$的抛物线，变量x的值为［0，300］之间线性递增的数。

• 代码2-27：

```
void setup( ){
  size(300, 300);
  background(255);
  strokeWeight(2);
}
void draw( ){
  for(int x=0; x<300; x++){
    float n=norm(x, 0.0, 300.0);
    float y=pow(n, 2);
    y*=300;
    point(x, y);
  }
}
```

图2-40为抛物线$y=x^2$的曲线图，大家可以试着修改一下pow（n，ex）函数中的参数ex，观察一下所得到的抛物线的变化情况。如图2-42所示，为ex=0.6和ex=4的抛物线图。

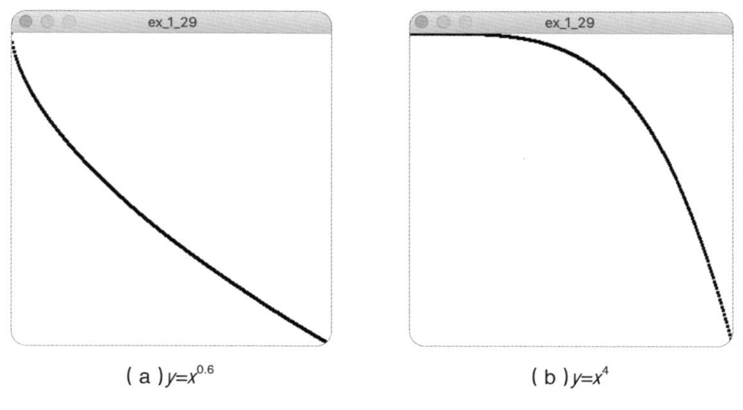

（a）$y=x^{0.6}$　　（b）$y=x^4$

图2-42　函数$y=x^{0.6}$与$y=x^4$的抛物线图

○案例2-28：

从画布顶端依次画直线，使这些直线的下端形成$y=x^2$的曲线形式。

●代码2-28：

```
void setup( ){
  size(300, 300);
  background(255);
}
void draw( ){
  for(int x=5; x<300; x+=5){
    float n=map(x, 5, 295, -1, 1);
    float p=pow(n, 2);
    float y=lerp(60, 240, p);
    stroke(x, 0, 0);
    line(x, 0, x, y);
  }
}
```

图2-43为案例2-28的运行结果，每次执行for循环语句所画直线两个顶点的x坐标相同，y坐标的变化呈$y=x^2$的曲线形式。其中，函数lerp（v1，v2，amt）为插值函数，便于沿直线创建运动或者绘制虚线，参数amt为参数v1与v2之间的

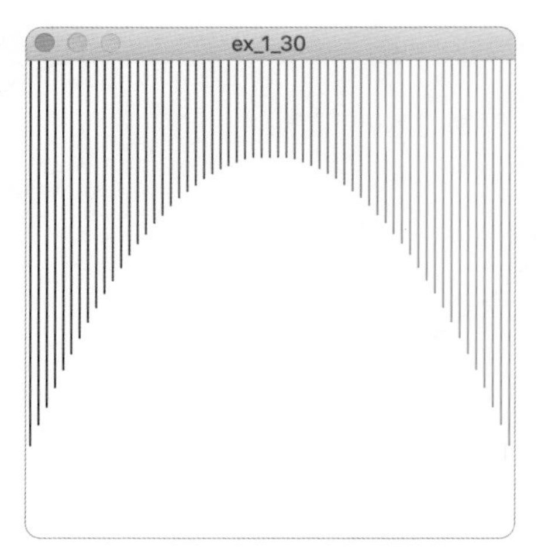

图2-43　案例2-28运行结果图

插值量。

2.2.3 三角函数曲线

大家都知道，三角函数是以角度为自变量的函数，即角的函数，用来计算三角形中未知长度的边和未知的角度。换句话说，三角函数体现了三角形边与角的关系。常用的三角函数主要包括正弦函数（sin）、余弦函数（cos）、正切函数（tan）、余切函数（ctg）等。

对于角而言，有两种表示方法：角度与弧度。其中，角度（Degree）相对来讲比较直观，比如直角为90°，平角为180°，圆周角为360°，等等。而在三角学中，通常用弧度（Radian）来表示角，比如，直角为$\frac{\pi}{2}$，平角为π，圆周角为2π，等等。在Processing语言中，我们可以用系统常量PI来表示π，对于常用的$\frac{\pi}{4}$，$\frac{\pi}{2}$，2π等，也有专门的系统常量来表示，分别为QUARTER_PI，HALF_PI和TWO_PI（见表2-1）。

表2-1　角度和弧度对照表

角度	0°	90°	180°	270°	360°
弧度	0	π/2	π	3π/2	2π
系统常量	0	HALF_PI	PI	PI+HALF_PI	TWO_PI

续表

角度	0°	90°	180°	270°	360°
正弦值	0	1	0	–1	0
余弦值	1	0	–1	0	1

另外，Processing语言中还为大家准备了两个专门用于角度与弧度之间转换的函数radians( )和degrees( )，其中radians( )用于将角度转换为对应的弧度，而degrees( )用于将弧度转换为对应的角度。比如：

float rd1=radians(45); //45° 转换为弧度为 $\frac{\pi}{4}$，即0.7853982

float rd2=radians(90); //90° 转换为弧度为 $\frac{\pi}{2}$，即1.5707964

float rd3=radians(180); //180° 转换为弧度为 π，即3.1415927

float dg1=degrees(QUARTER_PI); // $\frac{\pi}{4}$转换为角度为45°

float dg2=degrees(HALF_PI); // $\frac{\pi}{2}$转换为角度为90°

float dg3=degrees(PI); // π 转换成角度为180°

下面，我们以正弦函数和余弦函数为例，来看一下如何使用三角函数来绘制曲线。

大家先来回忆一下，在直角三角形ΔABC中，$\angle C$为直角，记为 γ，其对应的边为斜边AB，长度为c，两条直角边AC和BC，长度分别为b和a，其对应的角分别记为 β 和 α，如图2-44所示。那么，在直角ΔABC中满足以下等式：

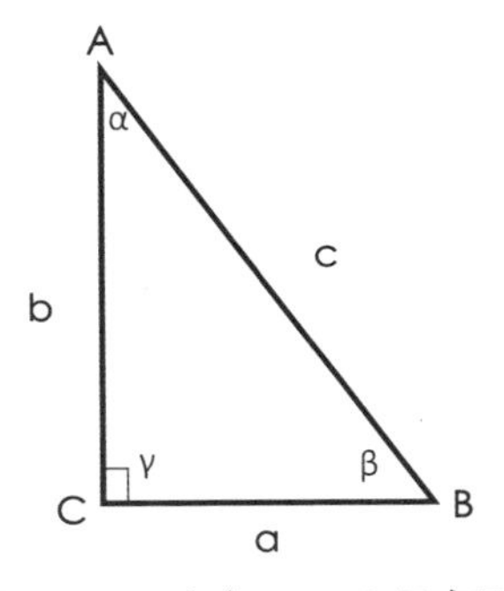

图2-44 直角ΔABC示意图

$$\sin\ \alpha=\frac{a}{c},\ \cos\ \alpha=\frac{b}{c}$$

$$\sin\ \beta=\frac{b}{c},\ \cos\ \beta=\frac{a}{c}$$

对于正弦函数和余弦函数而言，其自变量（角度）的取值范围为整个实数域，而值域为［-1，1］。并且，正弦函数与余弦函数的曲线为周期性循环变化的，随着角度不断增大，其曲线会呈现循环重复无限延续的状态。根据这一规律特点，我们便可以利用正弦或余弦函数绘制出无限循环的周期性变化的曲线，如图2-45所示。

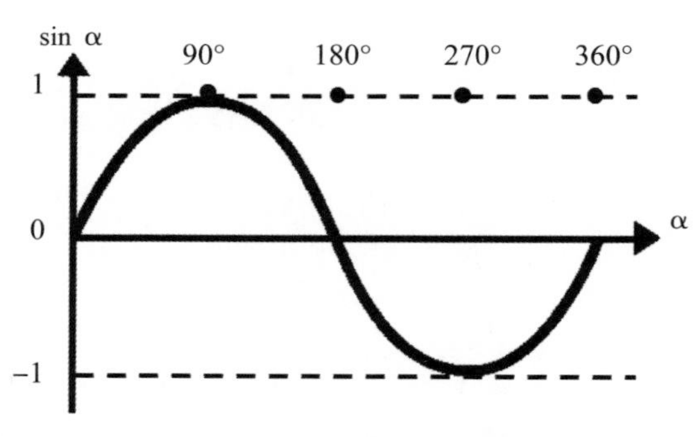

图2-45　正弦函数曲线示意图

由正弦函数曲线图不难看出，角度从0°开始，逐渐增大，正弦值也随之增大，曲线呈上升状态。当角度增大到90°时，正弦值达到最大值1，曲线上升至峰顶。当角度继续增大时，正弦值开始减小，曲线呈下降状态，直到角度增大到270°时，正弦值达到最小值-1，曲线下降至谷底。当角度从270°继续增大时，正弦值又开始增大，曲线继续呈上升状态，角度增大到360°时，正弦值重新回到0。随着角度继续增大，正弦值开始重复上述过程，呈周期性变化；曲线也开始重复，呈周期性变化。

根据上述变化规律，我们来看一下，如何用for循环语句来实现该周期性重复过程，并绘制出其曲线图。

○案例2-29：

绘制出正弦函数的曲线图（运行结果如图2-46所示）。

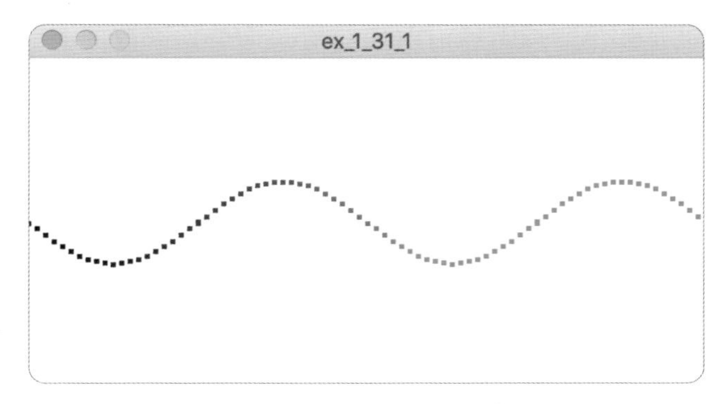

图2-46　案例2-29-1运行结果图

- 代码2-29-1：

```
void setup( ){
  size(400, 200);
  background(255);
  strokeWeight(3);
}
void draw( ){
  float angle=0.0;
  for(int x=0; x<=width; x+=5){
    float y=100+sin(angle)*25;
    stroke(x, 0, 0);
    point(x, y);
    angle+=PI/20;
  }
}
```

其中，变量x用来控制循环执行的次数。角度angle从0.0开始，随着循环的执行每次增加PI/20。由于sin(angle)的值始终处于[-1, 1]这个相对较小的变化区间之内，仅仅通过sin(angle)的值不容易观察出来图形所呈现出来的曲线的变化波动。因此，为了使最终的曲线能够呈现出可视性更强的图形，我们可以对其进行缩放，即：通过乘以一个数来改变其波形频度，通过加上一个数来增大其波形幅度，或者通过改变变量angle的值来改变波形的变化速度。如代码2-29-2所示，我们可以用三个不同的变量来代替这三个常数，通过改变这三个变量的值来绘制出不同的正弦函数曲线图。

• 代码2-29-2：

```
float offset=100.0;
float scaleV=25.0;
float angleI=PI/20;
void setup( ){
  size(400, 200);
  background(255);
  strokeWeight(3);
}
void draw( ){
  float angle=0.0;
  for(int x=0; x<=width; x+=5){
    float y=offset+sin(angle)*scaleV;
    stroke(x, 0, 0);
    point(x, y);
    angle+=angleI;
  }
}
```

【课堂练习】

1. 修改代码2-29-2中各个变量的值，观察所绘制的正弦函数曲线图的变化。

2. 参考代码2-29-1与代码2-29-2，绘制余弦函数曲线图。

2.2.4 圆形曲线、弧线和螺旋线

2.2.4.1 圆形曲线

如图2-47所示，假设圆的半径为r，以坐标原点为圆心，圆周上一点记为$P(x_1, y_1)$，OP=r，OP与X轴的夹角为α。根据三角函数的定义可得：

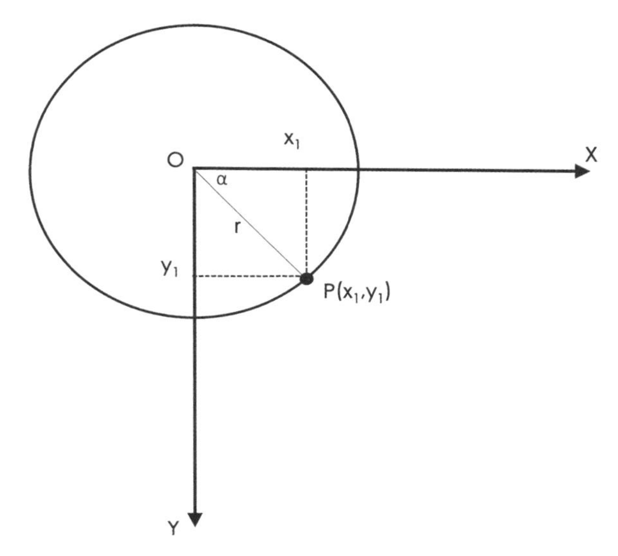

图2-47　圆形曲线坐标示意图

$$\sin\ \alpha = \frac{y_1}{r},\quad \cos\ \alpha = \frac{x_1}{r}$$

因此，

$$x_1 = r * \cos\ \alpha$$

$$y_1 = r * \sin\ \alpha$$

有了坐标（x，y），我们让点P的坐标（x，y）沿圆周变化一圈即可得到圆周。换句话说，点P的坐标是随着角度 α 的变化而变化的。因此，把角度 α 从0°增大到360°，便可得到圆周上所有点的坐标（x，y）。

○案例2-30：

绘制一个圆心在画布中心，由点构成的圆周（运行结果如图2-48所示）。

● 代码2-30：

```
int r=150; //圆弧的半径
void setup( ){
  size(500, 500);
  background(255);
  strokeWeight(3);
}
```

```
void draw( ){
  for( int alpha=0; alpha<360; alpha+=5 ){
    float angle=radians( alpha );
    float x=250+cos( angle )*r;
    float y=250+sin( angle )*r;
    point( x, y );
  }
}
```

图2-48　案例2-30运行结果图

2.2.4.2 弧线

我们可以把弧线看作圆周的一部分。从上一案例中可以看出，角度从0°—360°变化一周形成一个完整的圆，如果我们让角度只是在0°—360°中某一个小的范围内变化的话，则可以绘制圆周的一部分，即弧线。

○案例2-31：

分别绘制开口向上和开口向下的两个半圆弧线（运行结果如图2-49所示）。

• 代码2-31：

```
int r=150; //圆弧的半径
void setup( ){
  size( 500, 500 );
```

```
  background(255);
  strokeWeight(3);
}
void draw( ){
  for(int alpha=0; alpha<180; alpha+=5){
    float angle=radians(alpha);
    float x=250+cos(angle)*r;
    float y=300+sin(angle)*r;
    point(x, y);
  }
  for(int alpha=180; alpha<360; alpha+=5){
    float angle=radians(alpha);
    float x=250+cos(angle)*r;
    float y=200+sin(angle)*r;
    point(x, y);
  }
}
```

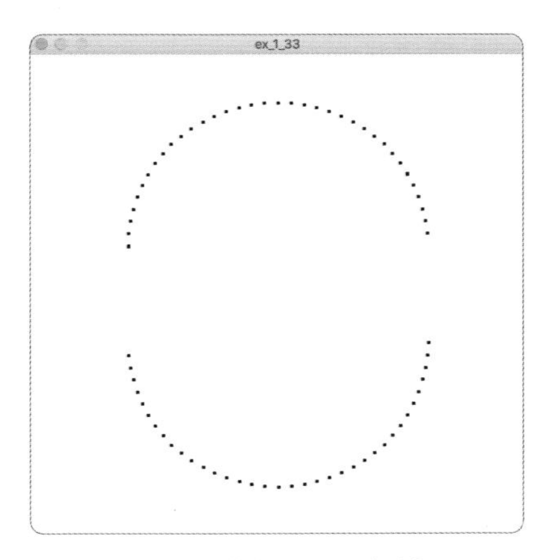

图2-49　案例2-31运行结果图

2.2.4.3 螺旋线

螺旋线与圆周最大的区别就在于，圆周的半径是固定不变的，而螺旋线的半径是逐渐增大或者减小的。因此，在上一个案例的基础上，我们只要用一个变量来代替固定长度的半径即可绘制出螺旋线。

○ 案例2-32：

绘制半径线性增大的螺旋线（运行结果如图2-50所示）。

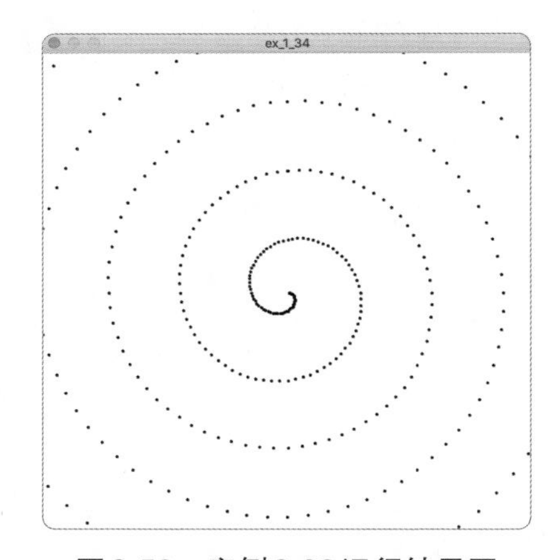

图2-50 案例2-32运行结果图

• 代码2-32：

```
float r=1.0; //半径的初始值
void setup( ){
  size(500, 500);
  background(255);
  strokeWeight(3);
}
void draw( ){
  for(int alpha=0; alpha<360*5; alpha+=5){
    float angle=radians(alpha);
    float x=250+cos(angle)*r;
    float y=250+sin(angle)*r;
```

```
    point(x, y);
    r+=1.0; //半径每次增加0.1
  }
}
```

○案例2-33：

在案例2-32的基础上，让半径成倍增大，来绘制螺旋线（运行结果如图2-51所示）。

图2-51　案例2-33运行结果图

• 代码2-33：

```
float r=1.0; //半径的初始值
void setup( ){
  size(500, 500);
  background(255);
  strokeWeight(3);
}
void draw( ){
  for(int alpha=0; alpha<360*5; alpha+=10){
    float angle=radians(alpha);
    float x=250+cos(angle)*r;
```

```
    float y=250+sin(angle)*r;
    point(x, y);
    r*=1.05; //半径每次增大1.05倍
  }
}
```

【课堂练习】

修改上述案例，绘制更多样式的圆、弧线和螺旋线。

2.3 随机

在Processing语言中，还有一个特殊的函数来帮助我们创作一些随机的视觉效果，比如颜色、位置、形状等，均可通过随机函数来控制生成。下面，我们就来看一下随机函数random（ ）的用法。

- random（ ）函数用来产生某一个范围内的随机数，共有两种参数形式：
  - random（maxV）：此种形式只有一个参数maxV，其结果为返回任意一个从0到maxV之间（不包括maxV在内）的浮点数。每次调用该函数，所产生的结果是不同的。
  - random（minV，maxV）：其中参数minV与maxV分别为随机数产生的下限与上限，即产生一个minV—maxV之间的随机数。

需要说明的是，random（ ）函数产生的是浮点（float）类型的随机数，因此，不能将其结果直接返回给一个其他类型的变量。

○ 案例2-34：

将案例2-33中螺旋线上的点设置成随机颜色的点。

- 代码2-34：

```
float r=1.0;
void setup(){
  size(500, 500);
  background(255);
```

```
  strokeWeight(3);
}
void draw( ){
  for(int alpha=0; alpha<360*5; alpha+=10){
    float angle=radians(alpha);
    float x=250+cos(angle)*r;
    float y=250+sin(angle)*r;
    stroke(random(255), random(255), random(255));
    point(x, y);
    r*=1.05;
  }
}
```

这里，通过调用函数stroke(random(255)，random(255)，random(255))，设置所绘制的点为RGB值均为随机数的颜色，运行结果如图2-52所示。

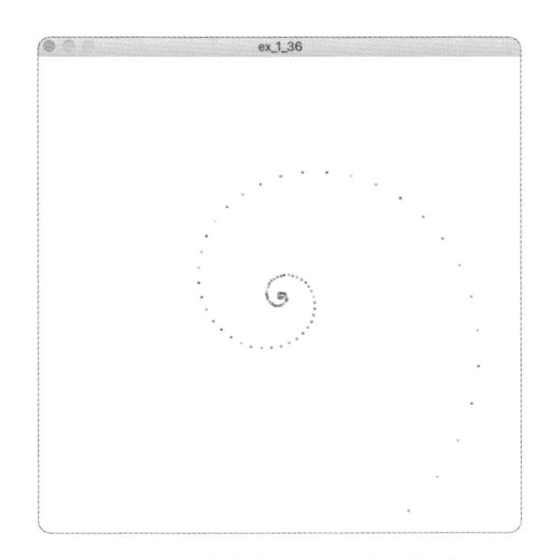

图2-52　案例2-34运行结果图

○案例2-35：

在500×500的画布的任意位置绘制大小、颜色等随机的点（运行结果如图2-53所示）。

图2-53　案例2-35运行结果图

- 代码2-35：

```
void setup( ){
  size( 500, 500 );
  background( 255 );
}
void draw( ){
  for( int i=0; i<=100; i++ ){
    stroke( random( 255 ), random( 255 ), random( 255 ),
random( 255 ));
    strokeWeight( random( 15 ));
    point( random( width ), random( height ));
  }
    }
```

【课后作业】

利用所学的绘图函数设计一个本专业的Logo或者创作一幅自己喜欢的绘画作品。

知识点

我们可以根据数学中的不同函数来绘制各种曲线，以及实现各种曲线运动。Processing语言中有一系列常见的数学函数。

- sq( )：求平方函数。
    - sq(n)：相当于求n^2。因此，无论n为负数，还是非负数，其结果总是一个非负数。

例如：float a=sq(-2); //相当于求（-2)*(-2)
    println(a); //输出结果a的值为4

- sqrt( )：与sq( )相反。该函数为求开方函数。
    - sqrt(n)：相当于求$\sqrt{n}$。原则上讲，n应为非负数，即使n为负数，其结果也为非负数。

例如：float a=sqrt(36); //相当于求$\sqrt{36}$
    println(a); //输出a的值为6

- pow( )：指数运算函数。
    - pow(n, e)：计算n的e次方，即：幂运算。可以方便地计算多次自相乘。

例如：float a=pow(2, 5); //求2的5次方，即a=2*2*2*2*2
    println(a); //输出a的值为32

- norm( )：归一化函数，将一个数从某个范围归一化到0—1之间，从而保证所得到的结果永远不会超出0—1的范围。
    - norm(value, start, stop)：根据value的值在start—stop之间的位置，将其转化到0—1之间。如果value的值不在start—stop之间，其计算结果将不会在0—1之间。

例如：float a=norm(300, 100, 500); //相当于计算a=
    (300-100)/|500-100|=0.5
    println(a); //输出a的值为0.5

换句话说，其实就是计算参数value在start—stop范围内所在位置在整个范围中的比例。

- map( )：将某个数值从一个范围映射到另一个范围。所谓映射，就是通过一定的换算关系的转换过程。
    - map(value, start1, stop1, start2, stop2)：将value的值从范围start1—stop1映射到范围start2—stop2。

例如：

```
float a1=50;
//将a1的值从0—100映射到0—500
```

$$a2=\frac{(a1-0)}{|100-0|}*|500-0|=250$$

```
float a2=map(a1, 0, 100, 0, 500);
println(a2); //输出a2结果为250
```

如果我们将一个数值从某个范围映射到0—1之间，其实相当于norm（ ）归一化运算。

- lerp（ ）：lerp是"Linear Interpolation"的缩写，意思是线性插值，即用线性函数作为插值函数的插值方法。
  - lerp（start，stop，amt）：所计算的值在start与stop之间，第三个参数amt会给出一个在0—1之间的比例值，根据这个比例值在start—stop范围之间找到相应的值。

如图2-54所示的例子中，黑色直线左边的红色圆点即为我们按照黑色直线的线性函数进行插值的结果。

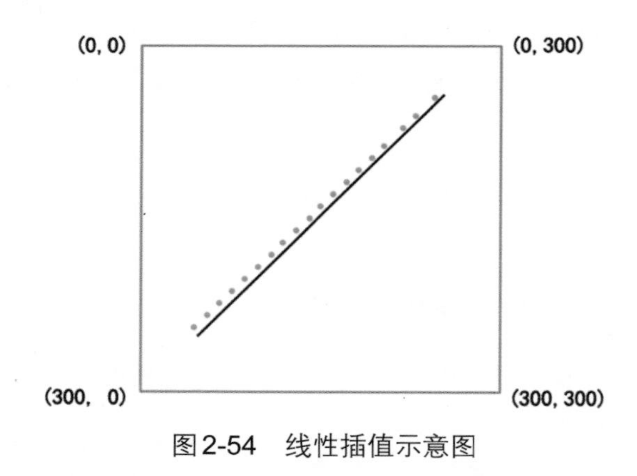

图2-54 线性插值示意图

例如：lerp（x1，x2，i/20）相当于$|x2-x1|*\frac{i}{20}$，其中i为0—20之间的数，因此，$\frac{i}{20}$则为一个0—1之间的比例值。根据这个比例值，可以求得位于x1—x2之间的插值。

第 3 章　图像的处理

【本章重点】

1. 掌握基本的数字图像构成原理。

2. 掌握图像的声明、载入、显示等基本操作。

3. 了解简单的图像处理算法和实现过程。

【本章难点】

数组的概念与使用。

【本章学习目的】

能够对图像进行简单的操作和处理。

前面我们给大家介绍了静态图形的绘制，即：如何用计算机语言去绘制各种各样的图形，以及如何对这些图形进行不同属性的设置，等等。接下来，我们来给大家介绍一下如何对一幅数字图像进行处理和操作。

首先，有几个关于数字图像的基本概念，需要大家了解一下。

3.1 图像

心理学研究表明，人类从外界获取的信息中，有85%以上来自视觉通道，远高于听觉、触觉、嗅觉等其他感官形式。也就是说，视觉是人类认识和感知外部世界的主要通道，图像也便成了人类认知外部世界的主要信息载体。

总的来讲，“图像”可以指各种图形和影像。其中，“图”是客观存在的，是物体投射或者反射光的分布，而“像”则是指人类视觉系统接收到“图”之后在大脑中形成的印象或认识，是人们对“图”的感觉。可以说，图像是对客观事物的生动写真。从广义上讲，图像是一种具有视觉效果的画面。从某种意义上来讲，映入我们眼帘的画面都可以称为图像。它可以是纸质、金属、液态等各种材料所呈现出来的，也可以是投影出来的，抑或是通过各种显示屏显示出来的画面，比如传统的绘画作品、摄影作品等。

3.2 数字图像

3.2.1 数字图像的定义

通常，按照图像的记录方式不同，可以将图像分成模拟图像（Stimulated Image）和数字图像（Digital Image）两大类。其中，模拟图像，也叫连续图像，是通过某种物理量的强弱变化来连续地记录图像的亮度，从而能够更加形象地表现其颜色特征，比如，我们最常见的模拟电视图像等。当然，本书中，我们研究的对象是数字图像。所谓数字图像，从字面意义上也可以看出，是由数字组成的图像，也叫数码图像。具体来讲，数字图像指的是用有限的数值来表示二维图像，即：用二维数组或矩阵来表示一幅二维图像。其中，每一个数字代表一个构成数字图像的基本单位——像素（Pixel）。一幅二维图像由M行N列像素点构成，每一个像素点在图像中均有自己的位置坐标，即位于第几行第几列。每个像素点的值代表图像的亮度、饱和度、色相等信息。这些像素点是在模拟图像数字化时对连续空间进行离散化而得到的。因此，数字图像的像素点是离散的，而不是连续的。

举个例子来看，如图3-1所示，左图为一幅由240行300列像素点组成的灰度图像。我们把其中的每一个像素点抽象成一个小的矩形块，如图3-1中的右图所示。每一个小矩形块代表一个像素点，每个小矩形块所在的行数和列数即为其位置坐标（x，y），其值即为该像素点的像素值，左图为灰度图像，因此该值为其灰度值。

当下，数字图像的获取方式有很多，数码相机、扫描仪、绘图软件等均可作为数字图像的输入设备。除此以外，数字图像还可以由任意的非图像数据合成或生成，比如3D几何模型、数学函数等。

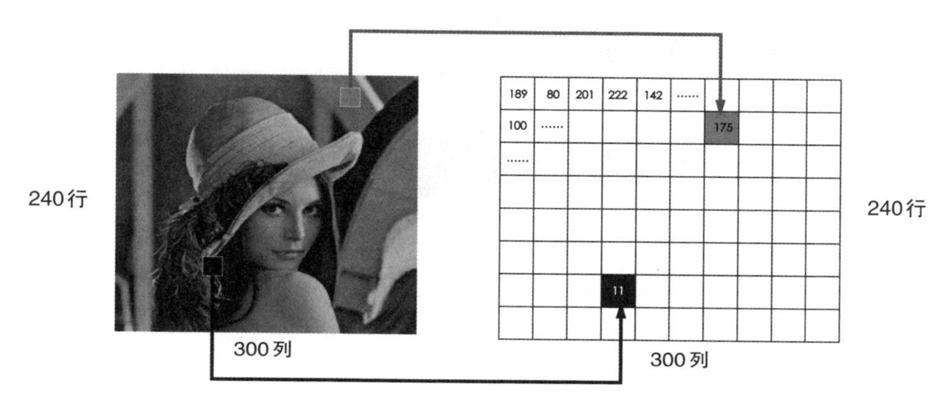

图3-1　灰度图像像素点示意图

3.2.2 数字图像的类型

按照数字图像中每个像素点采样值的不同，可以将数字图像分为以下几种类型：

- 二值图像（Binary Image）：也叫黑白图像。每个像素点的像素值只有0（黑）和1（白）两种可能，如图3-2（a）所示，图中的像素点只有黑色和白色两种情况。

- 灰度图像（Gray Scale Image）：也称为灰阶图像。每个像素点的像素值由0—255之间的灰度值表示，从0到255表示不同的灰度级，如图3-2（b）所示。

- 彩色图像（Color Image）：每一幅彩色图像由三幅不同灰度级的灰度图像组合而成，分为红色（R）通道、绿色（G）通道和蓝色（B）通道，如图3-2（c）所示。其中，每个像素点由R，G，B三个颜色值共同表示。

- 伪彩色图像（Pseudo-Color Image）：所谓伪彩色图像，如图3-2（d）所示，尽管图像看起来是彩色的，而实际上每个像素点的像素值并非具体的颜色值，而是一个索引值。通过该索引值可以在色彩查找表中找到某入口地址，而通过该入口地址查找到该像素点的RGB颜色值。

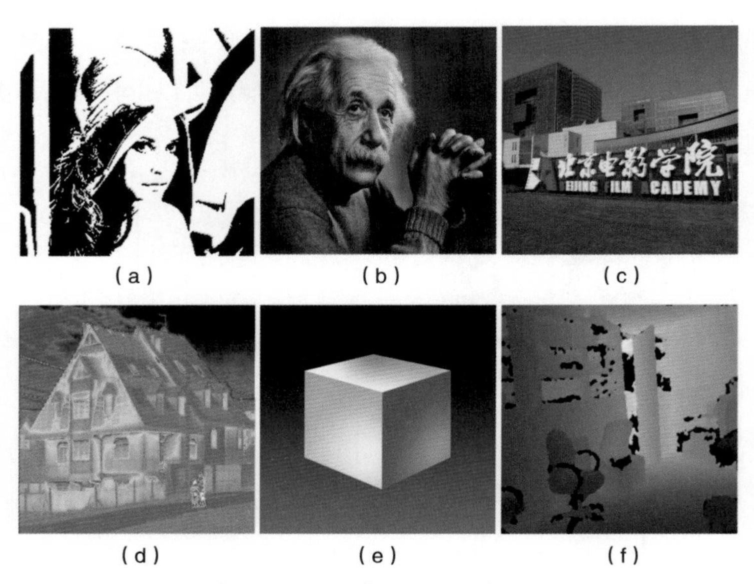

图3-2　不同类型图像示例图

• 立体图像（Stereo Image）：立体图像，如图3-2（e）所示，是利用人们两只眼睛视觉差别和光学折射原理，使人们可以在一个二维平面内直接观看到三维立体图像。通常，立体图像是对某个物体在不同角度拍摄的一对图像。

• 深度图像（Depth Image）：也称为距离图像（Range Image），是将场景中各点到摄像机（图像采集设备）的距离（深度）值来作为图像中每个像素点的值，如图3-2（f）所示，可以直接反映出物体表面的几何形状。此类图像可以通过两个相隔一定距离的摄像机同时获取同一场景的图像来得到。当然，目前有诸如幻象（Kinect）等设备可以直接获取深度图像。

3.2.3 数字图像的存储方式

数字图像共有两种存储方式：位图（Bitmap）存储方式和矢量图（Vector）存储方式。

• 位图存储方式：所谓位图，又称点阵图，指的是由一系列像素点所组成的可以识别的图像。我们可以把位图看作一个矩阵（数表），矩阵中的每一个元素对应图像中的一个像素点，其值即为像素点的值。因此，可以说，对于位图存储方式而言，所存储的是一个数表。另外，位图与分辨率有关，所谓图像分辨率（Image Resolution）指的是每英寸图像中所含像素点的多少，即图像中所存储的信息量。而对于任何一幅图像而言，所含的像素点个数是有限而固定的。当所显示的图像缩小时，意味着每英寸图像所包含的像素点越多，则其分辨率就会越高，图像就会越清晰；相反，当所显示的图像放大时，意味着每英寸图像所包含的像素点越少，分辨率越低，则图像就会越模糊。位图的存储方式更有利于对像素点的处理，即更有利于图像处理中的各种计算和操作。

• 矢量图存储方式：与位图完全不同，矢量图不再直观记录每个像素点的值，而是通过数学公式建立图形，从而来描述每个点的产生过程及方法，通常以一组指令的形式存在。因此，矢量图的存储方式不会受分辨率的影响。

（注：本书所涉及的数字图像均为位图的存储方式。）

3.2.4 数字图像的存储格式

数字图像的格式指的是图像在存储设备中存储时所采用的压缩形式。常见的数字图像格式有以下5种：

• BMP（BitMap）格式：位图格式，采用位映射的存储格式，不做任何压缩（深度信息除外）。图像按照从左到右、从下到上的顺序，即从图像左下角的像素点开始存储。这种格式不进行任何形式的压缩，因此往往占用比较大的存储空间。

• TIF（Tag Image File Format）格式：标签图像文件格式。该图像格式支持多种编码方式。比如JPEG压缩等，是最复杂的一种格式，但也最为灵活，具有较好的扩展性和可修改性。TIF格式中又定义了四种不同的格式，包括TIF-B（适用于二值图像）、TIF-G（适用于灰度图像）、TIF-P（适用于带调色板的彩色图像）和TIF-R（适用于RGB彩色图像）。

• JPEG（Joint Photographic Expert Group）格式：联合照片专家组格式，是我们日常生活中极为常见的一种图像格式，也是一种有损压缩格式，即会造成图像数据的损伤。因为该格式将图像压缩在一个非常小的存储空间中，会造成图像中重复或者不太重要信息的丢失。但由于JPEG的压缩算法较为先进，尽管丢失掉一些信息，但仍然能够呈现出较好的画质，受到大众青睐。

• PNG（Portable Network Graphics）格式：便携式网络图形格式。该格式是

较为新的一种图像格式，能够同时提供24位和48位真彩色图像支持，以及其他多种技术性支持。同时，PNG格式支持高级别无损耗压缩、alpha透明度通道、γ-校正等。

• GIF（Graphics Interchange Format）格式：该格式是一种基于LZW算法的连续色调的无损压缩格式。当我们把多幅彩色图像存放于一个GIF文件中时，这些彩色图像会被逐帧读出而形成简单的动画。需要注意的是，GIF格式不支持alpha透明通道。

3.3 数字图像的处理

上一节给大家简单介绍了数字图像相关的基本概念，从这一节开始，我们就来进一步学习数字图像的一些基本处理。前面我们讲过，一幅数字图像由M行N列个像素点构成，每个像素点的值记录着它的颜色、亮度、饱和度等信息。简单地讲，我们对数字图像的处理，本质就是对构成数字图像的像素点的处理。比如，通过修改像素点的值来调整图像的色调，通过比较像素点的值来求得图像中的边缘信息，等等。

3.3.1 图像的载入与显示

在Processing语言中，有一个专门用来存放图像的数据类型，即图像类型PImage，以便于我们存储和处理图像。

我们称由PImage声明的变量im为对象。该对象的变量称为域（Field），而该对象的函数称为方法（Method）。比如，图像的宽与高为im.width与im.height。域为只读的，即我们只能使用，不能修改其值。再如，方法im.resize（ ）用来重新设置图像的宽和高。无论域还是方法，我们都用操作符“.”来调用。大家可以通俗地把“.”理解为中文中的“的”。

下面，我们通过一个简单的案例来看一下如何在程序中载入并显示一幅图像。

○ 案例3-1：

在画布上显示一幅图像（运行结果如图3-3所示）。

图3-3　案例3-1运行结果图（实验图像为电影《一步之遥》画面截图）

• 代码3-1：

```
PImage im;
void setup( ){
  size(400, 250); //将画布尺寸设置成与要显示的图像同大小
  im=loadImage("im1.jpeg"); //将图像载入程序并赋给图像
变量im
}
void draw( ){
  background(0);
  image(im, 0, 0); //在画布上显示所载入的这幅图像
}
```

○ 案例3-2：

在画布上显示一幅图像，并将图像的宽和高重置为画布的宽和高（运行结果如图3-4所示）。

图3-4 案例3-2运行结果图（实验图像为电影《一步之遥》画面截图）

• 代码3-2：

```
PImage im;
void setup( ){
  size(500, 500);
  im=loadImage("im1.jpeg");
  im.resize(width, height); //重新设置图像的大小，将其设置成与画布同大小
}
void draw( ){
  background(0);
  image(im, 0, 0);
}
```

在案例3-2中，我们调用.resize( )方法将载入图像im的宽和高设置为画布的宽和高，进而可以在画布上完整显示图像。图3-4所示为案例3-2的运行结果，与案例3-1的显示结果相比，宽和高发生了一定的变化。需要说明的是，

如果画布比所载入图像的尺寸大，画布上就会有一定的空白区域，即图像只占画布的一部分区域，如图3-5（a）所示。而如果画布比所载入图像的尺寸小，我们只能在画布上显示图像的一部分，如图3-5（b）所示。

（a）

（b）

图3-5 图像与画布大小不相同时所显示的结果图
（实验图像为电影《一步之遥》画面截图）

需要大家注意的是，在Processing语言中，可以载入四种格式的图像：.jpg、.png、.gif和.tga。通常，我们会把程序中要载入的图像统一存储在一个固定的默认文件夹中，即：我们会在.pde源文件所在的文件夹内新建一个名字叫作“data”的文件夹，后续程序中所要载入的图像、视频、文字、音频等数据文件均保存在该文件夹中。此路径是Processing语言中默认的各类数据文件所在的位置。我们在程序中载入这些数据文件时，不需要输入其所在的完整路径，而只需要输入该文件的文件名和类型即可。比如，在案例3-1中，在语句im=loadImage（“im1.jpeg”）中，函数loadImage（ ）的参数只需要输入文件的名字与类型，而不需要输入其所在的完整路径。注意：文件名与格式类型为一个字符串，需要用双引号将其括起来。当然，如果载入的文件不在该默认路径下，则需要在loadImage（ ）函数的参数中输入其所在的完整路径。

一般情况下，载入图像的操作会放在setup( )函数中进行，即：图像载入操作只需要进行一次，不需要反复载入，否则会影响程序的运行速度。当图像载入失败或者未找到要载入的图像时，该函数会返回“null”，并提示错误信息“NullPointerException”。

函数image( )用来在画布上显示一幅图像，通常有两种不同的参数形式：

• image(im，x，y)：参数im为所要显示的图像的变量。默认情况下，变量x和y为图像左上角顶点在画布上的位置坐标。

• image(im，x，y，w，h)：前三个参数，同上。默认情况下，参数w与h分别为所显示图像的宽和高。

另外，我们还可以通过imageMode( )函数来改变image( )函数中参数的含义：

• imageMode(CORNER)：默认情况。在这种情况下，image(im，x，y，w，h)中参数的含义，同上。

• imageMode(CORNERS)：在这种情况下，image(im，x，y，w，h)中第二个和第三个参数为图像中一个顶点在画布上的位置坐标，而参数w和h为该顶点斜对角顶点在画布上的位置坐标。

• imageMode(CENTER)：此时，image( )函数中第二个和第三个参数为图像中心点在画布上的位置坐标。

显示一幅图像需要以下几个步骤：

▶ 步骤1：准备图像

将要显示的图像存放在与.pde文件同文件夹的data文件夹中。这也是程序中所用到的图像、视频、文字、音频等文件默认的路径。如果这些文件存放在其他路径，那么在程序中载入该文件时，要输入该文件所在的完整路径。注意：目前程序中仍旧不允许出现中文字符，大家在命名载入文件及其所在的文件夹名字时，不要出现中文字符，避免出现找不到文件的错误。

▶ 步骤2：声明图像变量

同声明其他普通类型的变量一样，在使用该变量前，应先声明。这里，我们要先声明图像类型的变量，即先告知计算机，向其申请存储空间来存放该变量所要存放的内容。

▶ 步骤3：载入图像

与普通变量不同，我们不能直接在程序中把图像赋予图像变量，需要调用loadImage（ ）函数将图像载入程序当中，再将其赋值给图像变量。注意：为了避免反复载入图像所造成的程序执行效率低的问题，通常载入图像的过程会放在setup（ ）函数块中，而不会放在draw（ ）函数块中执行。

▶ 步骤4：显示图像

通常，我们会在draw（ ）函数块中调用image（ ）函数，来在画布上显示一幅图像。

需要说明的一点，一个图像类型的变量只能存放一幅图像，如果需要显示或处理多幅图像，则需要声明多个图像类型的变量来分别存放每一幅图像。

○ 案例3-3：

在画布上显示多幅图像（运行结果如图3-6所示）。

图3-6　案例3-3运行结果图（实验图像为电影《被解救的姜戈》画面截图）

• 代码3-3：

```
PImage im1;
PImage im2;
PImage im3;
PImage im4;
void setup( ){
  size(800, 800);
  background(255);
  im1=loadImage("im1.jpg");
  im2=loadImage("im2.jpg");
  im3=loadImage("im3.jpg");
  im4=loadImage("im4.jpg");
}
void draw( ){
  image(im1, 0, 0, width/2, height/2);
  image(im2, 400, 0, width/2, height/2);
  image(im3, 0, 400, width/2, height/2);
  image(im4, 400, 400, width/2, height/2);
}
```

我们要在画布上显示多幅不同的图像时，当然，是在所要显示的图像个数较少的情况下，需要声明多个不同的图像类型的变量来分别载入这些图像。因此，在本案例中，一共声明了四个图像类型的变量（im1、im2、im3和im4）来分别载入要显示的四幅图像，并分别调用image( )函数在画布的不同位置显示这四幅图像，且所显示的图像的宽和高均为width/2与height/2。

○ 案例3-4：

在画布上重复显示同一幅图像（运行结果如图3-7所示）。

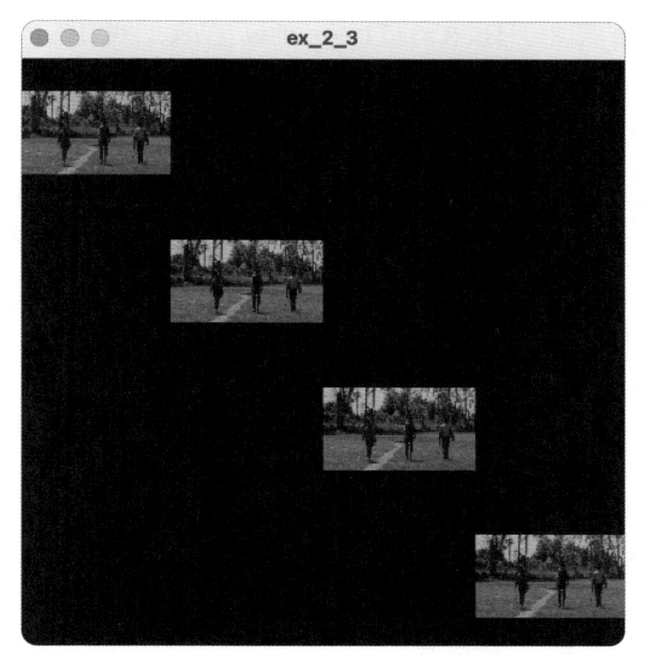

图3-7 案例3-4运行结果图（实验图像为电影《被解救的姜戈》画面截图）

• 代码3-4：

```
PImage im;
void setup( ){
  size(400, 400);
  background(0);
  im=loadImage("im1.jpg");
}
void draw( ){
  for(int i=0; i<4; i++){
    image(im, i*100, i*100, 100, 100);
  }
}
```

我们要在画布上的不同位置显示同一幅图像时，程序中只需要一个图像类型的变量来载入要显示的图像。我们可以利用for循环语句反复执行的特点，用循环变量来控制图像每次在画布上显示的位置参数，循环每执行一次，位置就会更新一次，进而达到在画布的不同位置显示某一幅图像的目的。

○案例3-5：

在画布上依次显示连续的视频帧图像，进而达到播放一段视频的效果。

既然是连续的视频帧，就意味着要显示不止一幅图像，而是若干幅图像。在这种情况下，如果通过声明若干个图像类型的变量来分别载入和显示，显然是不现实的。因此，在本案例中，我们利用数组来完成这一系列操作。

• 代码3-5-1：

```
int frameNum=8;
int frameInd=0; //所显示视频帧在数组中的下标
PImage[ ] ims=new PImage[ frameNum ];
void setup( ){
  size( 500, 500 );
  frameRate( 24 ); //设置draw( ) 函数运行频率为每秒钟24次
  ims[ 0 ]=loadImage( “frame_0.png” );
  ims[ 1 ]=loadImage( “frame_1.png” );
  ims[ 2 ]=loadImage( “frame_2.png” );
  ims[ 3 ]=loadImage( “frame_3.png” );
  ims[ 4 ]=loadImage( “frame_4.png” );
  ims[ 5 ]=loadImage( “frame_5.png” );
  ims[ 6 ]=loadImage( “frame_6.png” );
  ims[ 7 ]=loadImage( “frame_7.png” );
}
void draw( ){
  frameInd++; //draw( ) 函数每运行一次，下标值加1
//当所显示的视频帧下标值增加至最大视频帧数时，即超出图像
//数组的最大下标时，将视频帧下标重新设置为0，即重新开始显
//示每一帧图像
```

```
    if(frameInd==frameNum){
      frameInd=0;
    }
    image(ims[frameInd], 0, 0);
}
```

- 代码3-5-2：

```
int frameNum=8;
int frameInd=0;
PImage[ ] ims=new PImage[frameNum];
void setup( ){
  size(500, 500);
  frameRate(24);
  for(int i=0; i<ims.length; i++){
    String imName="frame_"+i+".png";
    ims[i]=loadImage(imName);
  }
}
void draw( ){
  frameInd++;
  if(frameInd==frameNum){
    frameInd=0;
  }
  image(ims[frameInd], 0, 0);
}
```

在代码3-5-1中，我们调用了8次loadImage( )函数依次载入每一幅视频帧图像，这对于视频帧数较多的情况显然是低效的，不建议使用。因此，在代码3-5-2中，我们采用for循环结构来依次进行视频帧载入。注意：这里我们使用统一格式的视频帧图像文件名“frame_###.png”，本程序中的声明字符串类型的变量imName来记录每一幅视频帧图像的名字。

3.3.2 图像的染色

关于图像的染色，大家应该并不陌生，其实就是为图像染上某一种统一的颜色。在Processing语言中，tint（ ）函数专门用于图像的染色：

- tint（gray）：将图像染成灰色，参数gray为0—255之间的灰度值。
- tint（gray，alpha）：将图像染成透明的灰色，参数gray仍为0—255之间的灰度值，参数alpha为0—255之间的透明度值。
- tint（c1，c2，c3）：根据程序中所使用的颜色模式，将图像染成彩色，参数c1，c2和c3分别为RGB值或者HSB值。
- tint（c1，c2，c3，alpha）：根据程序中所使用的颜色模式，将图像染成具有透明度的彩色，参数c1，c2和c3仍然为RGB值或者HSB值，参数alpha为0—255之间的透明度值。

虽然tint（ ）函数的参数形式与fill（ ）函数几乎相同，但二者所针对的对象不同，fill（ ）函数用于对某个图形内部填充颜色，而tint（ ）函数则用于对一幅图像染色。与tint（ ）函数相对，noTint（ ）函数用于取消对图像染色。

与其他属性设置函数相同，在程序中，tint（ ）函数与noTint（ ）函数均应放在图像显示函数image（ ）之前，即先染色，后显示；否则染色函数会对显示的图像失效。

○案例3-6：

将一幅图像染成透明的红色（运行结果如图3-8所示）。

- 代码3-6：

```
PImage im;
size(600, 600);
im=loadImage("im1.jpg");
tint(255, 0, 0, 80);
image(im, 0, 0, width, height/2);
noTint( );
image(im, 0, 300, width, height/2);
```

图3-8　案例3-6运行结果图（实验图像为电影《被解救的姜戈》画面截图）

3.3.3 图像的滤波与融合

前面给大家介绍了关于图像像素点的各种操作，这也是数字图像区别于其他类型图像的特点，我们可以方便地对数字图像的各个像素点进行不同的操作与计算。比如，在Photoshop中常用的滤波、模糊、羽化、锐化、反色等功能，其实质均是对像素点的处理。对像素点的处理即是图像处理的本质所在。

知识点

3.3.3.1 图像滤波

- filter（mode）：根据不同的滤波模式对图像进行滤波。
- filter（mode，th）：设置一定的阈值，对图像进行不同模式的滤波。

其中，模式mode主要有以下几种滤波形式：

▪ THRESHOLD：阈值模式将彩色图像转换成黑白图像，即：把图像中大于某一阈值的像素点设置为白色，而小于该阈值的像素点设置为黑色。若我们使用没有设置th参数的滤波函数filter（THRESHOLD），默认的

th值为0.5，我们也可以用第二种滤波函数具体设置阈值（th），通常th的值为0.0（黑）—1.0（白）之间的任意数。

- BLUR：模糊模式对图像进行高斯模糊（Guassian Blur），模糊程度由参数 th 决定，在 filter（ ）函数的第一种参数形式中，th 的值默认为 1。在第二种参数形式中，th 的值越大，模糊程度就越强。

- GRAY：灰度模式。该模式不需要任何 th 参数设置，其功能是将彩色图像转化为灰度图像。

- OPAQUE：透明模式。该模式也不需要任何 th 参数的设置，其功能是给图像加上 alpha 透明通道，变成透明图像。

- INVERT：反相模式。该模式依旧不需要 th 参数的设置。该模式将每个像素点的值设置为其当前值的相反数。

- POSTERIZE：色调分离模式。该模式对每个颜色通道的颜色值加以限制，即：将每个颜色通道的颜色值限制在某个范围内，参数 th 可以设置颜色的取值，取值范围在 2—255 之间。

- ERODE：腐蚀模式。该模式用来减少图像明亮的区域，无需 th 参数。

- DILATE：膨胀模式。与 ERODE 模式相反，该模式用来增加图像中的明亮区域，无需 th 参数。

图 3-9 为各种滤波模式的滤波结果。

图3-9 各种滤波结果示例图（实验图像为电影《钢铁侠》画面截图）

需要说明的是，当我们调用滤波函数filter( )进行滤波操作时，滤波的对象是调用滤波函数之前所显示的图像，而对其后所显示的图像没有任何作用。这一点与前面所讲的属性的设置正好相反。例如：

```
PImage im;
size(638, 383);
im=loadImage("threshold.png");
image(im, 0, 0); //(1)
filter(THRESHOLD, 0.3);
image(im, 0, 100); //(2)
```

这里阈值模式的滤波操作只对语句（1）所显示的图像有效，而对语句（2）所显示的图像无效。另外，我们可以通过图像类的.filter( )方法将滤波操作限制在某一幅图像上。例如：

```
PImage im;
PImage im1;
size(638, 383);
im=loadImage("threshold.png");
im1=loadImage("im1.JPEG");
image(im1, 0, 0);
im.filter(ERODE);
```

虽然在调用filter( )函数之前显示图像im1，但这里的滤波操作只针对图像im，因此已显示的图像im1不会受到任何影响。

当然，除了上述模式以外，我们也可以自己动手设计一套算法，通过对图像像素点的处理来实现更多的滤波效果。

3.3.3.2 图像融合

图像融合指的是将两张图像合成为一张图像，融合函数blend( )主要有以下两种形式：

- blend(x, y, w, h, dx, dy, dw, dh, mode)
- blend(sim, x, y, w, h, dx, dy, dw, dh, mode)

其中，第一种形式将图像与画布窗口融合，而第二种形式是将两张图像融合。参数x，y为要融合的源区域左上角顶点的坐标，w，h为该区域的宽和高，dx，dy为目标区域左上角顶点的坐标，dw，dh为目标区域的宽和高。如果将两幅图像融合，参数sim就是第二张要合成的图像。如果源区域与目标区域的大小不一致，该函数会自动调整源区域的大小使其与目标区域大小保持一致。参数mode为融合形式，通过对两幅图像的像素点进行不同算法的计算得到不同的融合模式。常见的融合模式有：BLEND，ADD，SUBTRACT，DARKEST，LIGHTEST，DIFFERENCE，EXCLUSION，MULTIPLY，SCREEN，OVERLAY，HARD_LIGHT，SOFT_LIGHT，DODGE，BURN等。比如：

```
size(300, 300);
background(0);
stroke(155);
strokeWeight(25);
smooth( );
rect(50, 50, 50, 50);
rect(100, 100, 50, 50);
//通过像素点相加实现图形的融合
blend(0, 0, 100, 100, 50, 50, 100, 100, ADD);
```

通过像素点相加将两个矩形融合在一起，图3-10(a)所示为其运行结果。再如：

```
size(300, 300);
PImage im=loadImage("im1.JPEG");
background(0);
stroke(155);
strokeWeight(25);
smooth( );
rect(50, 50, 50, 50);
//以im作为融合的目标图像，将矩形融合在im上
blend(im, 0, 0, 100, 100, 50, 50, 200, 200, ADD);
```

实现将一幅图像和一个矩形融合在一起，即：以图像im为融合的目标图像，将矩形融合在该图像上，图3-10（b）所示为其运行结果。

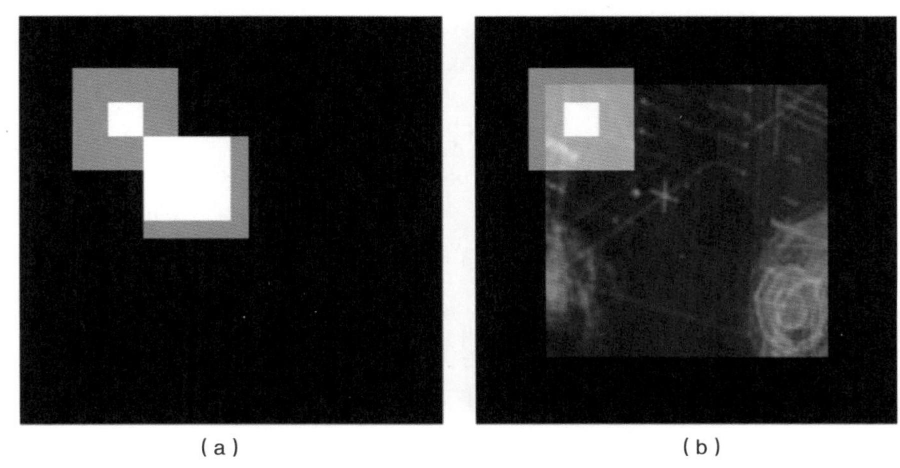

（a） （b）

图3-10 图像融合结果示例图

3.3.4 图像的保存

图像保存对于保存程序的运行结果有着非常重要的作用。我们不需要再通过截屏的方式来保存运行结果，Processing语言中有专门用来保存画布上运行结果的函数，一种是单张图像的保存函数save（ ），另一种是序列帧图像的保存函数saveFrame（ ）。

3.3.4.1 保存单张图像

函数save（“pathFileName”）就是将画布中所展示的内容保存到一张图像中，常用来保存静态的运行结果。参数中需要指定要保存的图像的路径、图像的名字、图像的格式等。我们可以把图像保存成Processing语言中所有可以载入的图像类型，比如.png，.jpg，.tif，.pdf等。

由于路径名是一个字符串，括号中需要用双引号将路径名括起来。如果双引号中仅仅给出要保存的图像的名字和格式，系统会自动把图像保存到与该.pde文件相同的文件夹内。

○ 案例3-7：

当按下鼠标时保存当前帧图像。

• 代码3-7：

```
void setup( ){
  size(300, 300);
}
void draw( ){
  background(0);
  rect(mouseX, mouseY, 50, 50);
}
void mousePressed( ){
  save("rect_im.png");
}
```

在案例3-7中，按下鼠标将当前画布上的内容保存到图像“rect_im.png”时，由于没有具体指定图像的保存路径，图像“rect_im.png”将会被保存在与该.pde文件相同的文件夹内。

○ 案例3-8：

保存当前帧图像。

• 代码3-8：

```
void setup( ){
  size(300, 300);
}
void draw( ){
  background(0);
  rect(mouseX, mouseY, 50, 50);
  save("rect_im.png");
}
```

在案例3-8中，我们把save( )函数放在draw( )函数里面。在这种情况下，draw( )函数每运行一次就会保存一次当前画布中所显示的内容，而之前保存的图像将会被覆盖掉。

3.3.4.2 保存序列帧图像

对于动态的视频结果，Processing语言中也有专门的函数saveFrame（ ）来保存连续的视频帧。该函数有两种形式：

- saveFrame（ ）：这种形式没有任何参数设置，系统会默认地将图像序列保存成“screen-0000.tif，screen-0001.tif……”等。

- saveFrame（“imname-####.ext”）：参数中可以通过“imname”来指定序列帧的名字，“####”设置了序列的数字位数，文件在保存时“####”会被具体的数字取代，比如“0000”“0001”等。其中，“#”的个数表示可以保存的图像个数的位数。四个“#”表示最多可以保存9999帧序列帧图像。我们可以通过增加或者减少“#”的个数来设置最多可以保存的视频帧的个数。

通常，我们在draw（ ）函数中调用saveFrame（ ）函数，随着draw（ ）函数以frameRate（n）的速度不断运行来保存每一帧图像。

○ 案例3-9：

程序运行时，画面的每一帧都保存下来。

- 代码3-9：

```
void setup( ){
  size(300, 300);
}
void draw( ){
  background(0);
  rect(mouseX, mouseY, 50, 50);
  saveFrame("move_rect_####.png");
}
```

○ 案例3-10：

程序运行时，画面中的第100帧至第1000帧都保存下来。

- 代码3-10：

```
void setup( ){
  size(300, 300);
```

```
}
void draw( ){
  background(0);
  rect(mouseX, mouseY, 50, 50);
  if(frameCount<=1000 && frameCount>=100){
    saveFrame("move_rect_####.png");
  }
}
```

○案例3-11：

程序运行时，画面中每隔10帧保存一帧。

•代码3-11：

```
void setup( ){
  size(300, 300);
}
void draw( ){
  background(0);
  rect(mouseX, mouseY, 50, 50);
  if(frameCount%10==0){
    saveFrame("move_rect_####.png");
  }
}
```

与案例3-7中的保存结果不同，在案例3-9中，随着draw( )函数不断运行，程序会将每一帧图像依次保存下来，保存的图像名字分别为move_rect_0000.png，move_rect_0001.png等。

如果想要有选择性地保存某些视频帧图像，我们可以借助if条件语句来控制和选择所要保存的视频帧。比如，在案例3-10中，我们只保存第0100帧至第1000帧。而在案例3-11中，每隔10帧保存1帧。其中frameCount为实时记录当前帧数的系统变量。

对于所保存下来的视频帧，我们可以通过“工具”菜单栏下的“Movie Maker”选项将这些视频帧合成一段视频文件。

3.3.5 图像像素点的处理

3.3.5.1 像素点颜色的提取与设置

当我们需要简单地提取或设置图像中某个像素点的颜色时，Processing语言会为我们准备两个简单易用的函数来进行图像中某个位置（x，y）上像素点颜色的提取与设置。

知识点

（1）get（ ）方法

该方法用来读取图像中某个像素点的颜色或者读取图像的某一块区域。

- get（ ）：当该方法中没有任何参数时，读取和返回的为整幅图像。
- get（x，y）：参数x，y指定了要返回的具体位置（x，y）处的颜色。
- get（x，y，w，h）：当get（ ）方法中有四个参数时，意味着要提取图像的某块区域，其中每个参数的含义由imageMode（ ）来决定，与rectMode（ ）的设置类似，imageMode（ ）共有三种模式：

  - imageMode（CORNER）：这是默认情况下图像的模式。在这种模式下，get（x，y，w，h）中的前两个参数为所读取的图像块左上角顶点的坐标，而w和h为所读取图像块的宽和高。
  - imageMode（CENTER）：设置图像模式为CENTER时，get（x，y，w，h）中的前两个参数为所读取的图像块中心点的坐标，而w和h依旧为所读取图像块的宽和高。
  - imageMode（CORNERS）：当设置图像模式为CORNERS时，与前两种模式有所不同。此时，get（ ）方法中的前两个参数可以是所读取的图像块任意一个顶点的坐标，而后两个参数为前两个参数所确定的顶点的斜对角顶点的坐标。

需要说明的是，无论程序中设置的颜色模式是什么，get（ ）方法所返回的均为RGB颜色值。

(2)set( )方法

该方法用来改变图像中某个像素点的颜色或者直接把图像写入画布窗口。

• set(x, y, c):参数x, y设置具体要改变颜色的像素点的位置,c为要设置的颜色值,这个颜色值与get( )方法中的略有不同,它会受到程序中颜色模式设置的影响,即:当前程序设置的是什么模式的颜色,该值就是什么类型的颜色值。

• set(x, y, img):若第三个参数为一幅图像,前两个参数就为要载入的图像左上角顶点的位置坐标,其结果就是将一幅新的图像写入并显示在当前的图像上。无论imageMode( )设置的是什么模式,x和y均表示新写入图像左上角顶点在原图像上的位置坐标。

例1:

color getColor=im.get(50, 75); //读取图像im中(50, 75)位置处像素点的颜色并将其存入颜色变量getColor中

例2:

im.set(10, 10, getColor); //将图像中(10, 10)处像素点的颜色值设置为刚提取的像素点(50, 75)的颜色getColor

○ 案例3-12:

随机将图像中每个像素点的颜色用其下方像素点的颜色所替代(运行结果如图3-11所示)。

图3-11 案例3-12运行结果图(实验图像为电影《被解救的姜戈》画面截图)

• 代码3-12：

```
void setup( ){
  size(638, 383);
  PImage im=loadImage("im1.jpg");
  image(im, 0, 0, width, height);
}
void draw( ){
  for (int y=1; y<height; y++){
   for (int x=0; x<width; x++){
     if (random(1000)>850){
//如果所生的0—1000的随机数大于850
       set(x, y, get(x+1, y+1));
      }
    }
  }
}
```

3.3.5.2 图像中像素点的处理

前面，我们讲了用函数get( )与set( )来简单地提取和设置图像中某个位置像素点的颜色。下面，我们来进一步走进图像内部，来看一看像素点更本质、更基本的操作。

当我们通过loadImage( )函数载入一幅图像im时，系统变量im.width便记录了所载入图像的宽度，im.height便记录了所载入图像的高度，数组im.pixel[ ]则记录了图像中每个像素点的颜色值。那么，一幅二维图像的像素点是如何依次存放在一个一维数组当中的呢？简单地讲，图像中的像素点会按照行序依次存入一维数组pixels[ ]中。举个例子来看，假设一幅数字图像由3行4列像素点组成，我们分别用不同的英文字母来表示每一个像素点。如图3-12所示，字母A—L分别代表这3×4个像素点，先将第一行所有的像素点按列依次存入数组pixels[ ]中，再依次存入第二行所有的像素点。以此类推，最后存入第

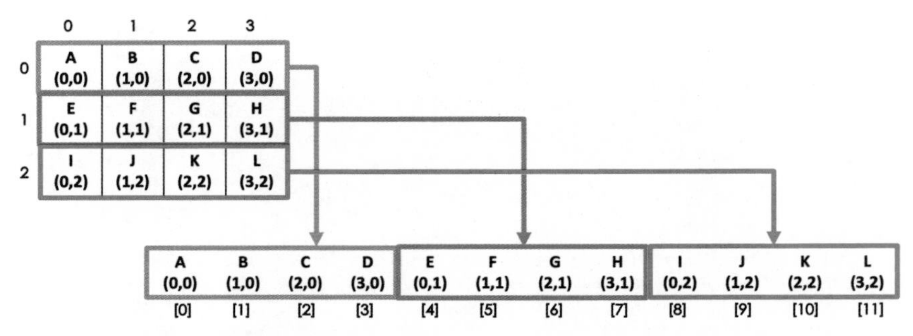

图3-12　数字图像像素点在数组pixels[ ]中存放的对应关系示意图

三行所有的像素点。

图3-12左边按行按列排列的二维数表中，我们可以通过坐标（x，y）很方便地找到我们要找的像素点。而当这些像素点按照上述顺序存入数组pixels[ ]之后，我们似乎不能很直观地找到或者提取出我们想要的像素点了。其实，仔细观察，每一个像素点的坐标（x，y）与其在数组pixels[ ]中的下标存在一定的规律和对应关系。也就是说，已知像素点的坐标（x，y）便可以求得其在数组pixels[ ]中的下标值，即其在pixels[ ]中的位置。首先存入第一行的像素点A，B，C，D，其在数组中的下标分别为[0][1][2][3]；接下来存放第二行的像素点E，F，G，H，其在数组中的下标分别为[4][5][6][7]；最后存入最后一行像素点，其对应下标分别为[8][9][10][11]。

假设图像的宽为w，高为h，即该图像由w列h行像素点组成，索引值index与坐标（x，y）之间的对应关系为：

index=x+y*w //按列存入

index=y+x*h //按行存入

根据这个对应关系，我们便可以方便地根据坐标（x，y）求得该像素点在数组pixels[ ]中的位置。

这种存储图像像素点的方式有助于对其颜色值进行更进一步计算，尤其是对于大量像素点的操作。

○案例3-13：

图像像素点颜色的显示。即在画布左上角的矩形内显示鼠标在图像上划过位置上的像素点的颜色（运行结果如图3-13所示）。

图3-13　案例3-13运行结果图（实验图像为电影《被解救的姜戈》画面截图）

• 代码3-13：

```
PImage im;
void setup( ){
  size(638, 383);
  stroke(255, 255, 255);
  strokeWeight(3);
  im=loadImage("im1.jpg");
  im.resize(width, height);
}
void draw( ){
  background(im); //将载入的图像作为画布背景
  int x=constrain(mouseX, 0, width-1); //提取鼠标所在位置的坐标
  int y=constrain(mouseY, 0, height-1);
  loadPixels( );
  int index=y*width+x; //根据坐标计算该像素点在pixels[ ]数组中的下标值
  color c=pixels[index]; //提取该下标值位置上像素点的颜色
  fill(c);
```

```
  ellipse(40, 40, 80, 80);
}
```

分析：首先，本案例中的一个关键点就是需要保证鼠标所在的位置不会超过画布的边界，否则，所得到的index索引值会超出数组pixels[ ]的范围而引起“越界”错误。因此，这里我们用constrain( )函数将鼠标所在位置的坐标（x，y）限制在画布范围内。我们提取到鼠标所在的位置坐标之后，便可以通过换算公式index=x+y*width求得该位置在数组pixels[ ]中的索引值，进而提取到该像素点的颜色值。图3-13为本案例的实验结果截图，画面中左上角矩形的填充色为鼠标所在图像位置像素点的颜色，随着鼠标在画布上运动，矩形的填充色也会随之发生变化。

○案例3-14：

图像的边缘点检测。通过计算相邻像素点颜色的差值来得到图像中所有的边缘上的点（运行结果如图3-14所示）。

(a)

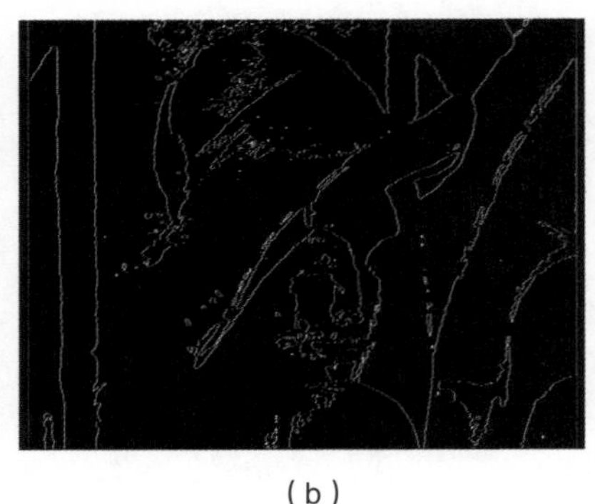
(b)

图3-14 案例3-14运行结果图

• 代码3-14：

```
PImage im1; //用来存放载入的图像
PImage im2; //用来存储边缘检测结果图
void setup( ){
  size(500, 500);
  im1=loadImage("im1.jpg");
```

```
  im1.resize(500, 500); //将载入的图像缩放至与画布等大小
  im2=createImage(im1.width, im1.height, RGB); //创建一幅新的与画布等大小的空白图像
}
void draw( ){
  im1.loadPixels( );
  im2.loadPixels( );
  for(int x=1; x<width-1; x++){
  for(int y=0; y<height-1; y++){
      int index=x+y*im1.width;
      color c=im1.pixels[index]; //提取每个像素点的颜色
      int right_index=(x+1)+y*im1.width;
      color c_right=im1.pixels[right_index]; //提取每个像素点右侧像素点的颜色
      float diff=abs(hue(c)-hue(c_right)); //比较计算当前像素点与其右侧像素点色相的差值
      im2.pixels[index]=color(diff); //将颜色差作为边缘检测图像中对应像素点的颜色值
    }
  }
  im2.updatePixels( );
  image(im2, 0, 0);
}
```

分析：所谓图像中的边缘点，其实就是指图像中不同区域之间的边界点，比如图像中不同目标间的边界等。更细节地讲，就是与其相邻像素点之间颜色或者亮度差异较大的点。简单地说，我们只要依次计算图像中每个像素点与其周围邻域内像素点颜色的差，保留那些差异较大的点即可认作边缘上的点。

本案例中，我们用到了PImage类中的一个方法im.resize( )，将载入图像

的大小调整到与画布相同的大小。另外，我们还创建了一个与画布同样大小的新的空白图像来存放最终得到的边缘图。im.loadPixels（ ）方法确保将图像中的像素点载入数组pixels[ ]中，而im.update（ ）方法则保证数组pixels[ ]中像素点的信息是及时更新的。这两个方法是在我们使用pixels[ ]数组时经常采用的方法。当然，如果程序中不存在像素点更新操作，则可以不用im.update（ ）方法不断进行更新，这样可以提高程序的运行速度。

程序通过双重for循环结构依次读取图像中每个像素点的颜色值，并与其右侧像素点的颜色值进行比较，得到二者的颜色差。这里的abs（ ）函数用来求某数的绝对值，从而保证得到的颜色差为一个非负数，将颜色差的绝对值作为边缘检测图像中边缘点的像素值。很显然，差值越大，说明这两个像素点属于两个不同区域或者目标的可能性就越大，也就越有可能是我们要找的边缘点。如图3-14所示，（a）为原始的彩色图像，（b）为边缘图像。

这个例子仅仅给出一种最简单的求边缘点的方法，我们还可以通过比较像素点四邻域、八邻域等的差值。另外，我们不仅可以根据色相，还可以综合考虑亮度、饱和度等信息来更加准确地计算图像中的边缘点。有兴趣的同学可以试着设计一下这段程序，看看得到的边缘检测结果是否有所改进。当然，目前边缘检测的算法有很多种，越好的算法得到的边缘检测结果也就越准确。

○案例3-15：

抽象画生成（运行结果如图3-15所示）。

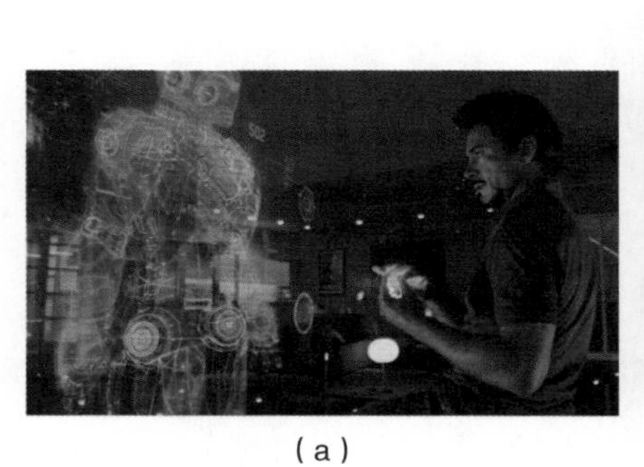

（a）

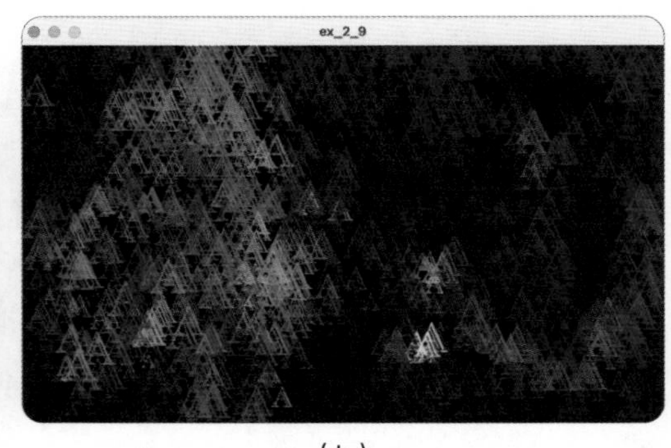

（b）

图3-15　案例3-15运行结果图（实验图像为电影《钢铁侠》画面截图）

• 代码3-15：

```
PImage im;
int d;
PFont f;
void setup( ){
  size(638, 383);
  im=loadImage("im1.JPEG");
  f=loadFont("AcademyEngravedLetPlain-48.vlw");
  textFont(f);
  background(0);
  smooth( );
}
void draw( ){
  int x=int(random(im.width));
  int y=int(random(im.height));
  int index=x+y*im.width;
  loadPixels( );
  float r=red(im.pixels[index]); //提取像素点的R值
  float g=green(im.pixels[index]); //提取像素点的G值
  float b=blue(im.pixels[index]); //提取像素点的B值
  noStroke( );
  fill(r, g, b, 200);
  textFont(f, random(10, 50));
  text("A", x, y);
}
```

第 4 章　文字的处理

【本章重点】

掌握文字处理的基本操作。

【本章学习目的】

通过学习文字的载入、显示等各种操作函数，将文字运用到所创作的作品当中。

在案例3-15中，我们用文字代替图像中的像素点，将一幅普通的图像转化为一幅抽象图像。本章中，我们就具体给大家介绍一下如何在画布上显示不同大小、不同类型的文字。从根本上讲，在画布上显示文字，这些文字也是通过对应位置上的像素点设置不同的颜色来实现的。总的来讲，在画布上显示文字主要分为以下两个大的步骤：文字的创建与文字的显示。

4.1 文字的创建

PFont是Processing语言中一种比较特殊的变量类型，用来存放一种字体。在使用或显示文字之前，要先载入或创建所显示文字的类型文件。这里，我们可以在“工具（Tools）”菜单下的“创建文字（Create Font）”菜单项中创建我们想要显示的字体类型。我们选择所要显示文字的字体类型之后，比如，图4-1中我们选择了字体“Serif-48”，字号为48，字体类型文件“Serif-48.vlw”将会自动存入data文件夹内。当然，我们也可以从网上下载自己喜欢的其他字体手动将其存入data文件夹内。需要说明的是，Processing语言中我们使用的是.vlw格式的字体，

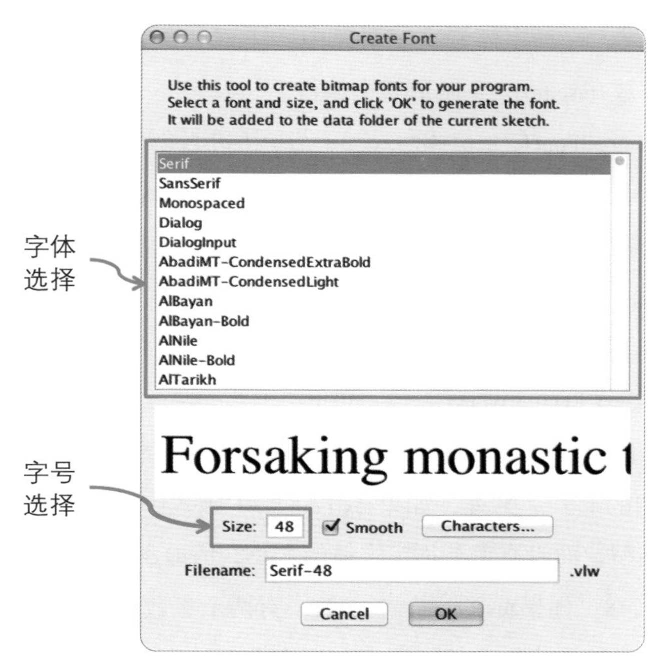

图4-1　创建文字窗口示意图

并将每个要显示的字母存储为一幅图像，程序中将以图像的形式显示每个字母。这里，我们创建字体的过程相当于为所要显示的文字创建一种显示纹理。

在创建字体的窗口中，除了可以选择要显示文字的字体类型之外，还可以选择字号、光滑性等属性。除了在上述菜单栏中创建字体之外，我们还可以在程序中调用createFont（ ）函数来创建字体。函数list（ ）可以用来得到本台计算机中所安装的所有字体类型。

4.2 文字的显示

具体来讲，文字的显示主要包含以下几个步骤：

步骤1：保存当前草图.pde文件。在“Tools”菜单中选择“Create Font...”命令创建一种字体类型，此时所创建的字体，即.vlw文件会自动被添加到与.pde文件同文件夹下的data文件夹里面。

步骤2：声明一个文字类对象。

PFont f。

步骤3：载入一种字体到文字对象中。注意：为了保证程序运行的效率，载入函数通常放在setup（ ）函数块中执行。

f=loadFont（“Serif-48.vlw”）；//其中48为创建字体时所选的字体字号，表示画布上所显示的文字为48个像素点大小或者更小。

步骤4：激活所要显示的文字的字体类型。

textFont（f）。

步骤5：显示文字。

text（“Hello World”，0，30）。

需要说明的是，Processing语言中的文字是以位图的形式保存与显示的，而不是以矢量图的形式。另外，如果textFont（ ）函数中只有一个参数，即只激活了字体的类型，而没有重新指定字体的大小，所显示的字体大小即为创建时所指定的字号48。如果textFont（ ）函数中有两个参数，比如textFont（f，36），那么所显示的字体大小重新被指定为36，而非48。

对于文字显示函数text（ ）而言，主要有以下几种常用的参数形式：

• text（ch，x，y）：显示单个字母，其中参数ch为要显示的字母，x和y为该字母在画布上显示的位置，默认情况下，为要显示的字母所在的矩形绑定框左下角顶点的坐标。

• text（str，x，y）：显示一个字符串，即多个字母，其中参数str为所要显示的字符串，x和y为字符串在画布上的位置，默认情况下，为要显示的整个字符串所在的矩形绑定框左下角顶点的坐标。

• text（chars，start，stop，x，y）：这种形式用来显示字符型数组中的字母或数字，start和stop分别设置要显示的字母在数组中的起始和终止下标，x和y为这些字母在画布上的位置。

• text（str，x，y，w，h）：显示字符串，其中str为所要显示的字符串，后四个参数分别用来设置所显示字符串的位置和其所在矩形绑定框的宽与高。

当然，这些形式均可以扩展到3D的情况，即只要在参数中加入Z轴的坐标即可。

○案例4-1：

在画布上用不同的字体分两行显示单词“Hello”与“World”（运行结果如图4-2所示）。

图4-2 案例4-1运行结果图

• 代码4-1：

```
PFont f1, f2; //声明两个文字对象
void setup( ){
  size(200, 200);
  f1=loadFont("AcademyEngravedLetPlain-48.vlw"); // 分别载入两种不同的字体
  f2=loadFont("Cochin-Italic-48.vlw");
}
void draw( ){
  textFont(f1); //设置第一行显示文字的字体为f1
  text("Hello", 30, 50);
  textFont(f2); //设置第二行显示文字的字体为f2
  text("World", 30, 100);
}
```

分析：如果我们想要将两行字母分别设置成不同的字体类型，就需要声明两个不同的文字对象，分别载入两种不同的字体类型，如代码4-1所示，图4-2为其运行结果。与矩形的属性设置一样，字体类型的设置应放在所显示字母语句的前面。

○ 案例4-2：

将案例2-10中所显示的两个单词分别设置成红色与蓝色，字号分别为36与20（运行结果如图4-3所示）。

图4-3　案例4-2运行结果图

• 代码4-2：

```
PFont f1, f2;
void setup( ){
  size( 200, 200 );
//分别载入两种不同的字体
  f1=loadFont( "AcademyEngravedLetPlain-48.vlw" );
  f2=loadFont( "Cochin-Italic-48.vlw" );
}
void draw( ){
  textFont( f1 );
```

```
    fill(255, 0, 0); //设置第一行文字为红色
    textSize(36); //设置第一行文字字号为36
    text("Hello", 30, 50);
    textFont(f2);
    fill(0, 0, 255); //设置第三行文字为蓝色
    textSize(20); //设置第三行文字字号为20
    text("World", 30, 100);
}
```

分析：在Processing语言中，文字是以图像的形式显示的，而不是矢量形式，我们在调用textFont( )设置字体大小时，如果所设置的大小超过了创建字体时的大小，如代码4-2中所示，创建字体大小为48，而显示文字"BEIJING"时将字体大小改为56，超出了创建时的大小，此时该字体在显示时会变得模糊而不光滑，所以建议大家在程序中重新设置字体大小时尽量不要超过原始创建时字体的大小，以免出现显示内容不清晰的情况。本案例中，我们设置显示的字体大小为36，未超过48。另外，设置文字颜色时，我们仍然用fill( )函数来进行设置，且放在显示文字text( )的前面。

从以上案例中我们发现，即使在创建字体时已经创建文字的大小，但通过函数textSize( )仍可以改变字体的大小，使用起来也会更加灵活。

○案例4-3：

依次分三列显示"A B C D"，要求其行间距依次增大（运行结果如图4-4所示）。

• 代码4-3：

```
PFont f;
void setup( ){
  size(300, 300);
  f=loadFont("ComicSansMS-Bold-48.vlw");
}
void draw( ){
```

图4-4 案例4-3运行结果图

```
    textFont(f);
    String s="A B C D";
    textLeading(35); //设置第一列文字的行间距为35
    fill(255, 0, 0);
    text(s, 10, 10, 50, 250);
    textLeading(45); //设置第二列文字的行间距为45
    fill(0, 255, 0);
    text(s, 100, 10, 50, 250);
    textLeading(55); //设置第三列文字的行间距为55
    fill(0, 0, 255);
    text(s, 200, 10, 50, 250);
}
```

分析：textLeading(d)函数专门用来设置文本之间的行间距，图4-4所示为案例4-3的运行结果。从代码4-3中我们会发现，在显示文本时，整个要显示的文本的宽和高均为50和250。函数textLeading(d)分别设置了每两行之间的行间距，其中参数d以像素点为单位设置了行间距的大小。

○案例4-4：

在画布上显示3行文字“Hello world！”，设置每一行文字的对齐方式分别为“左对齐”、“居中”和“右对齐”（运行结果如图4-5所示）。

图4-5　案例4-4运行结果图

● 代码4-4：

```
PFont f;
void setup( ){
size(600, 300);


f=loadFont("HanziPenSC-W5-48.vlw");
}
void draw( ){
textFont(f);
fill(0);
textAlign(LEFT); //设置第一行显示的文字的对齐方式为左对齐
text("Hello world!", 250, 50);
textAlign(CENTER); //设置第二行显示的文字的对齐方式为居中
text("Hello world!", 250, 150);
textAlign(RIGHT); //设置第三行显示的文字的对齐方式为右对齐
text("Hello world!", 250, 250);
}
```

分析：textAlign（mode）函数用来设置文字的对齐方式，其中参数mode主要有三种选择：LEFT（左对齐）、CENTER（居中）和RIGHT（右对齐）。比如，在代码4-4中，这三行所显示的“Hello world！”的x位置坐标均为250，但三行文字分别设置了三种不同的文字对齐形式，因此这三行文字在画布上的起始位置各不相同。

LEFT模式下，文字的左边沿对齐x坐标；CENTER模式下，文字的中心对齐x坐标；而RIGHT模式下，文字的右侧边沿对齐x坐标。

○案例4-5：

计算显示文字的宽度。

• 代码4-5：

```
PFont f;
char a=‘A’;
char i=‘I’;
String s=“ABC”;
void setup( ){
  size(300, 300);
  f=loadFont(“HoeflerText-Black-48.vlw”);
}
void draw( ){
  textFont(f);
  float lenA=textWidth(a); //计算字母‘A’的宽度
  float lenI=textWidth(i); //计算字母‘I’的宽度
  float lenS=textWidth(s); //计算字符串“ABC”的宽度
  println(lenA); //输出字母‘A’的宽度为38.0
  println(lenI); //输出字母‘I’的宽度为24.0
  println(lenS); //输出字符串“ABC”的宽度为114.0
}
```

分析：当我们创建一定字号的字体或者通过textSize（ ）函数设置文字大

小之后，每个字母或者字符串都会有不同的宽度。利用这个宽度值，我们可以把文字画面设计得更加整洁美观。函数textWidth（ ）专门用来计算并返回文字的宽度。

【课后作业】

1. 以原始图像为基础生成一幅由字符和各种图形所构成的抽象画。

2. 综合运用前面所学的绘图知识，以及文字函数与属性函数，设计一个你最喜欢的影片的海报。

动态篇

第 5 章　图形与画布的运动

【本章重点】

1. 掌握基本运动形式的内涵。

2. 掌握条件语句的结构。

【本章难点】

条件结构的使用。

【本章学习目的】

掌握匀速、加速、旋转等各种运动形式的程序实现，熟练运用条件结构对各种不同形式的运动进行控制。

在上一篇章中，无论图形的绘制，还是对图像的处理，所有视觉内容均是静态的。Processing语言中draw（　）函数反复运行的特性，为我们进行动态内容设计带来各种可能。

从本质上讲，物体的运动其实就是物体在空间中位置的变化。同样，视觉元素在画布上位置的变化也会引起动态的视觉效果。举个简单的例子，画矩形函数rect（x，y，w，h）中参数x，y设定了矩形在画布上的位置，如果这两个参数随着draw（　）函数的反复运行而不断变化，即：用两个变量来作为这两个参数，便可以很容易地实现矩形在画布上的运动。另外，Processing语言中还有一组专门针对画布本身运动的函数对画布进行平移、旋转等操作，画布本身的运动同样会引起画布上各种视觉元素的运动。这里，我们习惯把视觉元素本身运动而画布静止的运动称为视觉元素的绝对运动，而把画布本身运动但视觉元素相对于画布处于静止状态的运动称为视觉元素的相对运动。

5.1 直线运动

5.1.1 匀速直线运动

下面，我们就从最简单的匀速直线运动讲起。

匀速直线运动，可以说是众多运动形式当中最基本、最简单的一种运动形式，指的是速度均匀且不会发生变化的运动。一个在画布上匀速运动的矩形其本质就是矩形在画布上的位置随单位时间的变化每次增加一个固定的长度（距离）。具体来讲，矩形在画布上沿水平方向从左向右匀速运动时，其本质就是矩形位置坐标x每次增加一个固定的值；相反方向，则是x坐标每次减小一个固定的值。矩形在画布上沿垂直方向从上向下运动时，其本质就是矩形位置坐标y每次增加一个固定值；相反方向，则是y坐标每次减小一个固定的值。而矩形沿斜线运动时，其x坐标与y坐标会同时发生变化。了解这些运动的本质之后，我们就很容易在程序中实现各种视觉元素在画布上的运动。

○ 案例5-1：

小球在画布中线沿水平方向从左向右匀速直线运动（运行结果如图5-1所示）。

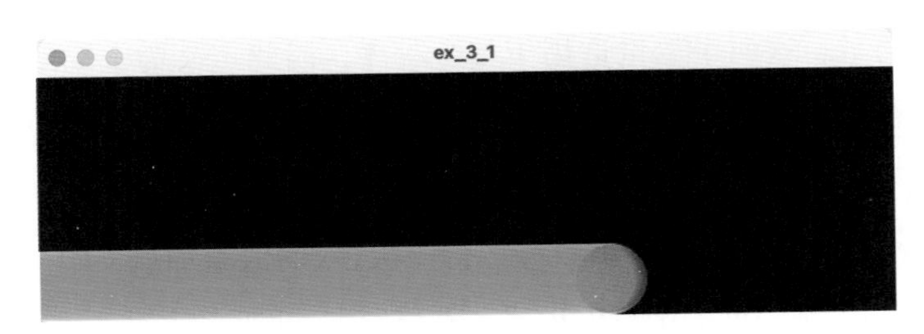

图5-1　案例5-1运行结果图

• 代码5-1：

```
float x=0; //小球在画布上的x坐标
float s=1;//匀速增长的步长，s越大运动速度越快，相反则运动速度越慢
```

```
void setup( ){
  size(600, 300);
  background(0);
  smooth( );
  stroke(255, 255, 255, 80);
  fill(255, 0, 0, 50);
}
void draw( ){
  x+=s; //draw( ) 函数每运行一次，x坐标值增加s
  ellipse(x, 150, 50, 50); //小球的y坐标不变，x坐标随着
draw( ) 函数的运行而不断变化
}
```

分析：本案例中主要有两个关键点：一个是怎样让小球从左到右运动，另一个是如何保证小球做匀速直线运动的。前面我们讲过，让小球运动起来的关键就是不停地改变小球在画布上的位置。小球在画布上从左到右的运动相当于小球中心点的横坐标x的值从小到大发生变化。为了保证小球做匀速直线运动，即每经过单位时间小球运动相同大小的距离。也就是说，draw( ) 函数每运行一次，x坐标的值便会增加一个固定的长度。

这里，我们需要两个变量x和s来分别控制小球x坐标值的变化和x坐标值每次增加的量。这两个变量适用于整个程序，因此定义为全局变量（如代码5-1的第1行和第2行语句所示）。变量x的初始值从零开始，即小球要从画布的最左边开始运动，s的初始值设置为1，即小球每次向右运动一个单位。在draw( ) 函数中，draw( ) 函数每运行一次，x的值增加s（如代码5-1的第11行语句所示），画小球的函数中小球左上角顶点x坐标的参数为变量x的值（如代码5-1的第12行语句所示）。这样一来，随着draw( ) 函数的循环不停地运行，小球左上角顶点的x坐标值也会不断增大，从而实现小球从画布左边匀速运动到画布右边的效果。

从图5-1中的运行结果我们会发现，小球在画布上运动过的位置会有一条

拖尾。也就是说，draw（ ）函数每运行一次所画的小球均会留在画布上，不会消失。如果想要去掉小球后面的拖尾，我们可以把background（ ）函数放在draw（ ）函数当中。也就是说，draw（ ）函数每运行一次，就会重新刷新一次画布背景，之前所画的小球便会被覆盖掉，进而消除小球运动过后的拖尾。

【课堂练习】

1. 调整background（ ）函数在程序中的位置，去掉小球的运动拖尾。

2. 调整步长变量，加快小球运动的速度。

3. 实现小球在画布中线沿从右到左和从上到下的直线运动。

○ 案例5-2：

小球在画布中线沿垂直方向从上到下做匀速直线运动（运行结果如图5-2所示）。

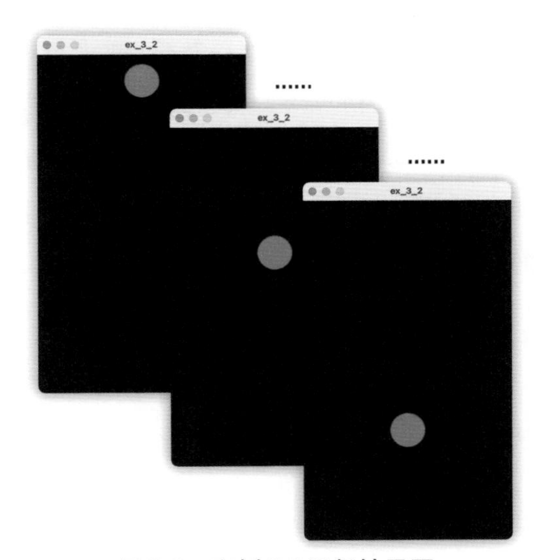

图5-2　案例5-2运行结果图

• 代码5-2：

```
float y=0;
float s=1;
void setup( ){
```

```
    size(300, 500);
    smooth( );
    noStroke( );
    fill(255, 0, 0);
  }
  void draw( ){
    background(0);
    y+=s;
    ellipse(150, y, 50, 50);
  }
```

分析：如果要实现矩形自上而下做匀速直线运动，我们只需要将画矩形的函数中控制矩形左上角顶点的y坐标换成变量来不断改变矩形的y坐标值即可。需要说明的是，本案例的要点在于程序的第13行，画矩形的函数中第一个设置矩形左上角顶点横坐标x的参数为一个不变的常数100，而第二个设置矩形左上角顶点纵坐标的参数为变量y，从而保证矩形位置的y坐标不断变化。矩形自上而下做匀速直线运动，对于变量y的名字，即使我们仍使用x也无妨，只是我们在给变量起名字时习惯于做到见名知意，即：代表x坐标的变量我们习惯用x来表示，而代表y坐标的变量我们习惯用y来表示，运行结果如图5-2所示。

【课堂练习】

让小球沿垂直方向自下而上做匀速直线运动。

○案例5-3：

小球沿画布对角线从画布左上角向画布右下角匀速直线运动（运行结果如图5-3所示）。

• 代码5-3：

```
float x=0;
float y=0;
```

图5-3 案例5-3运行结果图

```
float s=1;
void setup( ){
  size(500, 500);
  smooth( );
  noStroke( );
  fill(255, 0, 0);
}
void draw( ){
  background(0);
  x+=s;
  y+=s;
  ellipse(x, y, 50, 50);
}
```

分析：如果要实现矩形斜线方向做匀速直线运动，我们只需要同时改变矩形的x坐标和y坐标即可。如代码5-3第1行和第2行语句所示，我们需要x和y两个变量来分别记录矩形左上角顶点x坐标和y坐标的变化。随着draw( )

函数不断运行，x坐标和y坐标每次同时增加一个单位的长度，如代码5-3的第13行和第14行语句。相应地，画矩形函数中矩形左上角顶点的坐标x和y的值分别用变量x和y来代替。随着变量x和y值不断增加，矩形的位置也从画布的左上角沿直线向右下角做匀速直线运动，结果如图5-3所示。

【课堂练习】

1. 小球沿画布对角线从画布的左下角向画布的右上角做匀速直线运动。

2. 四个小球分别同时沿直线从左向右、从右向左、自上而下、自下而上做匀速直线运动。

○ 案例5-4：

小球在画布上重复沿直线从左向右做匀速直线运动。

• 代码5-4：

```
float x=0;
float s=1;
void setup( ){
  size( 500, 500 );
  smooth( );
  noStroke( );
  fill( 255, 0, 0 );
}
void draw( ){
  background( 0 );
  x+=s;
  if( x>=width-25 ){
    x=0;
  }
  ellipse( x, 250, 50, 50 );
}
```

分析：根据案例5-1到案例5-3的结果，我们不难发现，矩形从画布的一端匀速直线运动到另一端后便会从画布的另一端消失。分析程序可知，只要不停止程序运行，矩形左上角顶点的位置坐标会不停增加。当坐标值超过画布的边界时，所画的矩形便无法在画布上显示出来。虽然我们在画布上看不到矩形，但并不意味着程序停止运行，矩形依旧在我们看不到的画布以外的位置继续做匀速直线运动。那么，我们如何让一个矩形在画布范围内反复运动呢？也就是说，如何让矩形运动到画布的边界时，重新让矩形返回到起点，继续运动或者沿反方向反弹运动。

在这种情况下，矩形运动的过程中，我们需要让计算机不停地判断矩形当前的位置是否超出画布边界，如果没有超出则继续运动，反之则重新设定运动起点。如代码5-4中第12行语句所示，加入对x坐标值的判断，如果（if）变量x的值超过画布的宽（width），则重新设置变量x的值为0。也就是说，当矩形超出画布的右边界，则让它重新从画布的左边界开始运动。

○案例5-5：

小球在画布上沿直线从左向右，再从右向左往复做匀速直线运动。

• 代码5-5：

```
float x=25;
float s=1;
int fx=1;
void setup( ){
  size(500, 500);
  smooth( );
  noStroke( );
  fill(255, 0, 0);
}
void draw( ){
  background(0);
  x+=s*fx;
```

```
        if(x>=width-25 || x<=25){
            fx=-fx;
        }
        ellipse(x, 250, 50, 50);
    }
```

分析：如果想要矩形在画布的左右边界之间来回做匀速直线运动，即：矩形运动到画布的右边界时，可以自动返回，向左继续运动；而矩形运动到画布的左边界时，可以自动返回，向右继续运动。此时，不仅要如同案例5-4中判断矩形是否运动到了画布的右边界，还要判断是否运动到了画布的左边界。矩形从画布的一边运动至另一边后需要改变运动方向，朝着相反的方向继续运动。也就是说，此时矩形左上角顶点的x坐标要么从依次增大变为依次减小，要么从依次减小变为依次增大，增大的过程即为x坐标每次增加一个值，减小的过程即为x坐标每次减小一个值。因此，为了保证矩形每运动到画布边界时可以自动改变方向，我们需要一个控制方向的变量fx，通过改变该变量的符号来保证x坐标的值是增大还是减小。与前面几个案例不同的是，在代码5-5第12行的语句中，增量变量s被乘以一个数值为1或者–1的变量fx。很明显，当fx=1时，变量x的值是依次增大的；而当fx=–1时，变量x的值是依次减小的。当我们判断（if）矩形左上角顶点的x坐标超出画布左边界或右边界时，fx的值就会改变符号，从而达到改变矩形运动方向的作用。

【课堂练习】

1. 小球在画布上从上到下、从下到上往复做匀速直线运动。

2. 小球沿画布对角线往复做匀速直线运动。

5.1.2 加速直线运动

加速直线运动，是除匀速直线运动之外的另一种常见的直线运动形式。通俗地讲，加速运动即为运动速度不断增大的运动。反之，减速运动就是运动速度不断减小的运动。对应小球在画布上的运动，加速运动可以理解为小球的位置坐标随时间成倍地增加，而不像匀速运动那样小球的位置坐标每次只增加一个固定大小的步长。因此，在程序中，我们就需要一个表示加速度的变量来控制小球随时间变化而运动的距离。

○ 案例5-6：

小球在画布上上下往复做加速直线运动（运行结果如图5-4所示）。

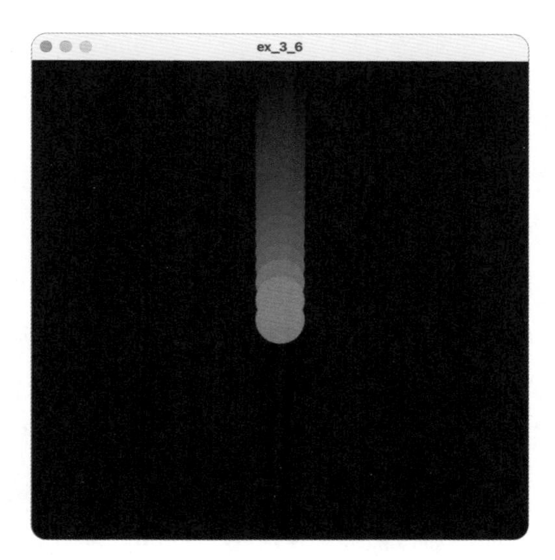

图5-4　案例5-6运行结果图

• 代码5-6：

```
float y=200;
float fy=0.8;
void setup( ){
  size(500, 500);
  smooth( );
  noStroke( );
}
void draw( ){
  fill(0, 20);
  rect(0, 0, width, height);
```

```
    float g=abs(y*0.1);
    y+=g*fy;
    if((y>height-25&&fy>0)||(y<25&&fy<0)){
    fy=-fy;
  }
  fill(255, 0, 0);
  ellipse(250, y, 50, 50);
  }
```

分析：从程序的运行结果可以看出，小球运动出现了拖尾效果，所谓拖尾效果，就是说目标运动过后留下的印记随着目标的继续运动逐渐变淡，直至消失。在案例5-1中，矩形运动过后的印迹被完全保留了下来。而在案例5-2中，我们通过在draw( )函数中不断地刷新画布背景来彻底消除前一秒矩形运动留下的印迹，中和这两种效果。为了让这些印迹渐渐淡化直至消失，随着draw( )函数每运行一次，我们就给当前的草图覆盖上一层具有一定透明度的背景色。这样一来，随着draw( )函数不断运行，矩形的运动印迹则会逐渐被覆盖掉，从而实现运动目标的拖尾效果。这里，我们可以用另一个小技巧来实现上述效果，在draw( )函数每次运行时画一个同画布大小和背景颜色相同，但具有一定透明度的矩形，如代码5-6第9、10行语句所示。有同学会问：这和每次重新设置背景颜色有何不同呢？道理很简单。background( )函数的功能是设置背景颜色，draw( )函数运行一次便会重新设置一次背景颜色，新设置的背景颜色会彻底覆盖画布上原有的内容。draw( )函数再次运行时，新画的内容则是画在刚刚设置的背景上面的。而我们在本案例中所使用的方法不同于背景函数的功能，通过加入透明度的设置，可以随着draw( )函数运行逐渐覆盖掉当前画布上的内容，从而使画布上的内容越来越淡，直至消失，进而产生消除拖尾的效果。

【课堂练习】

小球在画布范围内往复做加速直线运动。

5.2 曲线运动

在前面的案例中，我们给大家介绍了几种常见的直线运动形式。只要大家抓住直线运动的本质，曲线运动的本质也是一样，即矩形沿曲线轨迹运动。在直线运动的案例中，我们已经了解到目标运动的本质其实就是其位置的坐标（x，y）的不断变化。曲线运动同样也是通过不断地改变坐标x或y的值，让坐标的变化轨迹为曲线，从而实现目标的曲线运动。

5.2.1 抛物线运动

我们以数学中最简单的数学函数曲线$y=x^2$为例，图2-40为该函数的曲线图，简单地讲，如果我们让运动目标的位置坐标按照函数$y=x^2$的曲线变化，即可实现抛物线运动。

○ 案例5-7：

小球沿曲线函数$y=x^2$的抛物线轨迹运动（运行结果如图5-5所示）。

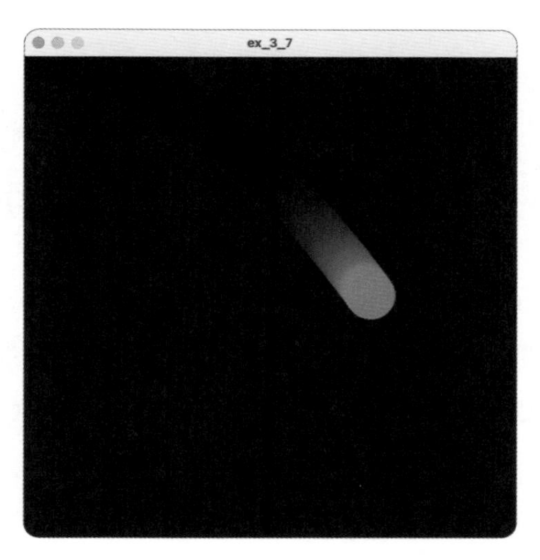

图5-5　案例5-7运行结果图

• 代码5-7：

```
float x=0;
void setup( ){
```

```
    size(500, 500);
    noStroke( );
    smooth( );
}
void draw( ){
    fill(0, 6);
    rect(0, 0, width, height);
    float n=norm(x, 0, 500); //将x的值归一化
    float m=pow(n, 2); //求归一化后x的平方
    float y=m*500;
    fill(255, 0, 0);
    ellipse(x, y, 50, 50); //小球的位置（x, y）符合曲线函数
y=x^2
    x++;
}
```

表 5-1　$y=x^2$ 函数取值对照表

x	0.0	0.1	0.2	0.3	0.4	0.5	0.6	0.7	0.8	0.9	1.0
y=x^2	0.00	0.01	0.04	0.09	0.16	0.25	0.36	0.49	0.64	0.81	1.00

分析：要让运动目标完成某种形式的运动，其实就是要搞清楚其在画布上位置坐标的变化情况。因此，本案例中，要求小球沿函数$y=x^2$的曲线运动，我们首先分析一下该函数中y坐标随x坐标的变化规律。假设变量x为0.0—1.0之间的数，如表5-1所示，随着x的线性增加，即x的值每次增加一个固定的值，变量y的值呈指数增加，y的递增轨迹形成一个抛物线。在程序中，按照表5-1中x和y的数值变化来依次设置小球在画布上的位置坐标即可实现小球按照这个抛物线进行运动，图5-5为本案例的运行结果图。

需要说明的是，我们在程序中可以通过pow（n，e）函数来计算幂函数$y=x^2$的值。将pow（n，e）函数中的参数n做归一化处理之后，可以保证其计

算结果也在0.0—1.0的范围之内，且呈指数增长。其中，pow（n，e）函数求得n的e次方。

在本案例中，我们先对x值做归一化处理，即n=norm（x，0，500），将变量x的值从0—500的范围之间归一化到0—1之间，相当于$n=x/|500-0|$，然后求出其2次方的值，即m=pow（n，2）。为了保证最终的y坐标没有超出画布的范围，还要将其恢复到0—500之间，即y=m*500。

• 扩展1：该运动借助draw（ ）函数反复运行的特点，每运行一次x坐标值就会随之线性增加，y坐标也会随函数$y=x^2$不断发生非线性变化，从而实现运动目标的抛物线运动。同样，当e值为4，即$y=x^4$时，运动目标的运动轨迹就会随之发生改变，产生弧度更小的抛物线运动。

• 扩展2：在案例5-7中，变量x每次增加1，如果我们改变其每次的增加量，y值的变化速度也会发生改变，从而改变矩形的运动速度。比如，若变量x每次增加5，矩形就会运动的越来越快。

另外，不同的幂函数可以产生不同的曲线运动轨迹。我们把pow（ ）函数改为sqrt（ ）函数时，即求开方的函数，矩形的运动轨迹则会变为向下凹的曲线。

【课堂练习】

1. 让小球分别沿曲线$y=x^3$和$y=x^4$的轨迹运动，并观察这些运动轨迹的变化和异同。

2. 让小球沿曲线$y=x^{1/2}$的轨迹运动，并观察其运动轨迹的变化。

5.2.2 正弦和余弦曲线运动

下面，我们来介绍另一种常见的曲线运动形式，即正弦曲线和余弦曲线。

○ 案例5-8：

小球在画布上沿正弦曲线的轨迹运动（运行结果如图5-6所示）。

• 代码5-8：

```
float x=0.0;
float angle=0.0;
```

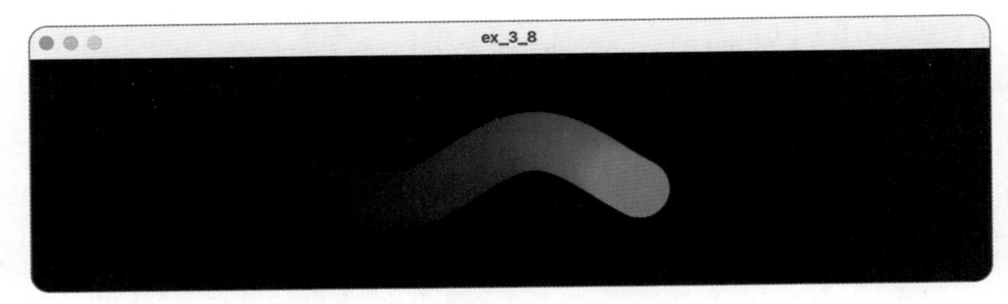

图5-6 案例5-8运行结果图

```
void setup( ){
  size(800, 200);
  noStroke( );
}
void draw( ){
  fill(0, 5);
  rect(0, 0, width, height);
  float y=100+(sin(angle)*25.0); //让y值呈正弦函数曲线的轨迹变化
  fill(255, 0, 0);
  ellipse(x, y, 50, 50);
  angle+=PI/40.0;
  x+=3;
}
```

分析：理论上讲，小球的位置坐标值随sin( )函数值的变化而变化时，即可实现小球沿正弦曲线的轨迹运动。由于sin( )函数的参数要求是弧度，我们需要对x坐标进行映射和转换。首先将x坐标值映射到0—360度之间，然后用radians( )函数将角度值转化成弧度值。当然，我们也可以单独设置一个与x坐标无关的角度变量来实现该过程，如代码5-8所示，即：专门设置一个角度变量angle来存储和记录不断变化的角度值。

【课堂练习】

1. 试着通过修改代码5-8中的系数使正弦曲线的幅度和频率发生变化。

2. 小球在画布上沿余弦曲线轨迹运动。

5.2.3 圆周运动

○ 案例5-9：

小球在画布上沿圆周轨迹运动（运行结果如图5-7所示）。

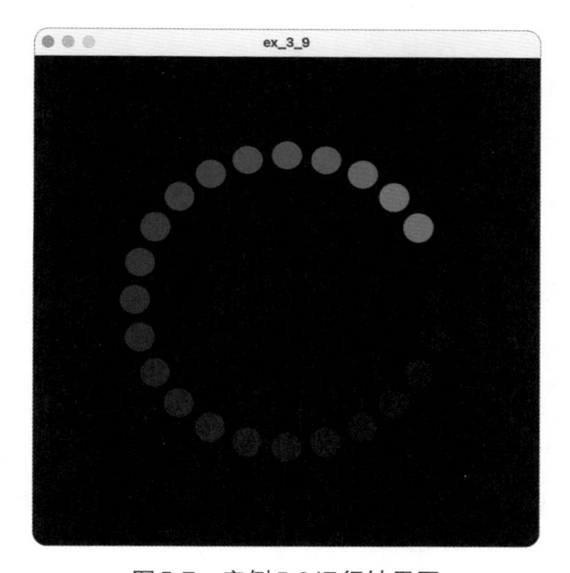

图5-7　案例5-9运行结果图

• 代码5-9：

```
int r=150;
float degree=0.0;
void setup( ){
  size(500, 500);
  smooth( );
  noStroke( );
  rectMode(CENTER);
}
```

```
void draw( ){
  fill(0, 20);
  rect(250, 250, 500, 500);
  if(degree<=360){
    ifoat angle=radians(degree);
    ifoat x=250+(cos(angle)*r); //x的值沿圆周轨迹变化
    ifoat y=250+(sin(angle)*r); //y的值沿圆周轨迹变化
    fill(255, 0, 0);
    ellipse(x, y, 30, 30);
    degree+=15.0;
  }
  else{
    degree=0.0;
  }
}
```

分析：如图5-8所示，假设圆周的半径为r，角度为α，根据三角函数的定义及勾股定理，圆周上某一个点（x_1，y_1）的坐标分别为cos(α)*r和sin(α)*r。那么，我们让小球位置的坐标（x，y）随着角度变化而变化，便可实现小球的圆周运动。

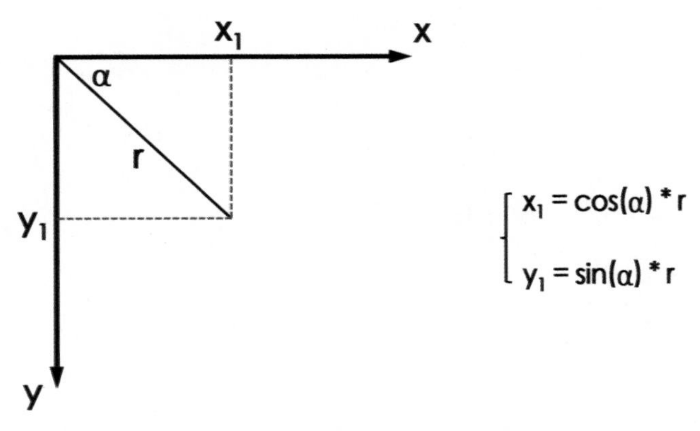

图5-8　坐标（x、y）与圆半径之间的关系示意图

当然，如果我们想让小球沿某段圆弧运动，只需将角度变化限制在某个范围内即可，比如沿角度在30°到120°之间的一段圆弧运动时，只需将变量degree的初始值设置为30，而将其终止条件由degree<=360改为degree<=120即可。

【课堂练习】

小球沿某一段圆弧线轨迹运动。

5.2.4 螺旋线运动

○案例5-10：

小球沿外旋的螺旋线轨迹运动（运行结果如图5-9所示）。

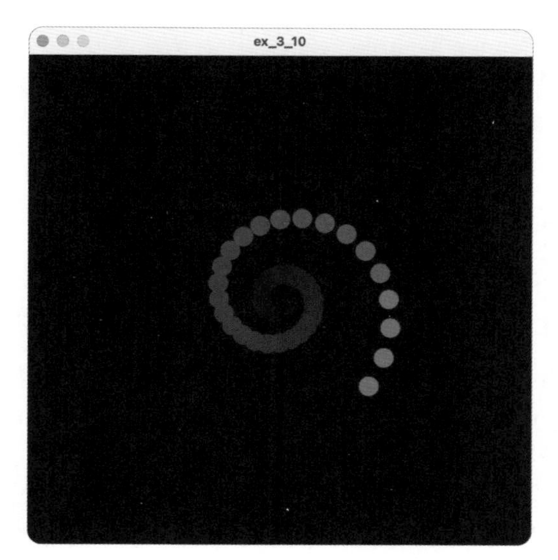

图5-9　案例5-10运行结果图

• 代码5-10：

```
float r=1.0;   //螺旋运动的半径
float degree=0.0; //每次的旋转角度
void setup( ){
  size(500, 500);
  smooth( );
```

```
    noStroke( );
    frameRate(10);
    rectMode(CENTER);
  }
  void draw( ){
    fill(0, 10);
    rect(250, 250, 500, 500);
    if(degree<360){      //旋转角度达到360°后继续从0°开始
      float angle=radians(degree);
      float x=250+(cos(angle)*r);
      float y=250+(sin(angle)*r);
      fill(255, 0, 0);
      ellipse(x, y, 20, 20);
      degree+=15.0; //旋转角度每次增加20°
      r*=1.05; //旋转半径呈1.05倍增加
    }
    else{
      degree=0.0;
    }
  }
```

分析：仔细观察和分析螺旋运动的轨迹点，小球沿螺旋曲线每往前行走一步，其轨迹点的半径就会有所增加（外旋）或减少（内旋）。在程序中，我们只需要每次让半径的值有所增加或减少即可。

上面几个案例均借助正弦和余弦函数来实现矩形的各种圆周及螺旋运动。Processing语言还提供圆弧函数arc（x，y，width，height，start，stop），其重要功能是在画布上画一条圆弧线。这条圆弧线是由四个参数决定的：圆弧中心点的坐标（x，y），圆弧所在圆的宽（width）与高（height），以及圆弧的起始点角度与结束点的角度。

【课堂练习】

1. 一个小球沿内旋的螺旋线轨迹运动。

2. 两个小球分别沿内旋与外旋的螺旋线轨迹运动。

5.3 缩放运动

所谓缩放运动，就是图形大小、尺寸（scale）等的变化。

在Processing语言中，我们可以通过scale（ ）函数对图形进行缩放操作，即图形尺度的变化。函数scale（s）用于对图形尺寸的缩放，即：通过扩张或者收缩图形的顶点来增大或缩小图形的形状大小。该函数中的参数s为具体所要缩放的百分比，比如：

```
scale(0.5);
rect(50, 50, 50, 50);
```

知识点：

- scale（ ）：该函数通过扩张或者收缩形状的顶点来增大或者缩小形状的大小。
  - scale（s）：当函数只有一个参数时，表示对所画图形函数的所有参数进行缩放，包括坐标、宽、高、边框宽度等。其中，s为缩放的比例。
  - scale（x，y）：当函数有两个参数时，这两个参数x和y分别设置所画图形在X轴和Y轴方向上的缩放比例。
  - scale（x，y，z）：三个参数的情况是在3D模式下分别对所画图形在X轴、Y轴和Z轴方向上的缩放比例。

同其他属性设置一样，尺度的设置也应该放在画图函数的前面，即：先进行尺度缩放设置，再画图形。比如，scale（0.5）表示将下面所画的矩形的大小缩小至原来的0.5倍，此时不仅将矩形的宽和高缩小至原来的一半，由50变为25，其位置坐标也同时被缩小至原来的一半，缩放完毕的矩形实际变为rect（25，25，25，25）。

一旦我们调用缩放函数进行缩放设置，其后所绘制的所有图形都会被执行该缩放操作；并且，我们使用多个scale（ ）函数进行多次缩放操作时，后一个缩放操作是在前一个缩放的基础上继续进行缩放的，具体来看下面这个案例。

○案例5-11：

对画布上的白色圆形进行缩放，设置扩大后的圆为红色，缩小后的圆为蓝色（运行结果如图5-10所示）。

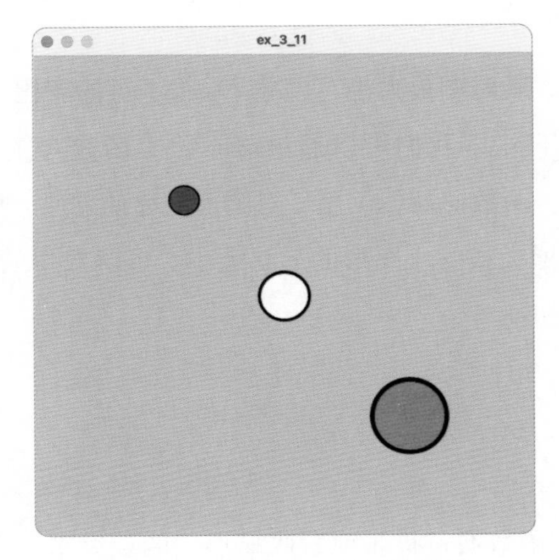

图5-10　案例5-11运行结果图

• 代码5-11：

```
size(500, 500);
strokeWeight(3);
fill(255, 255, 255);
ellipse(250, 250, 50, 50); //(1)

fill(255, 0, 0);
scale(1.5);
ellipse(250, 250, 50, 50); //(2)

fill(0, 0, 255);
scale(0.4);
ellipse(250, 250, 50, 50); //(3)
```

分析：同样的绘图函数ellipse（250，250，50，50），画布上白色的小球为未经过缩放的原始球。在分别经历两次缩放操作后，我们分别绘制出如图5-10所示的蓝色的小球和红色的小球。scale（1.5）将图形扩大1.5倍，小球从ellipse（250，250，50，50）扩大为ellipse（375，375，75，75）。在此基础上，继续调用scale（0.4）函数，在当前图形大小的基础上将之后所绘制的小球缩小0.4倍，即从ellipse（375，375，75，75）缩小为ellipse（150，150，30，30）。从结果图5-10中不难发现，分别经历两次缩放操作之后，不仅小球的位置和大小发生了相应变化，小球的边框宽度也发生了相应缩放。

需要强调的是，从上面的结果中我们不难发现，连续使用多个scale（s）函数时，它们之间是承继的关系，即：当前的scale（s）函数是在上一个scale（s）函数缩放之后的基础上继续进行缩放的，而不是针对原始的未经过任何缩放之前的图形。

5.4 画布的旋转运动

回顾一下前面的章节中我们所讲的运动，无论直线运动，还是曲线运动，这些运动形式均有一个共同的特点，就是通过不断改变小球或其他目标在画布上的位置坐标来实现其各种运动形式，而画布本身是静止不动的。下面，我们来给大家介绍另外一种运动模式，即目标本身保持静止。换句话说，就是目标在画布上的位置坐标没有发生改变，而是通过画布的运动来引起目标的运动。

知识点：

rotate（r）函数专门用于对画布的旋转操作（顺时针）。其中，参数r设置旋转的角度。这里，r要求用弧度表示。此时，画布上的图形本身相对于画布并没有发生旋转，而是画布自身旋转带动了画布上图形的旋转效果。

- rotate（angle）：该函数只有一个参数angle，用来设置画布每次旋转的角度，由弧度来表示，取值范围是0-TWO_PI，我们依旧可以通过radians（ ）函数将角度转换为弧度。需要说明的是，该旋转是以画布坐标系的原点为轴心进行的。如果参数angle的值大于0，画布就会按顺时针方向旋转；相反，如果参数angle的值小于0，画布则会按逆时针方向旋转。我们既可以连续调用多个rotate（ ）函数来实现旋转，也可以一次性完成多次连续旋转。比如，第一次将画布旋转PI/4.0，即rotate（PI/4.0），紧接着第二次又将画布旋转PI/4.0，那么两次总共旋转PI/2.0，即rotate（PI/2.0）。也就是说，第一次旋转完之后画布坐标系并没有恢复到原始状态，第二次旋转是在第一次旋转之后的基础上进行的。只有当draw（ ）函数重新运行时，画布坐标系才会恢复到原始位置重新开始旋转。

- rotateX（angle）：画布绕X轴旋转，参数及用法同rotate（ ）函数。
- rotateY（angle）：画布绕Y轴旋转，参数及用法同rotate（ ）函数。
- rotateZ（angle）：画布绕Z轴旋转，参数及用法同rotate（ ）函数。

需要说明的是，rotateX（angle），rotateY（angle）和rotateZ（angle）函数针对的是3D模式下画布的旋转，即我们在设置画布大小时加上参数“P3D”，size（100，100，P3D）。

与其他的属性设置一样，旋转操作也应放在绘图函数的前面，即：先进行旋转操作，再画图形。并且，所画图形的位置坐标为旋转前其在画布上的位置坐标。另外，与scale（ ）函数相似，程序中使用多个旋转函数时，每次旋转都是具有承继性的，即：后一次的旋转是在前一次旋转的基础上继续旋转的，而所有的画图函数中图形的位置坐标都是原始坐标系下的位置坐标。下面，我们通过一个案例来具体看一下rotate（ ）函数的用法。

○ 案例5-12：

画两个正方形，要求这两个正方形以其左上角顶点为轴心，绕画布原点分别旋转30°和60°（运行结果如图5-11所示）。

- 代码5-12：

```
size(200, 200);
background(0);
fill(255, 0, 0);
rotate(PI/6.0);
rect(0, 0, 100, 100);
fill(255, 255, 0);
rotate(PI/6.0);
rect(0, 0, 100, 100);
```

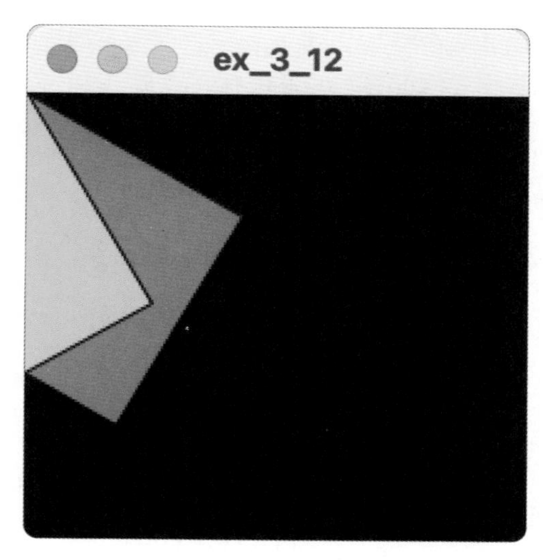

图5-11 案例5-12运行结果图

分析：如同颜色、线条粗细等属性的设置顺序一样，旋转角度的设置也应该放在画正方形函数的前面，即：先旋转，再画图，且所画图形的位置坐标仍按照旋转前的原始坐标的位置来设置。如代码5-12所示，先画第一个旋转30°的正方形，即将画布沿顺时针方向旋转30°；然后画第一个正方形，注意矩形的位置坐标为（0，0）；接下来，在此基础上继续沿顺时针方向将画布旋转30°。此时，画布针对原始坐标系已经旋转60°。接着，画第二个正方形。如图5-11所示，右边为第一个画的红色正方形，即旋转30°的正方形，左边为第二个画的黄色正方形，即旋转60°的正方形。我们会发现第二个正方形的坐标也是（0，0）。也就是说，rotate（ ）函数只是对画布本身，即对画布进行了旋转，而画布上图形的绝对位置并没有发生改变。这与前面讲过的小球的运动有所不同，前面我们介绍的是目标本身位置的变化引起的运动，属于矩形的绝对运动。而这里我们讲的矩形是静止的，发生运动的是画布，属于矩形的相对运动。这种运动形式不需要考虑图形目标的位置如何变化，只需要简单的旋转画布即可。

○案例5-13：

以正方形左上角顶点为轴心，让正方形绕画布的原点做旋转运动（运行结果如图5-12所示）。

图5-12　案例5-13运行结果图

- 代码5-13：

```
float angle=0.0;
void setup( ){
  size(300, 300);
  background(125);
}
void draw( ){
  fill(255, 0, 0);
  rotate(radians(angle));
  rect(0, 0, 100, 100);
  angle+=5.0;
}
```

分析：借助draw( )函数循环运行的特点，draw( )函数每运行一次，旋转的角度就会增加一定的值。在程序中，我们需要一个变量来记录和控制画布旋转角度的变化，这个变量就是程序中float类型的变量angle。随着draw( )函数不断运行，画布每次旋转radians(5.0)，而rect( )函数中每次画的正方形的位置并没有发生变化。

【课堂练习】

以正方形的中心为轴心，让正方形绕画布原点顺时针旋转运动。

5.5 画布的平移运动

在上面的案例中，正方形是绕画布坐标原点进行旋转的。那么，如何改变画布的旋转轴心是我们下面要讨论的内容。在Processing语言中，translate（ ）函数用来实现画布平移运动。该函数通过改变画布坐标原点的位置来移动画布，即通过上下左右平移画布坐标系来实现画布移动，从而带动画布上图形的运动。

知识点：

- translate（x，y）：第一个参数x用来设置画布坐标系沿水平的X轴方向所平移的长度。若x大于0，坐标系向右平移；反之，若x小于0，坐标系向左平移。第二个参数y用来设置画布坐标系沿垂直的Y轴方向所移动的长度。若y大于0，坐标系向下平移；反之，若y小于0，坐标系向上平移。平移完成后，当前画布的坐标原点便转移到原始画布坐标系中（x，y）的位置。因此，在案例5-15中，尽管绘制矩形的函数均为rect（0，0，50，50），但这些矩形在画布上的位置并不相同。

- translate（x，y，z）：该平移函数是针对3D模式下画布坐标系的平移，除了要设置水平和垂直方向上的平移长度，还要设置3D画布沿Z轴方向的平移长度，若z大于0，则坐标系沿Z轴正向平移；反之，若z小于0，则沿Z轴逆向平移。

在程序中，当我们调用translate（ ）函数进行坐标系的平移后，接下来的语句均是在新的画布坐标系下执行的。若我们继续调用translate（ ）函数，此次平移则是在上一次平移之后的基础上继续进行的。换句话说，rotate（ ）函数和translate（ ）函数均具有累积性，只有当draw（ ）函数重新开始运行时，画布的坐标系才会恢复到原始的位置。

○案例5-14：

以正方形的中心为轴心，让正方形绕画布的中心顺时针旋转运动（运行结果如图5-13所示）。

图5-13　案例5-14运行结果图

• 代码5-14：

```
float angle=0.0;
void setup( ){
  size(300, 300);
  background(125);
  rectMode(CENTER);
}
void draw( ){
  fill(255, 0, 0);
  translate(150, 150);
  rotate(radians(angle));
  rect(0, 0, 100, 100);
  angle+=5.0;
}
```

分析：在上一个课堂练习中，正方形是以其中心点为轴心绕画布的原点进行旋转的。而在本案例中，保持旋转不变的前提下，将正方形旋转的轴心从坐标原点平移到画布的中心即可。Processing语言中有一个专门用来进行画布坐标系平移的函数，即translate（x，y）函数，通过左右上下平移画布的中心来改变画布坐标原点的位置，从而实现画布上图形的位置变化。在代码5-14中，translate（150，150）表示将画布坐标系分别向右和向下平移150个像素点的长度。此时，画布的原点便被平移到原画布中心点的位置。图5-13为本案例的运行结果图。

注意：在程序中，当我们调用translate（ ）函数进行画布坐标系的转移后，其后的语句均是在新的坐标系统下执行的。

○案例5-15：

通过多次调用translate（ ）函数用相同的矩形函数在不同的位置画不同的正方形（运行结果如图5-14所示）。

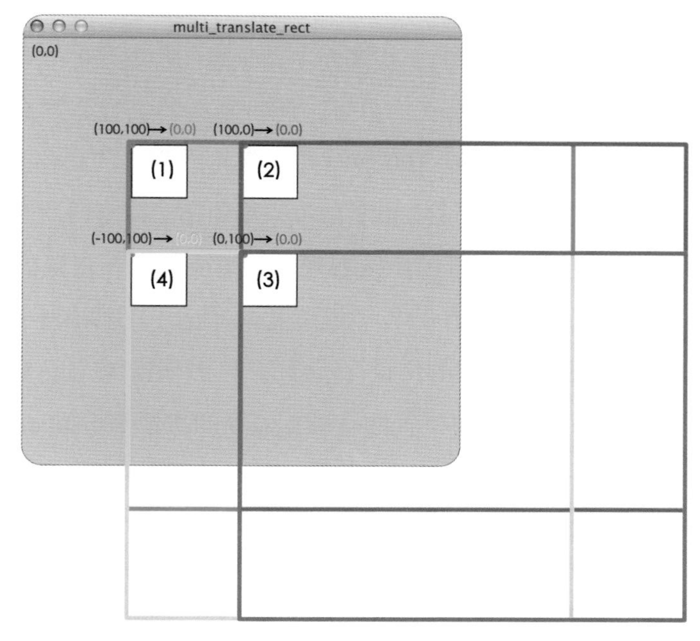

图5-14 案例5-15运行结果图

• 代码5-15：

```
size(400, 400);
translate(100, 100); //(1)
rect(0, 0, 50, 50);
```

```
translate(100, 0); //(2)
rect(0, 0, 50, 50);
translate(0, 100); //(3)
rect(0, 0, 50, 50);
translate(-100, 0); //(4)
rect(0, 0, 50, 50);
```

分析：从代码5-15及其结果中我们不难发现，画布上的四个不同位置的矩形在程序中使用的是同一条画矩形语句“rect(0，0，50，50);”。显然，在经历若干次translate( )平移后，矩形的位置在不断发生改变。初始状态下，画布的原点坐标在画布的左上角顶点的位置；经过第一次平移之后，画布的原点被转移到原始画布（100，100）的位置，即画布分别向下和向右平移100个单位。因此，在画第一个矩形时，矩形左上角顶点的位置（0，0）指的是经过第一次画布平移后新的原点所在的位置，此时画布的位置如图5-15中红色虚线框所示。第二次平移translate(100，0)是在第一次平移的基础上，即从红色虚线框的位置开始继续向右平移100个单位，得到第二次平移后新位置下的画布，如图5-15中绿色虚线框所示。接下来，在当前新画布位置的基础上做第三次坐标的平移translate(0，100)，即继续将画布向下平移100个单位，此时画布被平移到黄色虚线框所在的位置，所画的第三个矩形在黄色画布左上角顶点的位置。最后，在黄色画布位置的基础上做第四次平移translate(–100，0)，即将画布继续向左平移100个单位，得到蓝色虚线框所在的位置，同样的语句画第四个矩形。

5.6 画布的运动组合

前面讲到的关于画布的旋转和平移运动函数，不仅可以单独调用实现某一种运动，也可以组合调用不同的运动形式而实现更为复杂的运动。

○案例5-16-1：

画布的运动组合变换一（运行结果如图5-15所示）。

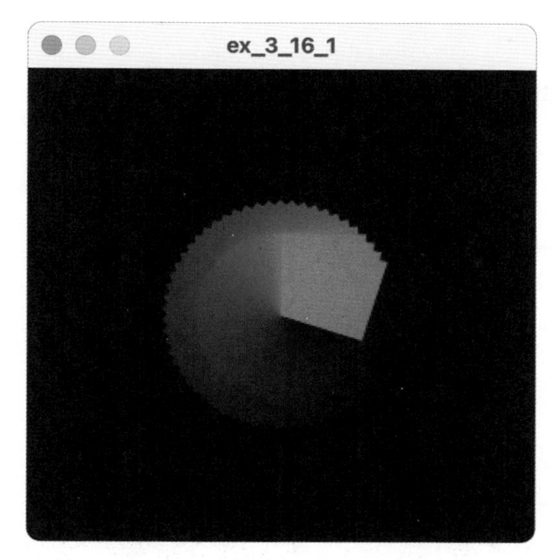

图5-15　案例5-16-1运行结果图

• 代码5-16-1：

```
float a=0.0;
void setup( ){
  size(300, 300);
  noStroke( );
}
void draw( ){
  fill(0, 10);
  rect(0, 0, width, height);
  translate(width/2, height/2); //平移坐标系原点至画
布中心
  rotate(a); //将画布沿当前原点旋转角度a
  fill(255, 0, 0);
  rect(0, 0, 50, 50);
  a+=0.1; //随着draw( ) 函数的运行画布旋转角度每次加0.1
}
```

○ 案例 5-16-2：

画布的运动组合变换二（运行结果如图 5-16 所示）。

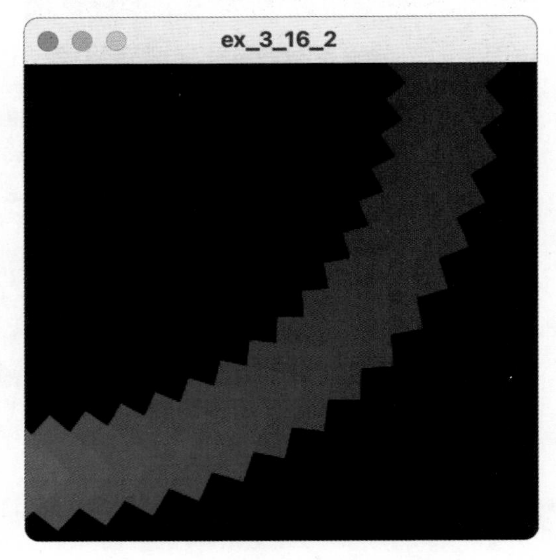

图 5-16　案例 5-16-2 运行结果图

• 代码 5-16-2：

```
float a=0.0;
void setup( ){
  size(300, 300);
  noStroke( );
}
void draw( ){
  fill(0, 10);
  rect(0, 0, width, height);
  rotate(a); //将画布沿原始坐标原点旋转角度a
  translate(width/2, height/2); //再将画布坐标原点平移到原
画布的中心
  fill(255, 0, 0);
  rect(0, 0, 50, 50);
```

```
    a+=0.1; //随着draw( ) 函数的运行画布旋转角度每次加0.1
}
```

分析：该案例中，我们既使用了translate（ ）变换，也使用了rotate（ ）变换，而对比代码5-16-1和代码5-16-2我们会发现，交换这两个变换函数的顺序会产生不同的运行结果。如图5-17所示，图（a）为先做translate（ ）变换，再做rotate（ ）变换的结果；图（b）为先做rotate（ ）变换，再做translate（ ）变换的结果。在代码5-16-1中，先将画布坐标原点平移到（width/2，height/2），即画布中心的位置，再旋转画布。因此，矩形rect（0，0，50，50）是在新坐标系下绕新的坐标原点旋转的，如图5-17（a）所示。而在代码5-16-2中，先将原始坐标系进行旋转操作，然后在旋转的基础上对坐标系进行平移。此时，矩形则会在旋转后又平移到新的坐标系下运动，如图5-17（b）所示。

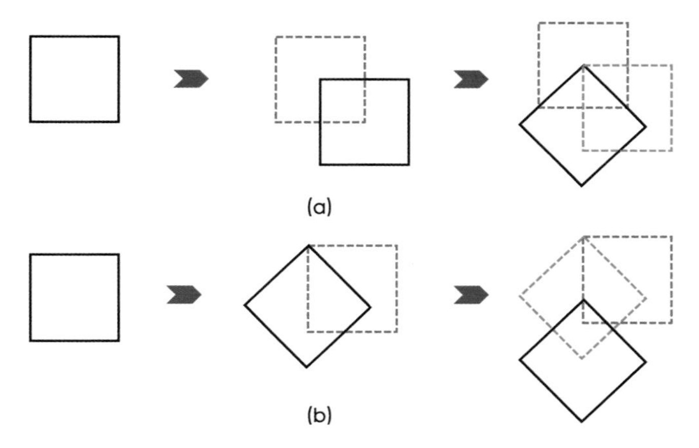

图5-17　不同变换顺序的变化示意图

通过案例5-16-1和5-16-2，我们会发现不同的变换函数在程序中出现的位置不同，所产生的结果也会大相径庭。因此，我们在连续使用多个不同的变换函数时要注意这些函数在程序中出现的顺序。

上面的案例中，我们向大家介绍了三种图形的变化：旋转rotate（ ）、转移translate（ ）和缩放scale（ ）操作，需要说明的是，如果我们在draw（ ）函数中调用这些变换函数对图形进行相应的操作，draw（ ）函数重新启动时才能恢复已有的操作，恢复到原始状态。为了避免这种情况，Processing语言中有一组可以即时控制和恢复上述各种操作的函数pushMatrix（ ）和popMatrix（ ）。换句话说，由于各种变换函数的累积特性，我们只有在重新运行draw（ ）函数时才能将画布坐标系恢复到原始位置，如果我们需要在程序中对不同的图形设置不同的变换，则可以通过一组控制变换函数pushMatrix（ ）和popMatrix（ ）来分别记录和恢复每次变换。

知识点：

- pushMatrix（ ）：记录所做的变换。
- popMatrix（ ）：恢复所做的变换。

下面，我们通过一个图来了解一下pushMatrix（ ）和popMatrix（ ）之间的对应关系。

如图5-18所示，假设有一个只有一人宽的封闭通道，即：该通道一次只能通过一个人，且通道的一端是封闭的，也就是我们平时常说的“死胡同”。有四个人按照P1→P2→P3→P4的顺序依次进入该通道，由于通道宽度有限，如果这四个人想走出通道，走出的顺序必定与进入的顺序相反，即按照P4→P3→P2→P1的顺序依次走出。控制转换函数的多次嵌套使用也遵循这个原则，即：后转换的先被恢复，而先转换的后被恢复，且多个连续转换之间具有累积性。每调用一次pushMatrix（ ）都会有一个popMatrix（ ）来恢复这次转换。也就是说，这两个函数通常会成对出现。

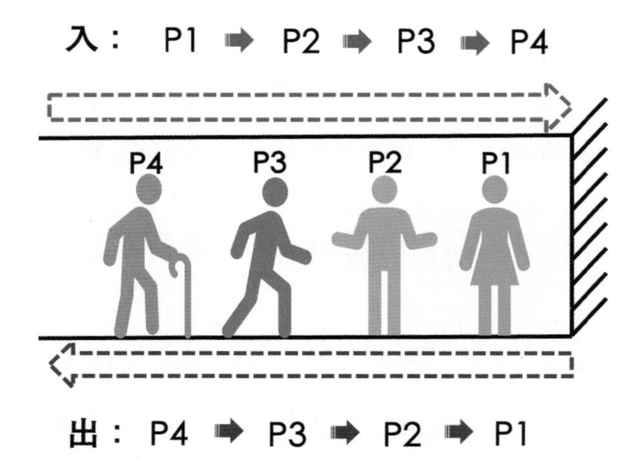

图5-18 pushMatrix（ ）和popMatrix（ ）之间的对应关系解释图

如图5-19所示，依次进行三次转换，分别调用三个pushMatrix（　）来记录。那么，调用popMatrix（　）恢复转换时则是按照相反的顺序进行的，先恢复“变换3”，然后恢复“变换2”，最后调用popMatrix（　）来恢复最先进行变换的“变换1”。在此强调一遍，popMatrix（　）需要和pushMatrix（　）配套使用，单独使用popMatrix（　）是没有意义的。

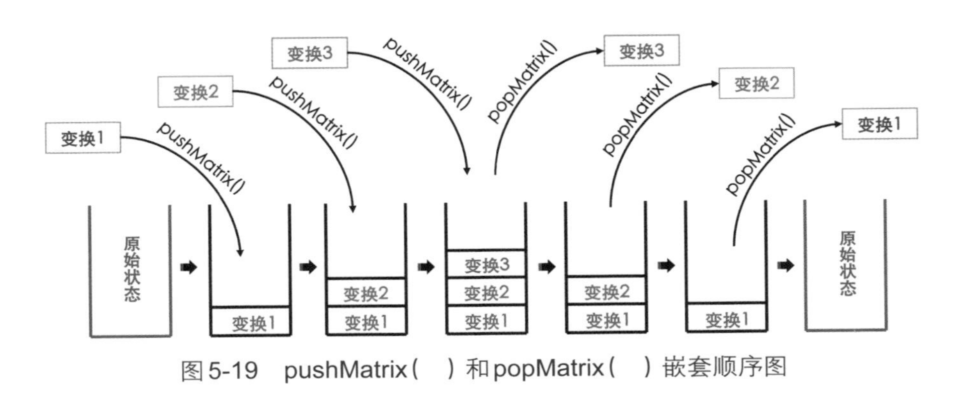

图5-19　pushMatrix（　）和popMatrix（　）嵌套顺序图

○案例5-17：

如何让画布上的两个矩形分别沿不同的坐标轴进行旋转?（运行结果如图5-20所示）

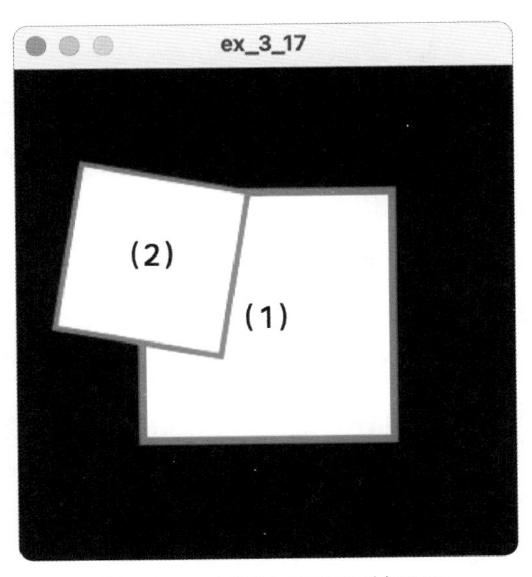

图5-20　案例5-17运行结果图

• 代码5-17：

```
void setup( ){
  size(300, 300);
  rectMode(CENTER);
  stroke(255, 0, 0);
  strokeWeight(3);
}
void draw( ){
  background(0);
  pushMatrix( );
  scale(1.5);
  rect(100, 100, 100, 100); //(1)
  popMatrix( );
  pushMatrix( );
  rotate(radians(10));
  rect(100, 100, 100, 100); //(2)
  popMatrix( );
}
```

分析：由于rotate( )函数连续使用的承继性，对第一个矩形进行旋转操作之后，我们无法阻止此次操作对第二个矩形的影响。也就是说，第二个矩形生来就具备与第一个矩形同样的旋转属性。这就需要我们想办法消除第一次旋转操作对第二个矩形的影响。pushMatrix( )和popMatrix( )便具有这样的功能。我们称这组函数为控制变换矩阵，即用来控制各种变换操作的开始与结束。其中，Matrix是“矩阵”的意思，即“数表”的意思，具体来讲是一个按照行列排列在一起的数的集合。比如，记录数字图像的数表即为一个矩阵，而变换矩阵指的是描述如何在屏幕上绘制几何图形的一组数列。前面讲过的rotate( )和translate( )函数均为变换函数，此类函数可以改变画布这个数表中的数值，从而改变画布上图形的位置。这类函数具有累积功能。通常，只有在重启draw（ ）函数的情况下才可以将画布坐标恢复到原始状态。pushMatrix（ ）和popMatrix（ ）函数则可以改变这种情况，从而灵活地在draw（ ）函数中使用各种变换函数，消除各个变换函数之间的承继关系。

在案例5-17中，使用pushMatrix（ ）和popMatrix（ ）函数分别将scale（ ）和rotate（ ）转换函数孤立开来，消除了二者之间的承继关系。下面我们再通过两个例子来体会一下这对函数的用法：

例1：

```
size(300, 300);
background(100);
stroke(255, 0, 0);
translate(100, 100);
rect(0, 0, 45, 45); //(1)
rect(0, 50, 45, 45); //(2)
```

例2：

```
size(300, 300);
background(100);
stroke(255, 0, 0);
pushMatrix( );
translate(100, 100);
rect(0, 0, 45, 45); //(1)
popMatrix( );
rect(0, 50, 45, 45); //(2)
```

比较这两个例子的运行结果，例1中未调用控制变换函数，而例2中调用了控制变换函数。例1中两个矩形都是在平移后的坐标系下进行绘制的，二者具有相同的左上角顶点x坐标，如图5-21（a）所示。而例2中，pushMatrix（ ）记录了translate（ ）平移的过程，在画完第一个矩形后，调用popMatrix（ ）函数将转移后的坐标系统恢复到原始画布坐标的位置。因此，第二个矩形是在原始坐标系下进行绘制的，如图5-21（b）所示。如果我们想进一步控制各种变换操作，还可以多次嵌套调用这组控制变换函数。需要说明的是，pushMatrix（ ）应放在转换函数的前面，才能保证记录下此次变换过程，接下来的程序中一旦出现popMatrix（ ）函数，刚刚被记录下来的转换过程就会被恢复。

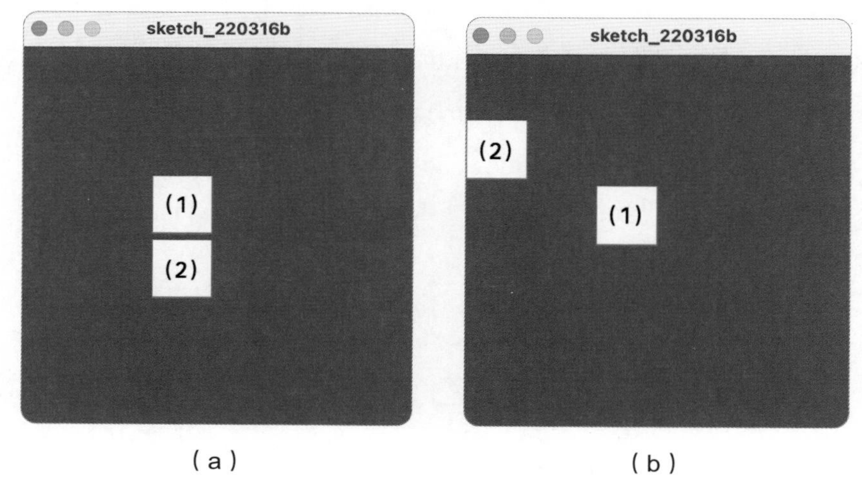

图5-21 （a）为例1结果图，（b）为例2结果图

下面我们来看一个多次嵌套调用控制变换函数的案例。

○案例5-18：

多次嵌套调用控制变换函数（运行结果如图5-22所示）。

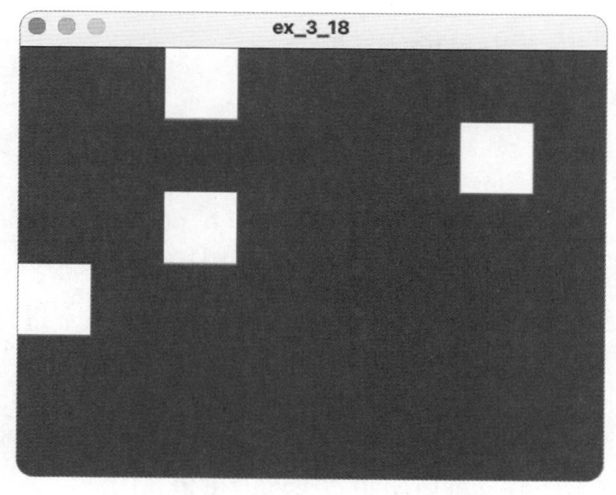

图5-22 案例5-18运行结果图

• 代码5-18：

```
size( 400, 300 );
background( 100 );
stroke( 255, 0, 0 );
pushMatrix(  ); //记录第一次转移（a）
translate( 100, 0 ); //执行第一次转移，即将画布坐标系向右平移100个像素
rect( 0, 0, 50, 50 ); //在当前坐标系下画第（1）个矩形
pushMatrix(  ); //记录第二次转移（b）
translate( 200, 0 ); //在当前坐标系下执行第二次转移，即又将画布坐标系向右平移200个像素
rect( 0, 50, 50, 50 ); //在转移两次之后的画布坐标系下画第（2）个矩形
popMatrix(  ); //消除第二次的转移操作（b），此时坐标系恢复到第一次转移完成后的位置
rect( 0, 100, 50, 50 ); //在当前的坐标系下画第（3）个矩形
popMatrix(  ); //消除第一次的转移操作（a），此时坐标系恢复到原始画布坐标系的位置
rect( 0, 150, 50, 50 ); //在当前的坐标系下画第（4）个矩形
```

分析：在这个案例中，我们总共用了两次坐标系平移，分别用了两组控制变换函数pushMatrix（ ）和popMatrix（ ）来记录和恢复这两次平移，而需要具体说明的是这两个嵌套使用的控制转换函数之间的顺序和配对问题。本案例中，我们连续调用了两次pushMatrix（ ）来记录连续两次平移，第一个pushMatrix（ ）记录了第一次坐标平移translate（100，0），此时并没有调用popMatrix（ ）来消除第一次平移，而是继续调用pushMatrix（ ）记录第二次坐标平移translate（200，0）。因此，第二次平移是在第一次平移的基础上进行的，相对于画布原始坐标，此时的坐标系已累计向右平移300个像素的位置。接下来，第一次调用popMatrix（ ），用来恢复最近一次所记录的平移操作，即第二

次平移将坐标系恢复到第一次平移后的位置。第二次调用popMatrix( )恢复的是第一次记录的平移操作。到此位置，程序共经历了两次平移和两次恢复，重新回到原始画布坐标系的位置。

【课堂练习】

1. 使用组合变换函数实现矩形块的直线运动。

2. 使用组合变换函数实现矩形块的旋转运动。

第 6 章　视频的处理

【本章重点】

1. 掌握现有视频以及实时捕捉视频的载入、播放等基本操作函数。

2. 掌握视频的简单处理操作。

【本章难点】

视频的运动捕捉、马赛克处理、目标跟踪等问题。

【本章学习目的】

可以对现有视频以及实时捕捉的视频进行基本的简单处理与操作。

视频，可以理解为动态的图像，是由一帧一帧连续的静态图像组合而成的，对视频的处理最终也将归结为对每个视频帧（即静态图像）中每个像素点的处理。

6.1 视频的播放

播放视频是视频处理中最基本的操作，主要包括已有视频的操作和实时捕捉视频的操作。同图像类似，视频类型的变量其实也是一个对象，也可以有各自的域和方法。Processing 语言中有一个专门针对视频处理的函数库，我们在程序中使用这些库函数对视频进行处理前需要先导入该视频库，可以通过语句“import processing.video.*；”导入该库中所有的函数，也可以手动通过 Sketch 菜单下的“Import Library...”选项来导入函数库。需要说明的是，在该菜单栏下面，我们不仅可以通过“Import Library...”导入已有的库，还可以通过“Add Library...”来添加当前版本的Processing中所没有的新的函数库。

6.1.1 已有视频的操作

我们通过一个案例来了解一下最简单、最基础的视频操作——已有视频的播放。注意：我们需要先将所要播放的视频存放到默认路径data文件夹中。

○ 案例6-1：

载入并播放一段已有的视频文件（运行结果如图6-1所示）。

图6-1　案例6-1运行结果图

• 代码6-1：

```
import processing.video.*; //导入视频库
Movie v; //创建视频对象v
void setup( ){
  size(300, 300);
   v=new Movie(this, "v1.mp4"); //载入视频并初始化视频对象
   v.loop( ); //调用视频类中的loop( )方法，使视频能够循环播放
}
  void movieEvent(Movie v){//视频事件，当有可用视频时触发该事件
```

```
  v.read( ); //读入视频帧
}
void draw( ){
  image(v, 0, 0, 300, 300); //播放视频v
}
```

分析：Processing语言有一系列针对视频的函数库，我们在使用这些库中的函数之前需要先告诉计算机程序中需要调用这个库中的函数。如代码6-1中第1行所示，“import”为载入某个库的关键字，“processing”代表载入的是Processing语言的函数库，“video”是指Processing语言函数库中的视频库，而“*”则表示要载入视频库中的所有内容。这里出现了一个新的概念，即库（Library）的概念，指的是一个或多个类和函数组合在一起来扩展Processing语言现有的功能。换句话说，我们可以将库看作一个存放类和函数的仓库。前面讲过，我们可以手动输入该语句来导入一个库，也可以通过Sketch菜单下的“Import Library...”选项来添加程序中所需要的库。这里，我们既可以添加系统中已有的库，也可以通过“Add Library...”；添加当前版本的Processing软件中所没有的库。比如，Processing 3.0和4.0版本中并没有自带视频库，需要我们通过这种手动方式添加进来；而Processing 2.0中则自带视频库，不需要手动载入。

在载入视频库之后，我们便可以声明视频类的对象。如代码6-1中第2行所示，声明视频类Movie的对象movie，其中“Movie”为视频类的类名，而“movie”为我们自己定义的视频对象的名字。通常，我们在setup（ ）中载入视频并初始化视频对象，如代码6-1第5行所示。其中，“new”为新创建一个对象的关键字，“this”为指向当前这个视频对象的指针。当程序中出现多个视频对象时，“this”这个关键字可以用来区别当前对象与其他对象。.loop（ ）和.read（ ）为视频类的两个方法，分别用来实现视频的循环播放和读入可用的视频帧。movieEvent（ ）函数为视频事件函数，新的视频载入且可用时，会自动触发该事件，并在该事件中读入每一个视频帧。

知识点：

归纳起来，播放一段已有视频主要包括以下几个步骤：

1）将已有视频文件存放在与.pde文件同文件夹下的data文件夹内。

2）在程序中导入视频库："import processing.video.*；"。

3）创建视频对象："Movie v；"。

4）载入视频并初始化视频对象："v=new Movie（this，"v1.mp4"）；"。

5）判断视频可用性并读入视频帧，有两种判断方式。

方式一：在setup（ ）和draw（ ）函数之外调用movieEvent（ ）函数，即

```
void movieEvent(Movie v){
  v.read( );
}
```

方式二：不再调用movieEvent（ ）函数，而是在draw（ ）函数中使用if条件结构进行判断，即

```
if(v.available( )){ //如果视频有效则读入该视频
  v.read( );
}
```

6）播放视频："image（v，0，0，width，height）；"。

我们需要在画布上同时播放多段视频时，不仅需要创建多个视频对象分别载入这些视频，还需要分别判断这些视频的有效性。

○案例6-2：

在画布上的不同位置同时播放多段视频（运行结果如图6-2所示）。

• 代码6-2：

```
import processing.video.*;
Movie v1, v2, v3, v4; //分别创建四个视频对象
void setup( ){
  size(300, 300, P2D);
  v1=new Movie(this, "v1.mp4");
  v2=new Movie(this, "v2.mp4");
```

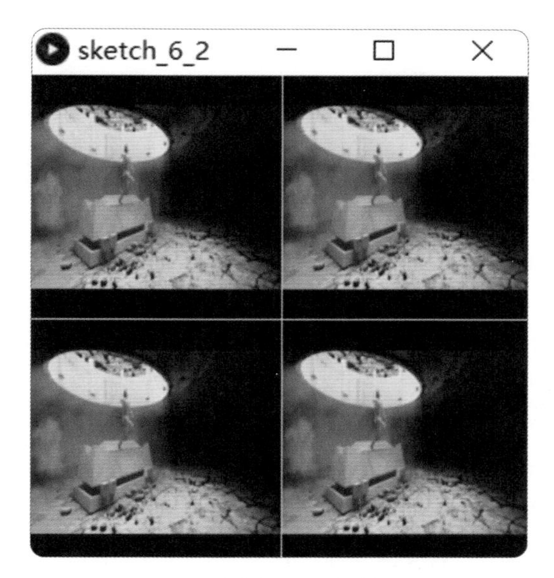

图6-2　案例6-2运行结果图

```
  v3=new Movie(this, “v3.mp4”);
  v4=new Movie(this, “v4.mp4”);
  v1.loop( );
  v2.loop( );
  v3.loop( );
  v4.loop( );
}
void movieEvent(Movie v){
  if(v==v1){ //判断当前的有效视频并读入其视频帧
    v1.read( );
  }
  else if(v==v2){
    v2.read( );
  }
  else if(v==v3){
    v3.read( );
```

```
    }
    else if(v==v4){
      v4.read( );
    }
}
void draw( ){
//分别在画布的不同位置播放这四段视频
  image(v1, 0, 0, 150, 150);
  image(v2, 151, 0, 150, 150);
  image(v3, 0, 151, 150, 150);
  image(v4, 151, 151, 150, 150);
}
```

分析：播放多个视频时需要创建多个视频对象来分别载入所要播放的视频。本案例中声明4个视频对象v1、v2、v3和v4来分别载入4段视频。当然，这些视频都要存放在data文件夹内。draw( )函数中分别用4个image( )函数在画布的不同位置播放这4段视频。在movieEvent( )函数中，用if条件语句来判断当前要播放的是哪一段视频。图6-2为本案例的结果图。

另外，我们还可以在播放视频的过程中选择不同的播放位置，即时间点。

○案例6-3：

如何选择视频文件不同的播放位置进行播放。

• 代码6-3：

```
import processing.video.*;
Movie v;
void setup( ){
  size(300, 300, P2D);
  v=new Movie(this, "v1.mp4");
  v.loop( );
}
```

```
void movieEvent(Movie v){
  v.read( );
}
void draw( ){
  float r=mouseX/float(width); //鼠标控制视频播放的时间点
  v.jump(r * v.duration( )); //将播放的视频跳至鼠标选择的
播放点
  image(v, 0, 0, 300, 300);
}
```

分析：本案例中，我们使用.duration( )方法记录所读取视频的长度，使用.jump( )方法设置将要跳至视频的时间点进行播放。

6.1.2 实时捕获视频的操作

在上面的案例中，我们给大家介绍了已有视频的读入与播放，而在交互设计中，对实时捕获视频的处理更为常见。

○ 案例6-4：

实时读取并播放摄像头捕获的视频（运行结果如图6-3所示）。

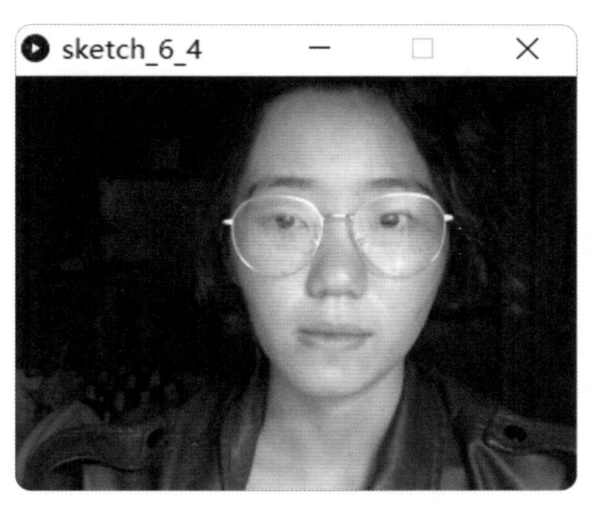

图6-3　案例6-4运行结果图

• 代码6-4：

```
import processing.video.*;
Capture video; //创建一个实时从摄像头等设备获取视频帧的对象
void setup( ){
  size(320, 240);
  video=new Capture(this, width, height, 30); //对象video的初始化
  video.start( ); //捕获视频开始
}
void captureEvent(Capture video){//视频捕获事件
  video.read( );
}
void draw( ){
  image(video, 0, 0); //播放所捕获到的视频内容
}
```

分析：捕获实时影像时，不再使用video库中的Movie类，而是使用Capture类，即：需要创建一个Capture类的对象，并对其进行初始化，如代码6-4第5行所示。Capture类通常用来存储和操作通过摄像头、相机等设备获取的视频帧。我们可以通过Capture.list( )方法来查看所连接的摄像设备的名称。与movieEvent( )事件用法相同，这里我们用captureEvent( )事件，有新的可用摄像头视频帧时，便会触发该事件，在其中调用.read( )方法读取每个所捕获的视频帧。同样，如果有多个视频捕获设备，则需要通过if条件语句来判断当前的可用帧来自哪个视频捕获设备。另外，我们也可以根据需要在draw( )函数中使用if条件语句来判断所捕获的视频是否可用，即“if(Capture.available( ))”。

6.2 对视频的处理操作

原则上讲，凡是之前讲过的对图像的处理操作，均可应用到视频中。当然，视频可以是已有视频，也可以是实时捕获的视频。

○案例6-5：

给实时捕获的视频上色（运行结果如图6-4所示）。

图6-4　案例6-5运行结果图

• 代码6-5：

```
import processing.video.*;
Capture v1;
void setup( ){
    size(320, 240);
    v1=new Capture(this, 320, 240, 35); //设置视频播放帧率为每秒钟35帧
    v1.start( );
}
void draw( ){
    if(v1.available( )){//判断捕获的视频帧是否有效
      v1.read( );
  }
  tint(0, random(255), 0);
  image(v1, mouseX, mouseY, 320, 240);
}
```

分析：本案例中，设置所捕获的视频的播放帧率为每秒钟播放35帧。不同于案例6-4，这里我们在draw（ ）函数中使用if条件语句来判断当前捕获的视频是否可用，随着draw（ ）函数不断运行而反复进行判断。与图像染色一样，我们也用tint（ ）函数给视频染色。

○ 案例6-6：

给实时捕获的视频打马赛克（运行结果如图6-5所示）。

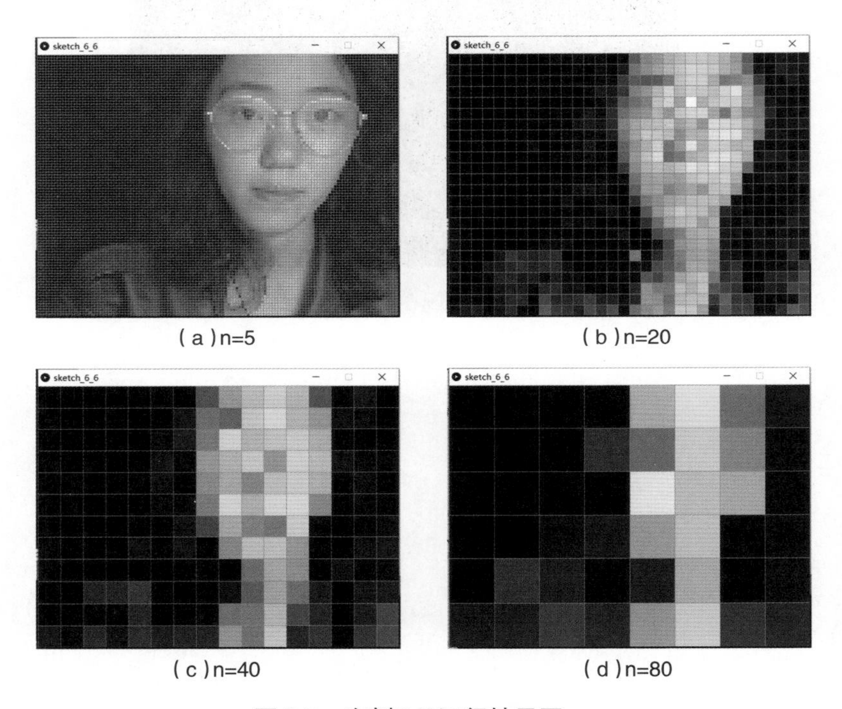

（a）n=5 （b）n=20
（c）n=40 （d）n=80

图6-5 案例6-6运行结果图

• 代码6-6：

```
import processing.video.*;
int c, r; //声明表示马赛克列数与行数的变量c和r
int n=40; //声明变量n，来记录每个马赛克的宽和高
Capture v1;
void setup( ){
  size( 640, 480 );
```

```
    c=width/n;
    r=height/n;
    v1=new Capture(this, c, r, 35);
    v1.start( );
  }
  void draw( ){
    if(v1.available( )){
      v1.read( );
    }
    v1.loadPixels( );
    for(int i=0; i<c; i++){
      for(int j=0; j<r; j++){
        int x=i*n;
        int y=j*n;
        color rectColor=v1.pixels[i+j*v1.width];
       fill(rectColor); //填充马赛克的颜色为其所在位置的像
  素点的颜色
        stroke(150);
        rect(x, y, n, n);
      }
    }
  }
```

分析：首先，我们要搞清楚视频马赛克的本质，所谓给视频打马赛克其实就是把每个像素点用同颜色的矩形来代替。程序中声明了两个变量c和r，分别来设置马赛克的列数与行数，即width/n和height/n，改变n值的大小可以改变马赛克的大小，即马赛克的密度，n越小，所打的马赛克就越密；反之，就会越粗，图6-5为n分别取5，20，40，80时的视频马赛克结果图。由于程序中需要对像素点进行处理，处理前应先载入每个视频帧中的像素点，即

v1.loadPixels( )。对于所要显示的每个马赛克而言，其填充的颜色为其右下角位置对应的像素点的颜色。我们可以给这些矩形块加上边框，也可以将其设置成无框的，以呈现不同样式的马赛克。当然，马赛克的形式还有很多种。比如，我们可以改变马赛克的形状，不用矩形，而用圆形、直线、曲线或者其他形状来代替，甚至我们还可以用字母、数字或者符号来代替矩形。

○案例6-7：

实时检测出视频中发生运动的像素点（运行结果如图6-6所示）。

图6-6　案例6-7运行结果图

• 代码6-7：

```
import processing.video.*;
int th=30;
Capture v1;
PImage prevFrame;
void setup( ){
  size(320, 240);
  v1=new Capture(this, width, height, 30);
  v1.start( );
  prevFrame=createImage(v1.width, v1.height, RGB);
```

```
}
void draw( ){
  if (v1.available( )){
      prevFrame.copy(v1, 0, 0, v1.width, v1.height,
0, 0, v1.width, v1.height); //在读入新的视频帧之前，需
要保存当前帧的前一帧以便对比使用
      prevFrame.updatePixels( ); //从摄像头读入视频帧
      v1.read( );
  }
  loadPixels( ); //载入像素点
  v1.loadPixels( );
  prevFrame.loadPixels( );
  for (int x=0; x<v1.width; x++){
    for (int y=0; y<v1.height; y++){
     int loc=x+y*v1.width ; //计算像素点在像素点数组中的
位置
     color current=v1.pixels[loc]; //提取该像素点的颜色
信息
     color previous=prevFrame.pixels[loc]; //提取前一帧
对应位置像素点的颜色信息
        float currR=red(current);
        float currG=green(current);
        float currB=blue(current);
        float preR=red(previous);
        float preG=green(previous);
        float preB=blue(previous);
        float moveS=dist(currR, currG, currB, preR, preG, preB);
        if (moveS>th){
```

```
          pixels[loc]=color(255, 0, 0);
        } else {
          pixels[loc]=color(255, 255, 255);
        }
      }
    }
    updatePixels( );
  }
```

分析：从像素点变化的角度来讲，当运动发生时，相邻帧之间相对应位置的像素点的颜色、亮度等底层视觉特征会发生一定程度的改变。因此，逆向思考，我们可以通过判断和计算相邻帧之间对应位置像素点的差异来找出其中发生变化的点。在本案例中，我们分别记录下每一帧与其相邻的前一帧中每个像素点的颜色值，并计算其差值。差值大于某一阈值时，便可认为该像素点发生了变化。本程序中，我们将阈值th设置为30，也可以根据需要设置不同的阈值。阈值设置的越大表示检测到的像素点发生变化的程度越大。th=0表示只要像素点有任何一丁点儿变化均可以认为其发生了运动。当然，我们不仅可以通过颜色差值来判断发生运动的像素点，还可以通过亮度、色相等底层视觉特征来判断。大家可以试着修改一下本案例的代码，看检测结果会发生什么样的变化。图6-6为本案例检测结果图，其中红色像素点的部分为视频中发生运动的区域。

从上面的案例中我们不难发现，无论对图像的处理，还是对视频的处理，最终都将归结为对像素点的处理。

思考：如果我们已知视频中的背景图像，且背景在整个视频中不发生任何变化的情况下，是否可以通过上述相邻帧像素点比较的方法来检测出视频中运动的前景目标呢？

○案例6-8：

通过鼠标点击来选择所要跟踪的颜色，进而来跟踪实时捕获的视频中该颜色的目标区域（运行结果如图6-7所示）。

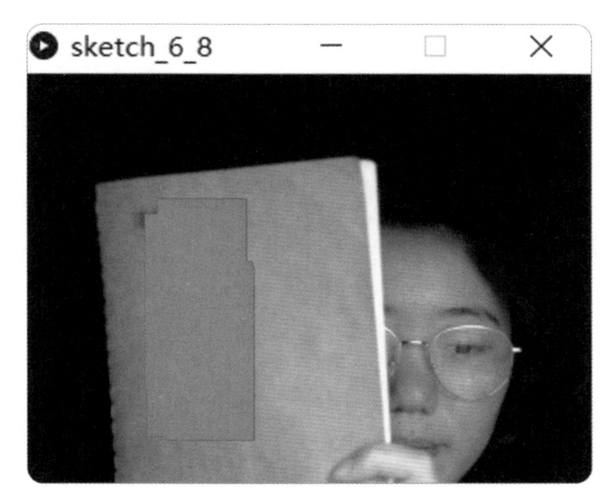

图6-7 案例6-8运行结果图

- 代码6-8：

```
import processing.video.*;
Capture v1;
color trackColor; //记录所要跟踪的颜色
void setup( ){
  size( 320, 240 );
  v1=new Capture( this, width, height );
  v1.start( );
   trackColor=color( 255, 0, 0 ); //设置所跟踪颜色的初始值为
红色
}
void captureEvent( Capture v1 ){
  v1.read( );
}
void draw( ){
  v1.loadPixels( ); //载入视频帧的像素点
  image( v1, 0, 0 );
  float colorRecord=500; //设置比较颜色，通常该变量的初始值
```

```
会设置的较大，以便通过比较更容易地找到颜色最接近所比较颜色的像素点
  int minX=0; //记录与比较颜色最接近的像素点的x坐标
  int minY=0; //记录与比较颜色最接近的像素点的y坐标
  //按行按列依次比较视频帧中的每一个像素点的颜色
  for (int x=0; x<v1.width; x++){
    for (int y=0; y<v1.height; y++){
      int loc=x+y*v1.width; //计算像素点在像素点数组中的位置
      color currentColor=v1.pixels[loc];
      float r1=red(currentColor);
      float g1=green(currentColor);
      float b1=blue(currentColor);
      float r2=red(trackColor);
      float g2=green(trackColor);
      float b2=blue(trackColor);
      float d=dist(r1, g1, b1, r2, g2, b2); //计算当前像素点的颜色与所要跟踪的颜色之间的欧式距离，函数dist( )用来求解两点之间的欧式距离
    //求视频帧中与所跟踪的颜色最接近的一个像素点
    if (d<colorRecord){
      colorRecord=d;
      minX=x;
      minY=y;
    }
  //如果与跟踪颜色最接近的像素点与所跟踪颜色的差小于15则用红色矩形跟踪该像素点
    if (colorRecord<15){
      noStroke( );
```

```
        fill(255, 0, 0, 20);
        rect(minX, minY, 50, 100);
        }
      }
    }
  }
//通过鼠标点击选中所要跟踪的颜色
void mousePressed( ){
  int loc=mouseX+ mouseY*v1.width;
  trackColor=v1.pixels[loc];
}
```

分析：所谓跟踪，指的是将目标区域一直限定在某些特征不变的像素点上，这些被跟踪的像素点具有不变的某种底层视觉特征，只要在每一帧中找到这些像素点即可。本案例中，我们通过鼠标单击选择所要跟踪的颜色，只要视频帧中像素点的颜色在该颜色附近，即颜色差值在某一阈值范围内（colorRecord<15），均为符合我们要求的像素点，也就是我们要跟踪的像素点。随着每一个新的视频帧的读入，不断地计算并找出每一帧中最符合要求的像素点即可实现该跟踪过程。图6-7为本案例跟踪结果图，点击鼠标选中视频中的红色目标，并用一个红色椭圆来实时跟踪所选中的目标。

知识点：Processing语言中常用的视频类及其方法

（1）Capture类

- available（ ）：当从视频捕获设备获取的新的视频帧有效时，该方法的返回值为“真”。
- frameRate（ ）：从视频捕获设备中获取视频帧的频率，即帧率。
- read（ ）：从视频捕获设备中读取当前帧。
- start（ ）：开始从所连接的设备中获取视频帧。
- stop（ ）：停止从所连接的设备中获取视频帧。

（2）Movie类

- available（ ）：当新的视频帧有效时，该方法的返回值为“真”。
- duration（ ）：以秒为单位，返回视频的长度，即时长。
- frameRate（ ）：设置从视频中读取视频帧的频率，即帧率。
- jump（ ）：跳转到视频中的某一个具体的位置。
- loop（ ）：循环播放一段视频。
- noLoop（ ）：如果一段视频处于循环播放状态，我们调用noLoop（ ）方法时，视频将在播放到最后一帧后停止循环播放。
- pause（ ）：在播放的过程中暂停视频的播放。
- play（ ）：开始播放一段视频，直到播放完最后一帧后停止。
- read（ ）：从视频中读取当前视频帧。
- speed（ ）：设置视频的播放速度。
- stop（ ）：停止播放一段视频。
- time（ ）：以秒为单位，返回视频播放头部的位置。

（3）视频事件

- captureEvent（ ）：实时捕获的视频帧有效时调用该事件。
- movieEvent（ ）：已有视频的新的视频帧有效时调用该事件。

【课堂练习】

1. 给实时捕捉的视频打马赛克，马赛克的形状自行设计。

2. 试着通过比较每个像素点周围颜色的差异，对视频的内容进行边缘检测。

【课后作业】

创作一段能够表现某种情绪或心情的视频。

第 7 章　交互

【本章重点】

1. 掌握基本的鼠标交互函数的使用。

2. 掌握基本的键盘交互函数的使用。

【本章学习目的】

通过鼠标、键盘交互函数以及具体的系统变量的使用，实现鼠标、键盘与画布上图形对象的互动。

Processing语言非常重要的功能之一就是进行交互设计。在前面的课程中，无论静态的图像，还是动态的视频，画布上的内容及其运动与我们之间是孤立的欣赏与被欣赏的关系。交互设计的一个至关重要的目的就是让画布上的内容与我们关联互动起来。交互（interaction），从字面意义上讲，就是互相交替的意思。大家对交互的概念并不陌生，我们平时的生活中也随处可见交互的身影。这里，我们要讲的交互指的是人机交互，即人与计算机交互。人通过计算机语言与计算机进行互动和交流。如图 7-1 所示，人给计算机输入指令，计算机在接收到人发出的指令后对该指令做出反馈并输出反馈结果。

平时，我们在操作计算机，换句话说，我们在与计算机进行对话时，常用的输入工具主要有鼠标、键盘、麦克风、摄像头、手绘板，以及目前交互艺术作品中常见的体感设备、红外设备等硬件设备。我们通过这些硬件设备将外界信息输入计算机中，并通过显示器、音箱等输出设备将反馈的信息输出给我们，进而实现人与计算机的互动与交流。本章中，我们主要给大家介绍如何通过鼠标、键盘和声音来与画布上的目标进行互动。

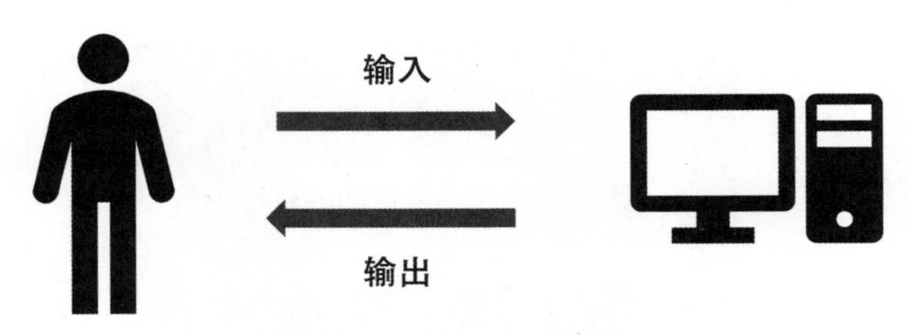

图7-1　人机交互示意图

7.1 与鼠标的交互

我们在操作鼠标时，会涉及选中、移动、拖动、单击、双击等基本动作。无论这类基本的操作，还是我们用鼠标当笔直接在屏幕上进行书写或绘画，很少有人会去思考计算机是如何识别出鼠标在画布上的位置以及这些具体动作的，而这些信息恰恰是人通过鼠标与计算机进行交互的关键点。下面，我们就来具体介绍一下用鼠标进行人机交互的相关内容。

7.1.1 系统变量mouseX和mouseY

通过前面章节的学习，再提到位置时，我们首先应该想到的是坐标系，计算机根据画布的坐标系分布即可确定画布上每个像素点的位置坐标。当鼠标在画布上运动时，Processing语言中有一组专门记录鼠标实时位置的系统变量，即鼠标的实时坐标（x，y）:（mouseX，mouseY）。这样，计算机便可以通过这组系统变量来得到鼠标在画布上的实时位置信息及其运动情况。

○ 案例7-1：

让椭圆小球跟随鼠标在画布上的移动而运动（运行结果如图7-2所示）。

• 代码7-1：

```
void setup( ){
  size( 500, 500 );
  background( 0 );
}
void draw( ){
  fill( 0, 50 );
```

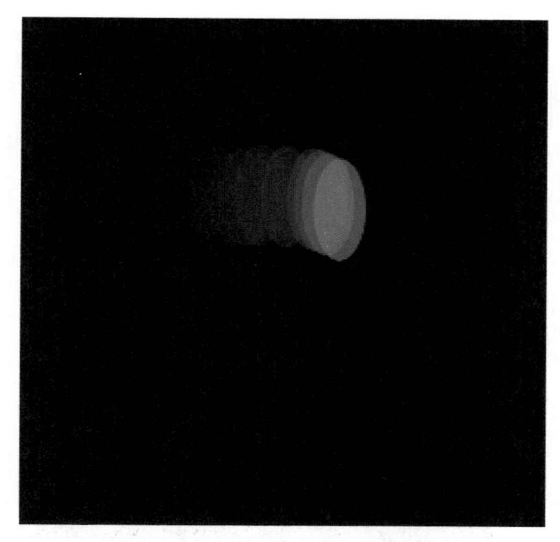

图7-2 案例7-1运行结果图

```
    rect(0, 0, width, height);
    noStroke( );
    fill(255, 0, 0, 200);
  ellipse(mouseX, mouseY, 50, 100); //用mouseX和mouseY控制小球的位置
    println(mouseX); //输出鼠标当前位置的x坐标
    println(mouseY); //输出鼠标当前位置的y坐标
  }
```

分析：前面静态篇中我们讲过，绘图函数ellipse(x，y，w，h)中的前两个参数用来告知计算机所画的椭圆在画布上的位置。本案例中，我们希望椭圆的位置随鼠标在画布上的位置变化而变化。程序运行时，我们用实时记录鼠标位置的系统变量mouseX和mouseY作为设置图形位置的参数。当鼠标在画布上运动时，(mouseX，mouseY)的值会随之发生变化，椭圆的位置则会随(mouseX，mouseY)的变化而变化。

通常，程序开始运行时，mouseX和mouseY的初始值均为0。随着鼠标在画布上的运动，这两个系统变量的值也会随之发生变化，实时记录下鼠标当前时刻在画布上的位置坐标。程序运行中，我们可以用println( )函数在控制台实时输出二者的值。需要说明的一点是，由于mouseX和mouseY记录的是实时变化的位置值，因此我们会借助draw（ ）函数自动反复运行的特点，在draw（ ）函数中使用这两个系统变量，以保证能够实时反馈鼠标当前在画布上的位置。如果在setup（ ）中使用这两个系统变量，或者我们在setup（ ）中调用noLoop（ ）函数，即draw（ ）函数只运行一遍，不重复执行，mouseX和mouseY的值将永远为0，不会发生任何变化。

○ 案例7-2：

多个小球随鼠标的运动而运动（运行结果如图7-3所示）。

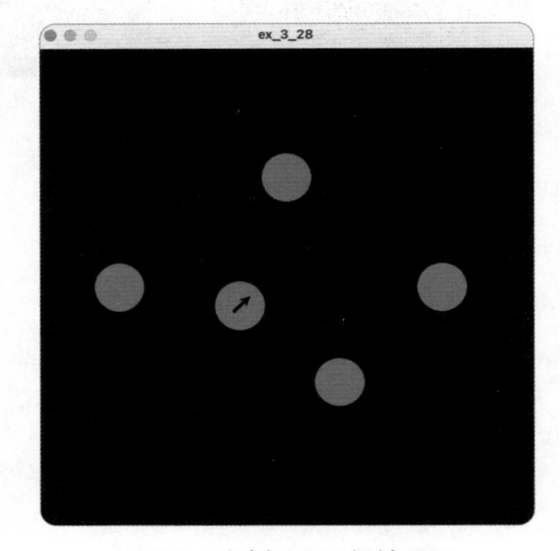

图7-3 案例7-2运行结果图

• 代码7-2：

```
void setup( ){
  size(500, 500);
  frameRate(15);
}
void draw( ){
  background(0);
  noStroke( );
  fill(255, 0, 0);
```

```
    float n=mouseX/float(width);
//四个矩形的位置均受到mouseX和mouseY的控制，每个矩形的位置随鼠标的运动间隔一定的距离
    ellipse(mouseX, mouseY, 50, 50);
    ellipse(mouseX+100, mouseY+80, 50, 50);
    ellipse(mouseX*2, 250, 50, 50);
    ellipse(250, mouseY/2, 50, 50);
    ellipse(pow(n, 2)*width, 250, 50, 50);
}
```

分析：如果同时让多个小球随着鼠标移动而运动，每一个小球的位置都应该与鼠标的位置相关，即与mouseX和mouseY有关。换句话说，只要所有小球的位置参数都与mouseX和mouseY相关，无论线性关系，还是非线性关系，这些小球都会随着鼠标移动而运动。该案例中，各个小球的位置与鼠标所在的位置有着各种不同的关联，我们既可以对鼠标当前的位置增加或减少一定的量，使两个小球之间永远保持着固定不变的距离，也可以通过乘除运算使两个小球之间的距离成倍增加或持续减半。当然，该案例只列出了最简单的多个小球之间的位置关系，我们还可以通过一些非线性函数，让这些小球之间的位置关系发生非线性变化与关联。如代码7-2中最后一条语句所示，其中pow（n，a）为幂函数，结果为n^a，即a个n相乘的结果。程序中n由mouseX确定，第五个小球的位置又由n确定，且经历了非线性函数pow（ ）的变换。因此，第一个与第五个矩形的位置与鼠标当前的位置之间产生了非线性关联。

另外，在本案例中我们在setup（ ）中调用了帧率函数frameRate（ ），来设置draw（ ）函数每秒钟播放的帧数，这里设置每秒钟播放的帧数为15帧，放慢了播放的频率，是为了让大家更好地观察每个小球的运动情况。默认情况下，每秒钟播放的帧数为35帧。

上面的案例中，我们用鼠标的运动来控制图形位置的变化，即图形在画布上的运动。也就是说，我们把控制图形位置的参数设置为记录鼠标当前位置的系统变量mouseX和mouseY即可。试想，如果我们把确定图形形状的参数设

置为与鼠标当前位置相关的变量，又会产生什么样的效果呢？很显然，在这种情况下，图形的形状会随鼠标移动而发生变化。

○ 案例 7-3：

圆的大小随鼠标移动而变化（运行结果如图 7-4 所示）。

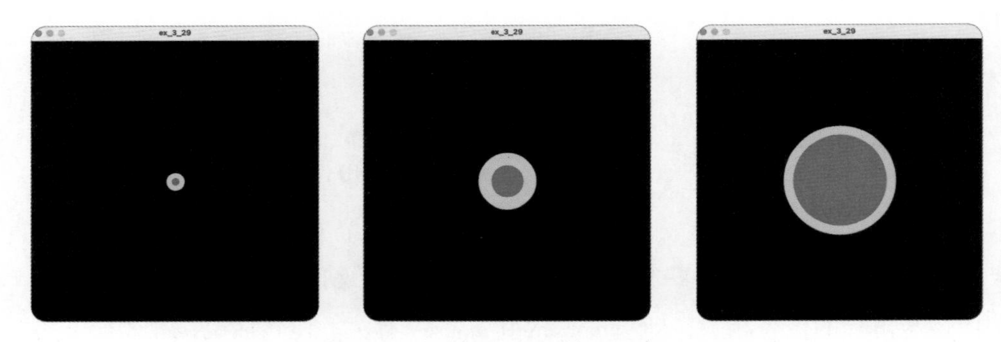

图 7-4　案例 7-3 运行结果示意图

• 代码 7-3：

```
void setup( ){
  size(500, 500);
  frameRate(20);
}
void draw( ){
  background(0);
  fill(255, 0, 0);
  stroke(255, 255, 0);
  strokeWeight(mouseY/10);
  ellipse(250, 250, mouseX/2, mouseX/2);
}
```

分析：本案例中，我们会发现，鼠标在画布上移动时，圆的边框宽度与圆的大小会随着鼠标移动而变化。从函数 strokeWeight（mouseY/10）与函数 ellipse（250，250，mouseX/2，mouseX/2）的参数可以看出，边框的宽度由鼠标在画布上的实时 y 坐标所控制，而圆的宽和高由鼠标在画布上的实时 x 坐标所控制。因此，鼠标在画布上移动时，mouseX与mouseY的值也会实时发生变化，进而会引起圆的边框宽度与圆的大小的变化。

同样的道理，圆的颜色也可以随鼠标的移动而发生改变。

○案例7-4：

圆的边框与填充颜色随着鼠标移动而变化（运行结果如图7-5所示）。

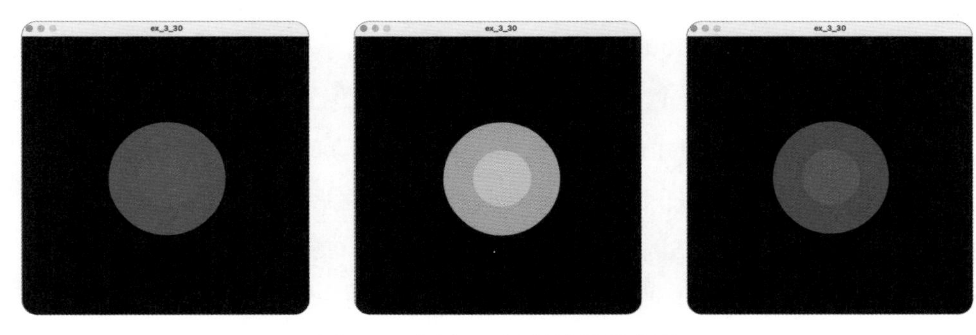

图7-5　案例7-4运行结果示意图

• 代码7-4：

```
void setup( ){
  size(500, 500);
  strokeWeight(50);
  frameRate(20);
}
void draw( ){
  background(0);
  float r=map(mouseX, 0, width, 0, 255);
  float g=map(mouseY, 0, height, 0, 255);
  float b=map(mouseX+mouseY, 0, width+height, 0, 255);

  fill(r, g, b);
  stroke(r, g, 0);
  ellipse(250, 250, 150, 150);
}
```

分析：本案例中，mouseX与mouseY分别作为控制颜色的参数。为了保证参数值在颜色取值范围0—255之间，我们调用了map（ ）函数将mouseX或mouseY的值从原始的0—width或0—height范围内映射到0—255之间。

简单来讲，我们想要鼠标的位置与图形的哪些属性发生关联，只需将该属性的参数设置为与mouseX或mouseY相关的值即可。

7.1.2 系统变量pmouseX和pmouseY

前面我们介绍了两个实时记录鼠标在画布上位置的系统变量mouseX和mouseY，这组系统变量的值会随着鼠标在画布上移动而实时发生变化。换句话说，这组系统变量只能记录当前时刻鼠标在画布上的位置值。Processing语言中还有一组类似的系统变量pmouseX和pmouseY，来记录当前时刻的前一时刻鼠标在画布上的位置，其中“p”可以理解为previous的缩写，表示前一个的意思。下面，我们通过一个案例来具体了解一下这两组系统变量的含义和应用。

○ 案例7-5：

用鼠标当画笔在画布上画线，且线的粗细和线的颜色与鼠标运动的速度相关（运行结果如图7-6所示）。

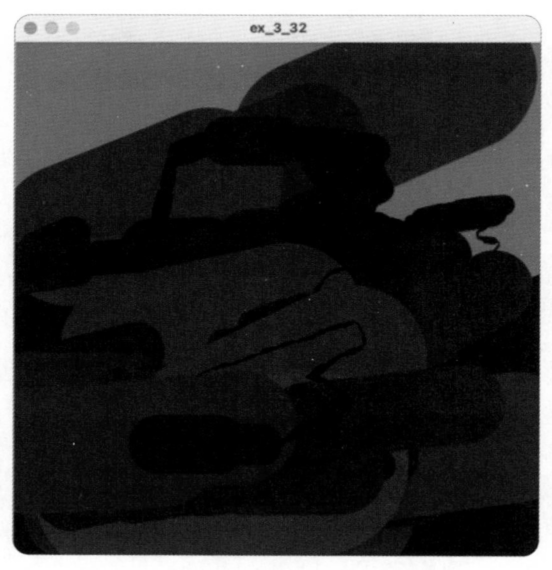

图7-6 案例7-5运行结果示意图

• 代码7-5：

```
void setup( ){
  size(500, 500);
  frameRate(15);
}
void draw( ){
  background(0);
  float d=dist(pmouseX, pmouseY, mouseX, mouseY);
  fill(255, 0, 0);
  ellipse(250, 250, d, d);
}
```

前面，我们给大家介绍了两组实时记录鼠标在画布上位置的系统变量，方便记录鼠标在画布上的实时位置坐标。除此以外，平时我们在与鼠标的交互操作中，还有各种对鼠标的动作操作，比如简单的鼠标移动操作，以及鼠标拖动、单击、按下、松开等。针对上述对鼠标的各种动作操作，Processing语言中有一系列相应的函数与系统变量来触发和实现。下面，我们就从最常见的鼠标按下事件讲起。

7.1.3 鼠标按下事件

鼠标按下事件，顾名思义，就是当我们按下鼠标上的任何一个按键的过程。Processing语言中有两种判断鼠标按下事件的方法：一种是通过if条件语句来判断系统变量mousePressed是否为“真”。当鼠标按下事件发生时，mousePressed为“真”，否则为“假”。另一种是通过鼠标按下事件函数mousePressed( )来触发。具体来讲，随着draw( )函数的运行，程序会实时监控是否有鼠标按下事件发生，一旦检测到有该事件发生便会触发鼠标按下事件函数mousePressed( )。下面，我们通过具体案例来看一下这两种方式的应用。

○ 案例7-6：

通过鼠标按下操作改变图形的边框与填充颜色（运行结果如图7-7所示）。

图7-7　案例7-6运行结果示例图

- 代码7-6-1：

```
void setup( ){
  size(500, 500);
  strokeWeight(15);
}
void draw( ){
  background(0);
  if(mousePressed==true){
    fill(random(255), random(255), random(255));
    stroke(random(255), random(255), random(255));
  }
  triangle(250, 150, 150, 350, 350, 350);
}
```

- 代码7-6-2：

```
void setup( ){
  size(500, 500);
  strokeWeight(15);
}
void draw( ){
```

```
  background(0);
  triangle(250, 150, 150, 350, 350, 350);
}
void mousePressed( ){
    fill(random(255), random(255), random(255));
    stroke(random(255), random(255), random(255));
}
```

分析：鼠标按下事件的关键是如何让计算机识别出鼠标按下这一动作，并在动作执行时触发相应的事件，从而完成某个具体的任务。在本案例中，程序监控到有鼠标按键被按下时，完成随机改变三角形的填充和边框颜色这一任务。

前面我们讲到，Processing语言中有一个可以记录是否有鼠标按键被按下的逻辑类型的系统变量mousePressed。当有鼠标按键被按下时，mousePressed的值为“真”；否则，mousePressed的值为“假”。因此，在程序中，我们可以通过if条件判断语句来判断mousePressed为“真”还是为“假”，若有鼠标按下事件发生，三角形的填充颜色和边框颜色就会发生一次改变，如代码7-6-1中红色框内的语句所示。另一种判断是否有鼠标按下的方法为调用mousePressed( )函数，鼠标按下事件发生时便会触发调用该函数，执行该函数中的语句；否则，程序不会执行该函数内的任何语句，如代码7-6-2中红色框内语句所示。

案例7-6中所讲的鼠标按下事件中并没有明确指出具体是鼠标的哪个键被按下。换句话说，只要有任意一个鼠标按键按下，便会触发鼠标按下事件。除此以外，我们还可以进一步判断具体是哪个鼠标按键被按下，通过按下不同的按键来触发不同的事件，进而来实现不同的功能。

○案例7-7：

按下鼠标左键时为画布上左边的矩形填充随机的颜色，而按下鼠标右键时为画布上右边的矩形填充随机的颜色。

• 代码7-7-1：

```
void setup( ){
  size(500, 500);
  rectMode(CENTER);
  background(0);
}
void draw( ){
  if(mousePressed==true){
    if(mouseButton==LEFT){
      fill(random(255), random(255), random(255));
      rect(150, 250, 100, 100);
    }
    else if(mouseButton==RIGHT){
      fill(random(255), random(255), random(255));
      rect(350, 250, 100, 100);
    }
  }
}
```

• 代码7-7-2：

```
void setup( ){
  size(500, 500);
  rectMode(CENTER);
  background(0);
}
void draw( ){
}
void mousePressed( ){
  if (mouseButton==LEFT){
```

```
      fill(random(255), random(255), random(255));
      rect(150, 250, 100, 100);
    }else if (mouseButton==RIGHT){
      fill(random(255), random(255), random(255));
      rect(350, 250, 100, 100);
    }
  }
```

分析：在Processing语言中，除了有可以记录鼠标是否有按键被按下的系统变量mousePressed，还有可以记录具体哪个鼠标按键被按下的系统变量mouseButton。该系统变量总共有三个值：LEFT，RIGHT和CENTER。这三个值为系统常量，分别用来表示鼠标的左键、右键和中键。鼠标的左键被按下时，mouseButton的值为“LEFT”（mouseButton==LEFT）；鼠标的右键被按下时，mouseButton的值为“RIGHT”（mouseButton==RIGHT）；鼠标的中键被按下时，mouseButton的值为“CENTER”（mouseButton==CENTER）。当然，现在的鼠标通常只有左右两个按键。

同案例7-6一样，我们可以用两种形式来判断具体哪个鼠标按键被按下。在代码7-7-1中，在判断有鼠标键被按下之后，嵌套另一个if条件语句来进一步判断具体哪一个鼠标按键被按下，如代码7-7-1第8行所示，并且内层判断用if... else if...结构来进行同级别的多种不同情况的判断。也就是说，按下左右两个不同的鼠标按键具有同等的优先级，一次只可能有一种情况发生，要么按下鼠标左键，要么按下鼠标右键，根据具体的判断结果来分别给左边或右边的矩形填充随机的颜色。也就是说，按下鼠标左键时给画布左边的矩形填充随机色，按下鼠标右键时给画布右边的矩形填充随机色。

需要说明的是，这一系列判断都是在确认鼠标被按下的情况下才会发生的。若鼠标没有被按下，即mousePressed为“假”，内层的if条件结构将不会被执行。也就是说，如果我们使用if条件语句来触发鼠标按下的事件，则需要双重if条件语句来实现，既要判断鼠标是否被按下，又要判断具体按下的是哪个按键。

代码7-7-2给出另一种鼠标按下事件的形式，即：使用mousePressed（ ）函数。鼠标按下事件发生时，系统会自动调用该函数并执行该函数中的语句。此时，该函数中的语句即为第一种形式内层if条件语句，而该函数本身相当于第一种形式的外层if判断语句，来判断是否有鼠标按键被按下。

知识点

平时使用鼠标的时候，我们会发现，不同的情形下，鼠标在屏幕上显示时使用的符号是不同的。比如，在文本输入时，鼠标会变成字母“I”形；在选中某个目标时，鼠标会变成小手形；而当选取某个屏幕区域时，鼠标则会变成十字形；等等。在Processing语言中，有一个针对光标设置的函数cursor（ ），我们可以根据不同的鼠标触发事件将鼠标光标设置成不同的样式；同时，里面还有光标隐藏函数noCursor（ ）来隐藏画布上的鼠标符号，如需恢复鼠标显示，可再次调用cursor（ ）函数。关于cursor（ ）函数的具体参数设置主要有以下几种形式：

- cursor（mode）：将光标设置成不同的形状。mode总共有六种不同的光标形状设置：ARROW（箭头形）、CROSS（十字形）、HAND（小手形）、MOVE（运动手形）、TEXT（文本输入竖线形）和WAIT（等待沙漏形）。
- cursor（image）：这种形式可以将光标设置成一幅图像，此时的参数为一幅图像或者图像变量。
- cursor（ ）：参数为空的情况常用于光标被隐藏，即调用noCursor（ ）函数之后，来重新恢复光标的显示时使用。

下面，我们通过一个简单的案例来看一下鼠标光标的设置。

○案例7-8：

在案例7-7的基础上，当鼠标左键按下时光标变为小手形，而当鼠标右键按下时光标变为等待沙漏形。

- 代码7-8：

```
void setup( ){
  size(500, 500);
  rectMode(CENTER);
```

```
  background(0);
}
void draw(){
}
void mousePressed(){
  if(mouseButton==LEFT){
    cursor(HAND);
    fill(random(255), random(255), random(255));
    rect(150, 250, 100, 100);
  } else if(mouseButton==RIGHT){
    cursor(WAIT);
    fill(random(255), random(255), random(255));
    rect(350, 250, 100, 100);
  }
}
```

分析：从案例7-8中，我们发现draw( )函数里面内容为空，即没有任何语句，这并不意味着draw( )函数没有执行，draw( )函数依旧在反复运行，进而保证整个程序无条件重复运行。同时，它还监视着draw( )函数以外的各种触发事件函数，比如前面讲过的mousePressed( )函数，以及后面要讲的关于键盘的一些事件触发函数等。若监视到相关事件发生，它就立刻触发该事件并执行相应函数中的语句。换句话说，即使draw( )函数中没有任何需要执行的语句，为了保证程序能够自动重复执行，仍然不能将draw( )函数省去。

7.1.4 其他鼠标事件

前面我们给大家介绍了有关鼠标系统变量以及最基本的鼠标按下事件的应用。类似地，对于鼠标的拖动、移动、按下、松开等其他不同的动作，Processing语言中也均有相应的函数来调用这些触发事件。通过调用不同的鼠标动作函数，可以控制和改变程序的运行方向，实现鼠标与画布上目标更丰富的交互操作。常见的鼠标触发事件还有mouseMoved（ ）、mouseDragged（ ）、mouseReleased（ ）等。下面，我们通过一个简单的案例来看一下这些鼠标触发事件函数的调用。

○ 案例7-9：

当按下鼠标按键时，鼠标当前所在的位置出现红色三角形；当拖动鼠标时，鼠标经过的位置出现透明的白色三角形；而当拖动鼠标时，鼠标经过的位置出现不透明的白色三角形（运行结果如图7-8所示）。

图7-8 案例7-9运行结果图

• 代码7-9：

```
float gray=5;
void setup( ){
  size(500, 500);
  background(0);
  noStroke( );
}
void draw( ){
}
```

```
void mouseMoved( ){//鼠标移动触发事件
  fill(255, 50);
  triangle(mouseX, mouseY, mouseX-50, mouseY+100,
mouseX+50, mouseY+100);
}
void mouseDragged( ){//鼠标拖动触发事件
  fill(0, 0, 255);
  triangle(mouseX, mouseY, mouseX-50, mouseY+100,
mouseX+50, mouseY+100);
}
void mousePressed( ){//鼠标按下触发事件
  fill(255, 0, 0);
  triangle(mouseX, mouseY, mouseX-50, mouseY+100,
mouseX+50, mouseY+100);
}
void mouseReleased( ){//鼠标松开触发事件
  if(gray<255){
    gray+=5;
  }else {
    gray=50;
  }
}
```

分析：图7-8为案例7-9的运行结果图。与mousePressed( )事件的用法相同，我们将要触发事件的语句放入相应的触发函数当中即可。draw( )函数监视到有相应的动作发生时便调用并执行相应的事件函数。另外，相对于mousePressed( )事件，还有一个与之相反的鼠标释放事件，即按下鼠标后松开鼠标时触发的事件mouseReleased( )。该案例中，随着每次松开鼠标事件发生，让灰色矩形的填充色慢慢变淡，即所填充的灰度值依次增加。

7.2 与键盘的交互

键盘是计算机外部设备中除鼠标之外的另一个常用的输入工具。与鼠标类似，我们也可以通过键盘与画布上的内容进行互动、对话等。类似地，Processing语言也给我们准备了相关的键盘系统变量与触发事件函数。

7.2.1 单击任意键盘按键

在通过键盘输入的交互操作中，单击键盘任意按键是最简单、最基础的一种互动形式，即：只要有键盘按键被按下，无论具体是哪一个按键都会触发该事件。

○案例7-10：

有键盘按键被按下时，会随机在画布上出现不同颜色、不同大小的圆点（运行结果如图7-9所示）。

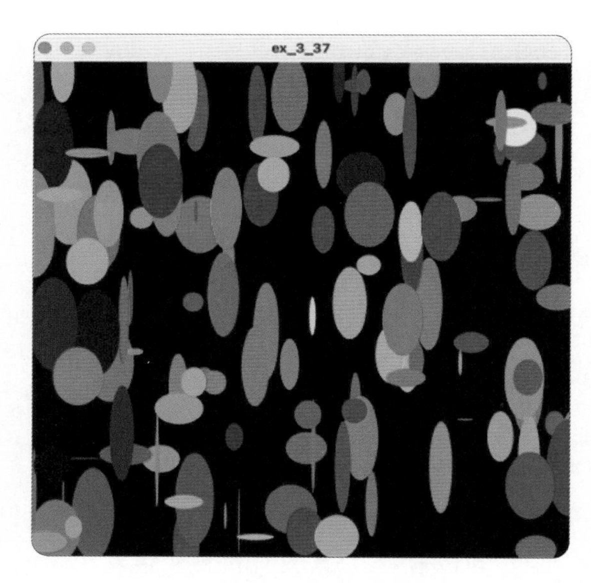

图7-9 案例7-10运行结果图

• 代码7-10：

```
void setup( ){
  size(500, 500);
```

```
  background( 0 );
  noStroke(  );
}
void draw(  ){
  if( keyPressed==true ){
    fill( random( 255 ), random( 255 ), random( 255 ));
    ellipse( random( width ), random( height ), random( 50 ),
random( 100 ));
  }
}
```

分析：本案例中，通过在if条件结构中使用逻辑类型的系统变量keyPressed来判断是否有键盘按键被按下。当它监测到有键盘按键被按下时，无论按下的是哪个键，系统变量keyPressed都为“真”；否则，该系统变量的值为“假”。

7.2.2 单击指定键盘按键

当然，除了可以简单地判断是否有键盘按键按下，我们还可以进一步判断具体按下的是哪一个按键，通过单击不同的键盘按键来触发不同的操作。

○案例7-11：

按下键盘上的‘r’或‘R’键时，画布背景为红色；按下键盘上的‘g’或‘G’键时，画布背景为绿色；按下键盘上的‘b’或‘B’键时，画布背景为蓝色。

● 代码7-11-1：

```
void setup(  ){
  size( 500, 500 );
  background( 255 );
}
void draw(  ){
  if( keyPressed==true ){//首先判断是否有按键被按下
```

```
        if(key=='r'||key=='R'){//如果有按键被按下则继续判断
按下的是哪个键
          background(255, 0, 0);
        }
        else if(key=='g'||key=='G'){
          background(0, 255, 0);
        }
        else if(key=='b'||key=='B'){
          background(0, 0, 255);
        }
      }
    }
```

Processing语言中有一个叫作key的系统变量，专门用来记录和存储所按下的具体是哪一个按键。该变量为字符型变量（char），实时存储所按下的按键。在本案例中，首先需要判断是否有键盘按键被按下，即if(keyPressed==true)。确定有按键被按下时，则继续判断按下的具体是哪一个键，比如第二层条件语句if(key=='r'||key=='R')，系统变量key用来存储所按下的具体是哪一个键。if条件设置里我们设置了颜色与大小写无关，即无论输入大写'R'，还是输入小写'r'，都为矩形填充红色。

7.2.3 单击键盘功能键

在案例7-11所示的情况中，能够识别的按键通常为数字、字符等，比如“*”“#”等非功能键，而诸如回车、Ctrl键、上下左右键等功能键的判断还需要用另外一个系统变量来记录和存储。对于这些功能键而言，我们无法直接读取和记录其按键的值，具体见案例7-12。

○案例7-12：

通过单击键盘上的上下左右按键来控制小球在画布上的运动（运行结果如图7-10所示）。

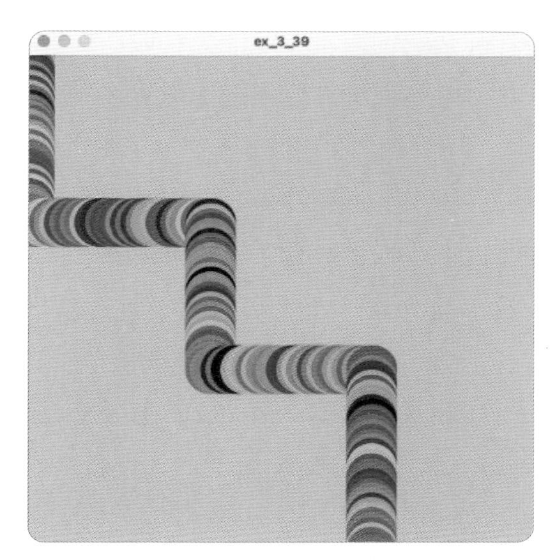

图7-10　案例7-12运行结果图

• 代码7-12：

```
int x=0; //控制小球位置的x坐标
int y=0; //控制小球位置的y坐标
void setup( ){
  size(500, 500);
  noStroke( );
  smooth( );
}
void draw( ){
  if(key==CODED){ //首先判断是否有功能键按下
    if(keyCode==LEFT){  //如果有功能键按下则继续判断按下
的是哪个功能键
      x-=5; //按下向左箭头时x坐标值减5
    }
  else if(keyCode==RIGHT){
      x+=5; //按下向右箭头时x坐标值加5
    }
```

```
      else if(keyCode==UP){
        y-=5; //按下向上箭头时y坐标值减5
      }
      else if(keyCode==DOWN){
        y+=5; //按下向下箭头时y坐标值加5
      }
    }
    fill(random(255), random(255), random(255));
    ellipse(x, y, 50, 50);
  }
```

分析：我们可以把键盘上的按键分为两类，即字符键和功能键。其中，字符键指的是具有ASCII码值的按键，比如‘A’—‘Z’字母键，‘0’—‘9’数字键，“#”“*”等常用符号，以及Esc键、Delete键、Enter键等。而功能键是其余不具有ASCII码值的按键，比如ALT键、CONTROL键、SHIFT键、UP键、DOWN键、LEFT键、RIGHT键等。

如果我们想通过单击键盘上的功能键来产生不同的操作，需要首先判断当前按下的键是不是功能键，如代码7-12中if(key==CODED)，其中key依旧为表示所按下的键的系统变量，CODED表示功能键的系统常量；然后判断按下的是哪一个功能键，如代码7-12中if(keyCode==LEFT)，其中用系统变量keyCode来存储具体的功能键。在本案例中，要求矩形通过按下上下左右按键分别向上、向下、向左和向右运动。具体来分析，矩形向上运动其实就是矩形的位置参数y坐标不断减小，向下运动其实就是矩形的位置参数y坐标不断增大；而向左运动其实就是矩形的位置参数x坐标不断减小，向右运动其实就是矩形的位置参数x坐标不断增大。我们通过一组if... else if...条件结构来分别判断具体按下的是哪一个键，在相应的按键下将位置坐标变量x或者y增加或者减小即可。

需要说明的一点是，对于回车键而言，Windows系统、Unix系统和Mac系统分别有不同的表示方法，Windows系统和Unix系统常用Enter来表示，而Mac

系统常用Return来表示。我们使用这个按键时，为了适用于不同的操作系统，需要将这两种情况同时加以考虑和判断，即if(key==ENTER || key==RETURN)。

7.2.4 键盘触发事件

与鼠标的动作触发函数类似，键盘也有相应的事件触发函数：keyPressed( ) 和keyReleased( )。其中，keyPressed( ) 函数的功能相当于条件语句if (keyPressed==true)。下面，我们把案例7-11改写成调用keyPressed( ) 函数的形式来进一步体会一下键盘事件触发函数的用法，如代码7-11-2所示。此时，同鼠标的事件触发函数类似，draw( ) 函数依然为空，用来保证程序重复执行，并监视键盘事件的发生，一旦有键盘按键被按下便会立刻调用该函数。

- 代码7-11-2：

```
void setup( ){
  size(500, 500);
  background(255);
}
void draw( ){
}
void keyPressed( ){//首先判断是否有按键被按下
     if(key== 'r' || key== 'R'){//如果有按键被按下则继续判断按下的是哪个键
     background(255, 0, 0);
  }
  else if(key== 'g' || key== 'G'){
    background(0, 255, 0);
  }
  else if(key== 'b' || key== 'B'){
    background(0, 0, 255);
  }
}
```

知识点

（1）鼠标系统变量

•（mouseX，mouseY）：实时记录当前时刻鼠标在画布上的位置，即其在画布坐标系下的坐标（x，y）的值。这对系统变量会随着鼠标在画布上不断运动而发生改变。默认情况下，这对值的初始值为（0，0）。需要说明的是，当鼠标的运动超出画布的范围时，这对值将不再发生变化，即：系统变量mouseX和mouseY只在画布范围内有效。

•（pmouseX，pmouseY）：记录当前时刻的前一时刻鼠标在画布上的位置。当我们在draw（ ）函数中使用这对系统变量时，其值会随draw（ ）函数每一次运行以及鼠标在画布范围内运动而发生改变。当我们在鼠标事件触发函数中使用这对系统变量时，比如在mousePressed（ ）中使用，其值只有在该事件触发函数中被调用，即：只有该触发事件发生时，该值才会发生改变，否则不会发生变化。

• mousePressed：该系统变量为逻辑类型的变量，用来存储是否有鼠标按键被按下的情况。当鼠标的某个按键被按下时，mousePressed值为“真”，否则mousePressed的值为“假”。

• mouseButton：当确认有鼠标按键被按下时，系统变量mouseButton用来存储具体是鼠标的哪一个按键被按下，总共有三种情况左键（LEFT）、右键（RIGHT）和中键（CENTER）。在我们判断具体按键之前，首先要判断是否有鼠标按键被按下，即mousePressed的值是否为“真”，而只有mousePressed的值为“真”时才继续判断按下的是鼠标的哪一个键。

（2）鼠标事件触发函数

• mousePressed（ ）：鼠标按下事件。有鼠标的按键被按下时便会触发该事件。随后，我们便可以通过判断mouseButton的值来判断具体是哪个鼠标按键被按下。

• mouseReleased（ ）：鼠标按键松开事件。与鼠标按下事件相反，按下的鼠标按键被松开时便会触发该事件。

• mouseClicked( )：鼠标单击事件。该事件包括鼠标按下并释放的整个过程，当整个过程全部发生时才会触发该事件。

• mouseMoved( )：鼠标移动事件。我们在画布上移动，并且没有鼠标按键被按下时便触发该事件。

• mouseDragged( )：鼠标拖动事件。我们按住鼠标的一个按键并在画布上移动鼠标时触发该事件。

• mouseWheel( )：鼠标滚动事件。滚动鼠标滚轮时会触发该事件。随着鼠标滚轮的滚动会返回不同的值，向下滚动鼠标，即朝着我们自己的方向滚动鼠标时，根据每次滚动的幅度返回一个大小不同的正数；相反，向上滚动鼠标时，会返回一个大小不同的负数。

比如：

```
void mouseWheel(MouseEvent event){
  float wheel=event.getCount( ); //提取滚动的数量值
  println(wheel);
}
```

需要说明的是，这些事件触发函数需要配合 draw( ) 函数一起使用。如果没有 draw( ) 函数，这些事件触发函数只运行一次。随着 draw( ) 函数重复运行，会不断监测是否有这些事件发生，一旦监测到有事件发生便会自动调用对应的函数，触发该事件。

(3) 鼠标交互事件的触发形式

对于鼠标的各种交互事件有两种不同的触发形式：一是通过 if 条件语句，根据对应系统变量的判断结果来触发，如案例 7-7-1 所示。二是直接通过调用各个事件触发函数来实现，如案例 7-7-2 所示。这种形式需要配合 draw( ) 函数来使用，不但保证程序不停重复执行，还可以时刻监测是否有各种鼠标事件发生。某一鼠标触发事件发生时，draw( ) 函数会立刻调用相应的触发事件函数。

(4) 键盘系统变量

• keyPressed：记录和存储是否有键盘按键被按下的逻辑型系统变量。键盘有按键被按下时，该系统变量的值为“真”；否则，该系统变量的值为“假”。

• key：用来记录刚刚使用过的键盘按键，比如键盘按下 keyPressed（ ）、键盘按键松开 keyReleased（ ）等。如果使用的是字母、数字、字符等 ASCII 码键，则可以直接记录；而如果使用的是非 ASCII 码的功能键，则需要配合系统变量 keyCode 来进一步识别和判断具体是哪一个功能键。

• keyCode：用来记录所使用的功能键。其值主要包括 ALT，CONTROL，SHIFT，UP，DOWN，LEFT，RIGHT 等。

（5）键盘事件触发函数

• keyPressed（ ）：键盘按键被按下事件。有键盘的按键被按下时便会触发该事件。

• keyReleased（ ）：键盘按键被松开事件。有键盘的按键被松开时便会触发该事件。

需要说明的是，同鼠标事件触发函数一样，键盘事件触发函数也需要配合 draw（ ）函数一起来使用，通过 draw（ ）函数来保证程序重复不断运行并监测是否有键盘事件发生，有某种键盘事件发生时便会立刻调用执行相应的键盘事件触发函数。

7.3 声音的可视化与交互

Processing语言中对音频的处理也是将音频文件作为一个对象来处理的，但这里我们主要讨论音频的视觉表现，而非处理声音的软件，即：如何将音频信号视觉化，转化为可视的影像或者画面，并与这些影像产生互动。Processing语言已经给大家准备针对音频操作的minim音频库，其中包含各种针对音频的相关函数与方法，比如音频信号的输入输出，声音合成，以及音频分析，等等。另外，对于声音来讲，声音可视化、与声音交互等在艺术创作中极为常见。

7.3.1 音频文件的播放

首先，对于音频对象最简单的操作即为在程序中播放某段音频文件，如案例 7-13 所示。

○案例7-13：

载入并播放一段音频文件。

• 代码7-13：

```
import ddf.minim.*; //导入音频库
AudioPlayer p; //创建音频播放器对象
Minim m; //创建音频对象
void setup( ){
  size(100, 100);
  m=new Minim(this);
  p=m.loadFile("sound1.mp3", 1024); //载入音频文件到播放器对象p
  p.play( ); //开始播放音频文件
}
void draw( ){
}
void stop( ){
  p.close( ); //关闭播放器
  m.stop( ); //音频停止
}
```

分析：本案例中，minim库是一个用JavaSound API和JavaZoom的MP3SPT以及一点儿Tritonus生成的音频库，这个库为Processing语言的开发人员进行各种音频操作与音频的可视化操作提供方便。该库中有一些常用的类，比如：

• AudioPlayer：音频文件的单声道和立体声播放。可以播放的音频类型主要包括.wav，.aiff，.au，.mp3等。

• AudioInput：单声道与立体声的输入监测。

• AudioOutput：单声道与立体声的声音合成输出。

• FFT：对音频数据进行傅里叶变换从而产生一系列频谱信号。

• BeatDetect：进行节拍检测。

在使用这些音频相关的库之前，我们同样需要首先导入该minim库，导入方法与视频库的导入类似，可以从菜单“sketch”下的“Import Library...”中导入。此时，程序会自动添加语句“import ddf.minim.* ;”，也可以手动输入该语句。如果我们使用的是processing 2.0版本，可以在“Import Library...”中直接选择minim库；而如果我们使用的是processing 3.0或者4.0版本，则需要手动下载该库。另外，我们需要将要播放的音频文件事先存放在data文件夹中。前面我们讲过，图像和视频均可以直接在画布上显示或播放，即画布可以直接作为显示图像或者播放视频的载体。而我们要播放音频时，则需要创建一个播放器对象，即AudioPlayer来播放音频。同样，我们还需要创建一个音频对象来存放所要播放的音频文件。播放器类和音频类中有相应的方法来操作和控制音频文件，比如p.close（ ）用来关闭播放器，p.stop（ ）用来停止音频的播放，等等。

我们如何对音频文件进行可视化操作呢？也就是说，如何让影像与音频之间产生关联，随着声音的变化而发生改变呢？简单地讲，当我们将声音信号存入计算机时，所存入的也是一些数字，把这些表示音频的数字作为图形绘制的参数即可实现音频对图像的控制，图像便会随音频的变化而发生改变。

7.3.2 声音的可视化

在前面的章节，我们主要以视觉设计为主，视觉信息也是人们从外界获取信息的最主要途径。然而，在艺术创作中，仅仅依靠视觉呈现往往是不够的，听觉与视觉元素有效结合才可以更好地表达作品。并且，视觉与听觉互补还能让二者互相促进，才能发挥更大的作用。下面，我们就通过一个声音可视化的例子，将声音用视觉形式呈现出来，来体会一下听觉与视觉结合的效果。

○ 案例7-14：

用简单图形与色彩将声音的变化呈现出来（运行结果如图7-11所示）。

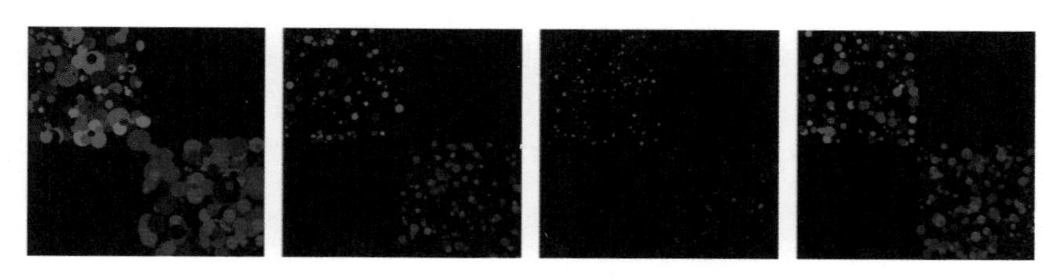

图7-11　案例7-14运行结果图

• 代码7-14：

```
import ddf.minim.*;
Minim minim;
AudioPlayer player;
void setup( ){
  size(500, 500);


  minim=new Minim(this);
  player=minim.loadFile("sound1.mp3", 1024);
  player.loop( );
  frameRate(2);
}
void draw( ){
  background(0);
  noStroke( );
  for (int i=0; i<player.bufferSize( )-1; i+=5){
    fill(random(255), 0, 0);
    ellipse(random(width/2), random(height/2), abs
(player.left.get(i))*100, abs(player.left.get(i+1))
*100);
    fill(0, 0, random(255));
    ellipse(random(width/2, width), random(height/2,
height), abs(player.right.get(i))*100, abs(player.
```

```
    right.get(i+1))*100);
      }
    }
```

分析：AudioPlayer类中有左右声道的属性及提取左右声道音频值的方法，比如.left.get( )和.right.get( )。通过这些属性和方法，我们可以直接提取音频信号中左右声道的音频值并将其作为所表现图形的位置、形状、颜色或者其他属性的参数。这样一来，随着音频信号的高低变化，这些图形的某些特征也会随之发生改变，从而实现声音对图形的控制。简单地讲，想要利用声音信号控制什么内容，只要将其用声音数据来代替即可。本案例中，我们利用所提取的音频信号作为圆点宽和高的参数来控制画布上随音频信号出现的圆点的大小。

7.3.3 声音与图形的交互

在案例7-14中，音频信号来自程序中载入的已有音频文件。除此以外，我们还可以通过麦克风实时输入的声音信号来与画布上的图形进行互动。

○ 案例7-15：

通过实时输入的声音来控制小球在画布上的运动。

• 代码7-15：

```
import ddf.minim.*;
Minim minim;
AudioInput in;
PVector gravity; //控制小球加速度的变量
PVector location; //控制小球位置的变量
PVector velocity; //控制小球运动速度的变量
void setup( ){
  size(1024, 400);
  smooth( );
  rectMode(CENTER);
  minim=new Minim(this);
```

```
  minim.debugOn( );
//实时读入麦克风录入的音频信号
  in=minim.getLineIn(Minim.STEREO, 1024);
  gravity=new PVector(0, 0.3);
  location=new PVector(500, 200);
  velocity=new PVector(1.0, 3.2);
}
void draw( ){
  background(230, 235, 200);
  stroke(200, 60, 60);
  strokeWeight(8);
  fill(255, 60, 90);
  ellipse(location.x, location.y, 56, 53);
  for (int i=0; i<in.bufferSize( )-1; i+=8){
     velocity=new PVector(abs(in.left.get(i))*1, abs
(in.right.get(i))*1); //小球的运动速度由实时音频信号得到
    location.add(velocity);
    velocity.add(gravity);
//判断小球是否超出画布范围
    if ((location.x> width) || (location.x<0)){
      velocity.x=velocity.x * -1;
      location.x=0;
    }
    if (location.y> height){
      velocity.y=velocity.y *(-1.95);
      location.y=height-100;
    }
  }
}
```

本案例中，我们利用实时声音的输入来控制小球的运动。与播放已有音频文件不同的是，我们需要通过音频库AudioInput来实现音频的输入，而音频输入主要通过与电脑声卡连接的麦克风进行输入。随后，要通过minim.getLineIn（ ）方法初始化实时输入的音频对象。提取音频值的方法与案例7-14中的相同。本案例中，我们将提取的音频信号作为控制小球运动方向的参数，从而实现声音对小球运动方向的控制。

【课后作业】

1. 设计一个简易的绘图板。

2. 设计一款简单的小游戏。

提高篇

第 8 章　类与对象

【本章重点】

1. 了解类和对象的概念。

2. 了解类和对象的使用。

【本章难点】

类和对象的使用。

【本章学习目的】

初步掌握类的声明、对象的创建，以及属性和方法的使用。

讲到类与对象这两个听起来比较抽象的概念，我们要从计算机程序设计的发展谈起。计算机程序设计主要经历了面向过程的程序设计与面向对象的程序设计两个阶段。面向过程的程序设计，主要借鉴了工厂流水线的工作流程，按照既定的步骤逐步完成每一个工作流程。因此，面向过程的程序设计即是按照从上到下、从左到右的顺序，逐条语句执行。比如，我们前面讲过的循环结构和条件结构，均属于面向过程的程序设计，我们需要按照规则和步骤逐句完成程序的执行。对于面向过程的程序设计而言，其最大的优点就是我们可以把一个较为复杂的问题分解成若干个较为简单的小问题来逐个解决，进而提升问题解决的效率。然而，由于面向过程的程序设计中数据的定义和数据的操作过程是独立分离的，随着程序流程的改变，整个程序结构也会随之发生较大改变，因此其最大的缺点就是移植性、重用性和灵活性较差。而面向对象的程序设计，顾名思义，是针对某个具体对象的程序设计，是在面向过程的程序设计的基础上发展和扩展而来的。此类程序设计将数据的定义和数据的操作封装成一个相互依赖的整体，抽象成类（Class）的概念。由一个类派生出来的对象（Object）之间既有所不同，又具有相似的属性和方法。那么，到底什么是类？什么是对象？类与对象之间是一个什么样的关系呢？

下面，我们通过一个现实生活中的例子来解释一下类与对象的概念与关系。简单来讲，类与对象之间是一种抽象与具象的关系。比如，平时我们提到"人"时，大家脑海中都会呈现一个大概的人的形象，有五官、头部、脖子、躯干、四肢等，人能劳动，人要吃饭、睡觉等，有男人和女人，等等。可以说，"人"是区别于猫、狗等其他动物的一类有生命的物种的总称，是一个概括抽象的概念。而当我们提到雷锋时，大家脑海中呈现的是一个清晰的雷锋同志的形象：雷锋，男，中国人民解放军战士，湖南长沙人，原名雷正兴，是一名无私奉献的共产主义战士。甚至雷锋的各种感人事迹都会映入我们脑中。那么，雷锋就是人物这一类事物中的一个具体的对象。同样，我们每一个具体的人都是人物这一类事物中派生出来的一个对象。每一个类中派生出来的每一个具体的对象都应具有这个类所包含的各种属性和方法，所不同的是，每个具体对象拥有不同的属性值。比如，我们提到刘胡兰时，一个具体的女英雄的形象也会映入脑海。刘胡兰同志和雷锋同志不同的是，刘胡兰是女性，雷锋是男性，二者出生地不同，所做的英雄事迹也各不相同，而刘胡兰和雷锋都属于"人物"这个类。诸如此类的例子还有很多，大家可以自己想一想，还有哪些类与对象的例子。

换个角度讲，我们可以把类与对象的关系，看作变量类型与变量之间的关系。可以说，对象是类派生出来的具体实例，而类则是这些对象的抽象概念。在程序中，每一个类都是一个可以重用的相互独立的个体。在每个类的内部，我们可以定义其局部变量。这里，我们称这些局部变量为属性（Properties）。我们还可以定义其内部函数，即这个类所能实现的功能，这里我们称之为方法（Method）。我们可以把类看作一个神秘的黑盒子。也就是说，我们在使用一个类时，并不需要知晓其内部的构造与实现过程，只要定义好了一个类，我们只需要一个公共的接口即可与该黑盒子进行沟通。通过不同的属性设置，一个类可以派生出若干个具有不同属性和方法的对象。

下面，我们通过具体的案例来讲解类与对象的用法。

○ 案例8-1：

矩形类的声明与使用（运行结果如图8-1所示）。

图8-1　案例8-1运行结果图

• 代码8-1：

```
Rectangle rc;
void setup( ){
  size(300, 300);
  noStroke( );
  rc=new Rectangle(10, 10, 0, 0, 100, 1.2);
}
void draw( ){
  fill(0, 20);
  rect(0, 0, width, height);
  rc.moveRect( );
  rc.display( );
}
class Rectangle{
  float w;
  float h;
```

```
float x;
float y;
int fc;
float speed;
float dir=1;

Rectangle( ){
}

 Rectangle(float w1, float h1, float px, float py, int
fc1, float sp){
    w=w1;
    h=h1;
    x=px;
    y=py;
    fc=fc1;
    speed=sp;
}

void display( ){
    fill(fc, fc, fc);
    rect(x, y, w, h);
}
void moveRect( ){
    x+=speed*dir;
    y+=speed*dir;
    if((x<0 || x>width-w)&&(y<h || y>height-h)){
    dir*=-1;
```

```
    }
  }
}
```

分析：首先，class为类的类型名，标志着定义一个类的开始，其后跟随的是我们定义的这个类的名字，这里我们给矩形类起名字为Rectangle。注意：类名的命名规则与变量的命名规则相同，即以英文字母开头，可以包含英文字母、数字或下划线。而对于类的命名，我们习惯将类名的首字母大写，以区别于普通变量。

类的定义同样用一对花括号“{}”括起来：

```
class Rectangle{
}
```

其中包括三个部分：该类的属性定义、构造器函数、该类的方法等。

类的属性（Properties）定义类似于前面我们讲过的全局变量，位于整个类的最初的位置，所定义的属性可以用于类的每一个方法和该类派生的每一个对象。属性的定义方式与变量的声明方式相同。换句话说，我们可以把类中属性的定义看作全局变量的声明来理解。在矩形类中，我们定义了矩形的宽、矩形的高、矩形的位置坐标（x，y）、矩形所填充的颜色、矩形的运动速度、矩形的运动方向等7个属性。我们可以在此给属性赋初始值，也可以只对其进行声明：

```
float w;
float h;
float x;
float y;
int fc;
float speed;
float dir=1;
```

接下来，我们要定义构造器（Constructors）。我们可以把构造器看作类中的一个特殊的方法，它没有返回值，名字与类的名字完全相同。在构造器中，我们要完成对类的各个属性的赋值。根据不同的需求，我们可以定义多个不同的构造器，区别在于不同的构造器具有不同的参数。比如，该案例中，我们定义了两个不同的构造器：

```
Rectangle( ){
}

Rectangle(float w1, float h1, float px, float py, int
fc1, float sp){
  w=w1;
  h=h1;
  x=px;
  y=py;
  fc=fc1;
  speed=sp;
}
```

我们创建一个类的对象时，根据参数的不同会自动唤醒相应的构造器，并为该对象的属性赋初值。

类的另一个重要组成部分为该类所能够实现的功能或者完成的动作，即我们所说的类的方法（Methods）。我们可以简单地把方法看作类内定义的函数。因此，方法也有自己的返回值和参数，方法的类型就是其返回值的类型。比如，本案例中定义了两个方法：

```
void display( ){
  fill(fc, fc, fc);
  rect(x, y, w, h);
}

void moveRect( ){
  x+=speed*dir;
  y+=speed*dir;
```

```
    if((x<0 || x>width-w)&&(y<h || y>height-h)){
    dir*=-1;
    }
}
```

第一个方法，display（ ）用来显示矩形块；而第二个方法，moveRect（ ）则用来实现矩形块的运动。需要说明的一点，在构造器或者各个方法中，声明的变量为局部变量，只能在本构造器或者本方法内使用。

我们定义完一个完整的类之后，如何在主程序中使用这个类，如何从这个类派生出该类的对象呢?

类似于普通变量，创建一个类的对象，也要先声明。由于所创建的对象不仅需要用于setup（ ）函数块，还要用于draw（ ）函数块，我们会在程序的最开始，也就是声明全局变量的位置声明类的对象。比如，本案例中，我们声明了一个名字为rc的Rectangle类的对象，如同在程序中声明一个全局变量一样。在声明完对象之后，我们通常会在setup（ ）函数中创建由该类派生出来的对象，即“rc=new Rectangle（10，10，0，0，100，1.2）；”，其中，“new”为创建一个新对象的关键词，由此便可唤醒构造器，对类中的属性进行赋值。这里，我们也可以把声明与创建一个类的对象合并成一条语句来完成，即“Rectangle rectangle=new Rectangle（ ）；”。接下来，我们便可以在draw（ ）函数中调用该类中所定义的方法，比如“rc.moveRect（ ）；”。其中，rc为对象名，符号“.”表示某个对象“的”某个方法。同样，如果我们想表示某个对象的某个属性，也是用这个符号来表示，比如对象rc的宽可以表示成“rc.w”。

第 9 章　向量

【本章重点】

了解向量的概念。

【本章难点】

向量的运算和使用。

【本章学习目的】

会简单地使用向量进行运动的设计。

向量，英文vector，这个词本身有很多种含义。在遗传学中，vector可以表示传染病的载体或者个体，可以表示航空器的航线，等等。在物理学和工程学中，人们习惯称向量为矢量。在计算机程序设计语言C++中，向量则表示一个可以动态调整大小的数组数据结构。而这里我们要给大家介绍的vector指的是欧几里得向量（Euclidean Vector），也是数学中的向量。简单地说，这是一个既可以表示大小，又可以表示方向的实体（Entity），这一点与我们常说的标量不同，标量通常指的是只能表示大小而无法表示方向的实体。

我们为什么要专门给大家介绍向量呢？在案例5-5中，我们给大家讲解了目标小球在画布上往复直线运动的例子，就目前所学的知识而言，这里的小球在触碰到画布边界时会向相反的方向继续做直线运动，只改变了运动方向，而并没有改变运动角度。这对于斜面或曲面碰撞、不同运动物体之间的随机碰撞而言，并不适用。目前的方法还无法改变和控制目标块运动的角度变化。刚刚我们提到，向量是一个既可以表示大小又可以表示方向的实体。因此，通过向量的使用可以很好地解决目标运动方向的变化控制问题。当然，这只是向量的主要用途之一。下面，我们来具体讲解有关向量的基础知识。

9.1 向量的表示

9.1.1 向量的记法

一般情况下，在书写或标记一个向量时，习惯在表示向量的字母头顶上加一个箭头“□”，比如$\vec{a}$。在印刷体中，表示向量的字母常用粗体字表示。如果已知向量的起点（O）和终点（P），则可以表示为$\overline{OP}$。

9.1.2 向量的几何表示

通常，我们用一个带箭头的线段来绘制一个向量。其中，箭头所指的方向就是向量的方向，而整个线段的长度则代表该向量的大小，即向量的“模”。如图9-1所示，为一个方向从O点指向P点，大小为a的向量。

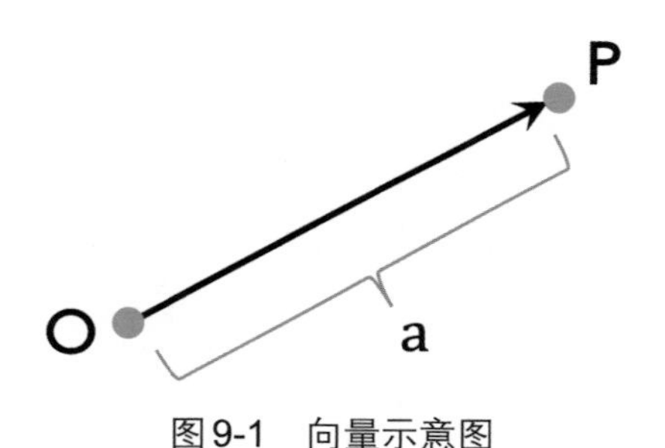

图9-1　向量示意图

有两个特殊的向量需要大家特别注意一下：零向量与单位向量。顾名思义，零向量就是长度或大小为零的向量，而且零向量的方向可以与任意一个向量平行，也可以与任意一个向量相互垂直或共线。可以说，零向量的方向是不确定的，但其大小一定为零。

与零向量不同，单位向量有其确定的方向，但大小固定为1，即模为1。任何一个向量除以它的模即可得到其对应的单位向量。比如向量$\vec{a}$，其单位向量为$\frac{\vec{a}}{\|\vec{a}\|}$。其中，“‖ ‖”为求模的运算符。我们常常会用单位向量单纯地表示

方向。

9.1.3 向量的坐标表示

在二维平面坐标系中，如图9-2所示，向量$\overrightarrow{OP}$从坐标原点O出发指向点P，点P的坐标为（a，b），我们可以将实数对（a，b）称为向量$\overrightarrow{OP}$的坐标，记为$\overrightarrow{OP}=(a, b)$，即为向量$\overrightarrow{OP}$的坐标表示。

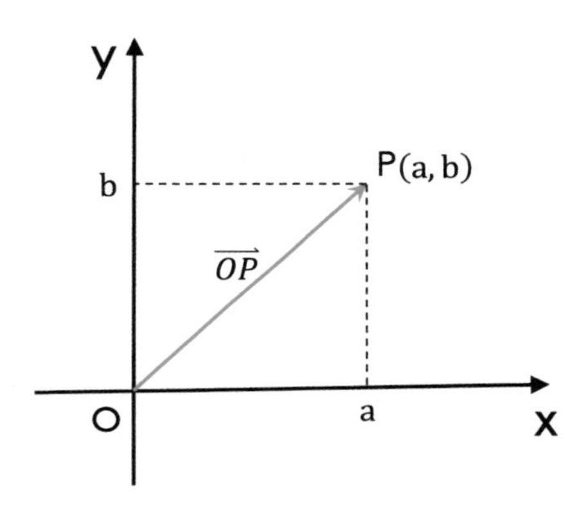

图9-2 二维平面上的向量示意图

在三维空间坐标系中，如图9-3所示，点P在三维空间中的坐标为（a，b，c），向量$\overrightarrow{OP}$记为$\overrightarrow{OP}=(a, b, c)$。

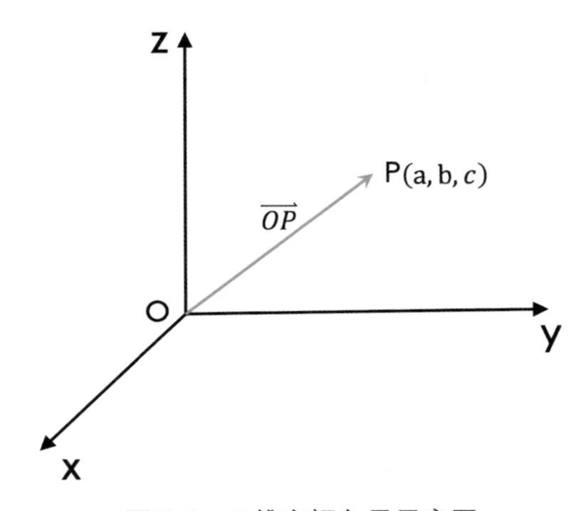

图9-3 三维空间向量示意图

9.1.4 向量的使用

回到代码5-5：

```
float x=25.0; //运动目标在画布上的x坐标
float y=25.0; //运动目标在画布上的y坐标

float fx=1.0; //运动目标在画布x方向上的运动速度
float fy=1.0; //运动目标在画布y方向上的运动速度

void setup( ){
  size(300, 300);
  smooth( );
  noStroke( );
}
void draw( ){
  background(0);

  x+=fx;
  y+=fy;

  if(x>width-25 || x<25){
    fx=-fx;
  }
  if(y>height-25 || y<25){
    fy=-fy;
  }

  ellipse(x, y, 50, 50);
}
```

Processing语言为我们定义了向量类PVector：

```
class PVector{
  float x;
  float y;
  PVector(float x1, float y1){
    x=x1;
    y=y1;
  }
}
```

上述案例中，我们试着用向量来表示运动目标的位置和速度，即：

```
PVector location;
PVector speed;
```

那么，代码5-5则可以转换为：

• 代码9-1：

```
PVector location;
PVector speed;
void setup( ){
  size(300, 300);
  location=new PVector(25, 25);
  speed=new PVector(1, 1);
  smooth( );
  noStroke( );
}

void draw( ){
  background(0);
  location.add(speed);

  if((location.x>width-25) || (location.x<25)){
```

```
      speed.x=speed.x*-1;
    }
    if((location.y>height-25)||(location.y<25)){
      speed.y=speed.y*-1;
    }

    ellipse(location.x, location.y, 50, 50);
  }
```

这其中便涉及向量的运算问题。下面，我们将对向量的运算具体展开讲述。

9.2 向量的运算

同普通变量一样，向量这类数据结构也可以进行加减乘除，以及点乘、叉乘等各种运算。

9.2.1 向量的加法

9.2.1.1 数学中向量的加法

求两个向量之和的运算叫作向量的加法。简单地说，两个向量之和其实就是两个向量的各个分量分别求和所得到的新向量，即两个向量的和依旧为一个向量。

通常，数学中有两种求向量之和的方法：三角形法则和平行四边形法则。

- 三角形法则

如图9-4所示，将向量$\overrightarrow{v_1}$与向量$\overrightarrow{v_2}$首尾顺次相连接，顶点A，B，C构成$\triangle ABC$，那么向量$\overrightarrow{v_1}$与向量$\overrightarrow{v_2}$之和则为由第一个向量$\overrightarrow{v_1}$的起点A指向第二个向量$\overrightarrow{v_2}$的终点C的向量$\overrightarrow{v_3}$。

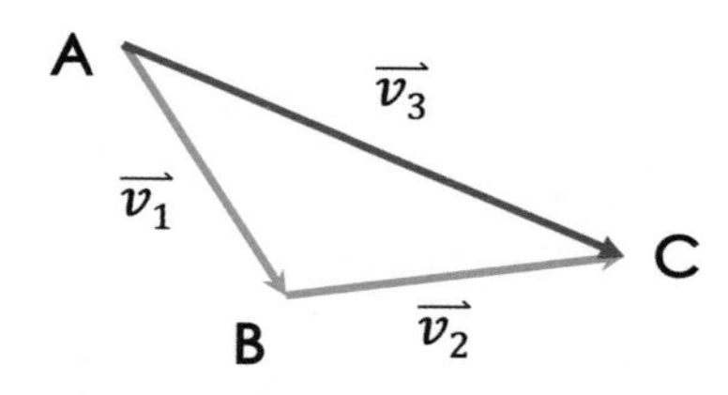

图9-4　向量求和的三角形法则示意图

上述为两个向量相加的情况。多个向量相加时，规则类似，将这些向量依次按照首尾的顺序相连接，和为由第一个向量的起点指向最末一个向量的终点的向量。

• 平行四边形法则

向量求和的另一个法则为平行四边形法则。如图9-5所示，将向量$\overline{v_1}$与向量$\overline{v_2}$平移至某个相同的起点A，并将二者的边作为一个平行四边形的两条邻边AB与AC，那么向量$\overline{v_1}$与$\overline{v_2}$之和则为二者所构成的平行四边形ABCD中由向量$\overline{v_1}$与$\overline{v_2}$共同起点A出发指向顶点D的对角线$\overline{v_3}$。

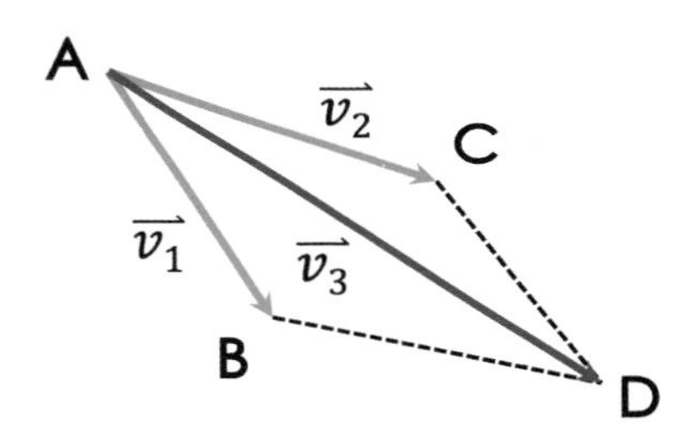

图9-5　向量求和的平行四边形法则示意图

比如，如图9-6所示，我们把向量$\overline{v_1}$与向量$\overline{v_2}$平移至共同起点坐标原点（0，0），向量$\overline{v_1}$的终点为P_1（1，2），向量$\overline{v_2}$的终点为P_2（2，1），以OP_1与OP_2为两条邻边，构成平行四边形OP_1PP_2，该平行四边形的对角线OP即为向量$\overline{v_1}$与向量$\overline{v_2}$之和$\overline{v_3}$。

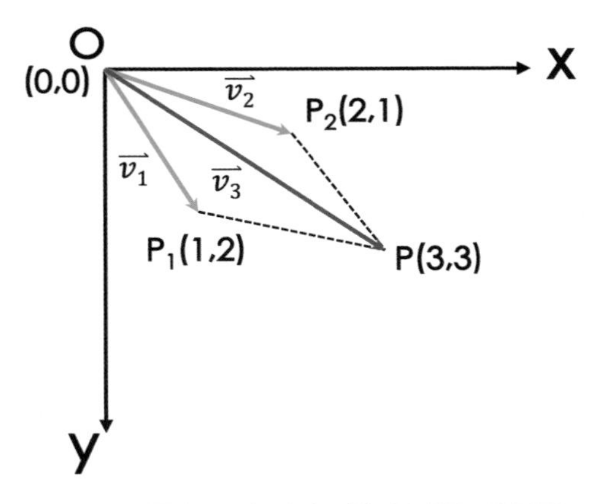

图9-6　平行四边形法则向量求和示例图

从数学的角度讲，两个向量的和即为两个向量的对应分量之和。例如上述例子中，原点（0，0）作为两个向量的共同起点，其中向量$\overrightarrow{v_1}$=（1，2），向量$\overrightarrow{v_2}$=（2，1），即向量$\overrightarrow{v_1}$的分量x、y分别为1和2，而向量$\overrightarrow{v_2}$的x、y分量分别为2和1，二者之和则为其x、y分量之和，即$\overrightarrow{v_3}$=（3，3）。

归纳一下，假设两个向量：

$$\overrightarrow{v_1}=(x_1,\ y_1)$$

$$\overrightarrow{v_2}=(x_2,\ y_2)$$

那么，

$$\overrightarrow{v_1}+\overrightarrow{v_2}=(x_1+x_2,\ y_1+y_2)$$

同理，多个向量相加时，同样遵循该规则，即：多个向量之和等于各个向量的分量分别求和。

假设：

$$\overrightarrow{v_1}=(x_1,\ y_1)$$

$$\overrightarrow{v_2}=(x_2,\ y_2)$$

$$\cdots\cdots$$

$$\overrightarrow{v_n}=(x_n,\ y_n)$$

那么，

$$\overrightarrow{v_1}+\overrightarrow{v_2}+\cdots+\overrightarrow{v_n}=(x_1+x_2+\cdots+x_n,\ y_1+y_2+\cdots+y_n)$$

9.2.1.2 计算机语言中向量的加法

前面我们讲到，Processing语言中定义了向量类PVector，在该类中有一个add（ ）方法用于向量求和，其过程与数学中向量求和的过程相同，即：

```
void add(PVector v){
    x=x+v.x;
    y=y+v.y;
}
```

例如，代码9-1中的语句

```
location.add(speed);
```

即在向量location的基础上，加上向量speed。

9.2.1.3 向量加法运算律

向量加法运算律与普通标量的加法运算律一样，同样遵循交换律和结合律，即

向量加法交换律：$\overrightarrow{v_1}+\overrightarrow{v_2}=\overrightarrow{v_2}+\overrightarrow{v_1}$

向量加法结合律：$(\overrightarrow{v_1}+\overrightarrow{v_2})+\overrightarrow{v_3}=\overrightarrow{v_1}+(\overrightarrow{v_2}+\overrightarrow{v_3})$

9.2.2 向量的减法

9.2.2.1 数学中向量的减法

数学中，一个向量的负向量为与该向量大小相同、方向相反的向量，如图9-7所示，图中向量$\overrightarrow{v_1}$的负向量$-\overrightarrow{v_2}$为从原点（0，0）出发指向P_3(−1，−2)的绿色向量，$\overrightarrow{v_1}$与$\overrightarrow{v_2}$的差相当于$\overrightarrow{v_1}$与$-\overrightarrow{v_2}$的和，即：

$$\overrightarrow{v_1}-\overrightarrow{v_2}=\overrightarrow{v_1}+(-\overrightarrow{v_2})$$

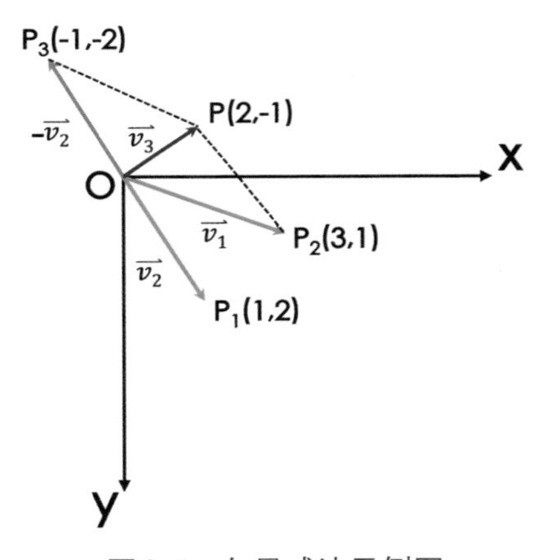

图9-7　向量减法示例图

按照向量求和的平行四边形法则，图9-7中，以OP_1与OP_2为邻边，构成平行四边形OP_2PP_3，其对角线OP即为向量$\overrightarrow{v_1}$与向量$-\overrightarrow{v_2}$之和，即向量$\overrightarrow{v_1}$与向量$\overrightarrow{v_2}$之差。

从数学的角度讲，两个向量之差即为这两个向量的分量之差。归纳一下，假设两个向量：

$$\overrightarrow{v_1}=(x_1,\ y_1)$$

$$\overrightarrow{v_2}=(x_2, y_2)$$

那么，

$$\overrightarrow{v_1}-\overrightarrow{v_2}=(x_1-x_2, y_1-y_2)$$

同理，多个向量相减时，同样遵循该规则，即：多个向量之差等于各个向量的分量分别相减。

假设：

$$\overrightarrow{v_1}=(x_1, y_1)$$
$$\overrightarrow{v_2}=(x_2, y_2)$$
$$\cdots\cdots$$
$$\overrightarrow{v_n}=(x_n, y_n)$$

那么，

$$\overrightarrow{v_1}-\overrightarrow{v_2}-\cdots-\overrightarrow{v_n}=(x_1-x_2-\cdots-x_n, y_1-y_2-\cdots-y_n)$$

9.2.2.2 计算机语言中向量的加法

Processing语言的PVector类中有一个sub（ ）方法用于向量求差，其过程与数学中向量求差的过程相同，即：

```
void sub(PVector v){
  x=x-v.x;
  y=y-v.y;
}
```

9.2.3 向量的乘法

9.2.3.1 数学中向量的乘法

向量的乘法与向量的加减法不同，这里所讲的向量乘法指的是一个向量与一个标量相乘，相乘后该向量的方向并不会发生变化，而其长度会发生改变。换句话说，一个向量与一个标量相乘，相当于这个向量的分量分别乘以这个标量。举个例子，向量$\overrightarrow{v_1}$=（1，1）乘以3，如图9-8所示，相乘后的结果为图中蓝色的向量$\overrightarrow{v_2}$=（3，3）。向量$\overrightarrow{v_2}$的方向与$\overrightarrow{v_1}$相同，而其长度为$\overrightarrow{v_1}$的3倍。如果向量所乘的标量为一个负数，相乘后该向量的方向会变为与原来相反的方向，长度的计算方法不变。

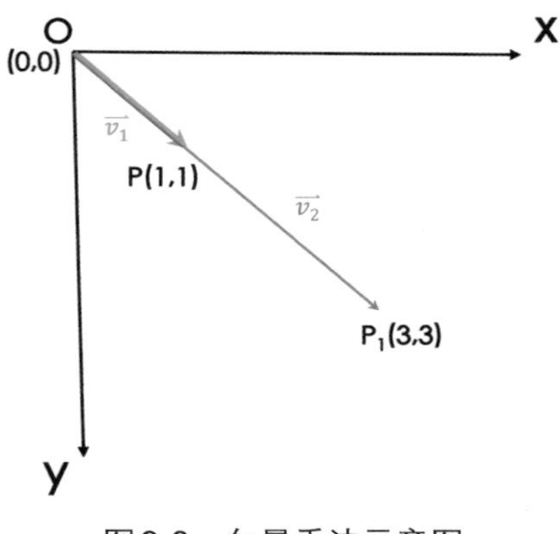

图9-8　向量乘法示意图

9.2.3.2 计算机语言中向量的乘法

Processing语言的PVector类中的mult（　）方法用于向量的乘法，即：

```
void mult(float a){
  x=x*a;
  y=y*a;
}
```

9.2.3.3 向量乘法的运算律

向量乘法的运算律与标量乘法的运算律相同，主要包括结合律和分配律两种：

- 结合律：$(a*b)*\overrightarrow{v}=a*(b*\overrightarrow{v})=a*(a*\overrightarrow{v})$
- 分配律：
  - 一个向量与两个标量：$(a+b)*\overrightarrow{v}=a*\overrightarrow{v}+b*\overrightarrow{v}$
  - 两个向量与一个标量：$a*(\overrightarrow{v_1}+\overrightarrow{v_2})=a*\overrightarrow{v_1}+a*\overrightarrow{v_2}$

9.2.4 向量的除法

9.2.4.1 数学中向量的除法

与向量的乘法相似，一个向量与一个标量相除后，该向量的方向取决于标量的符号，相除后该向量的长度会发生改变。具体来讲，一个向量与一个标量相除，其结果相当于该向量的分量分别除以这个标量。举个例子，向量$\overrightarrow{v_1}$=（3，3）除以3，如图9-9所示，相除后的结果为图中蓝色的向量$\overrightarrow{v_2}$=（1，1）。向量$\overrightarrow{v_2}$的方向与$\overrightarrow{v_1}$相同，而其长度为$\overrightarrow{v_1}$的1/3倍。如果向量所除的标量为一个负数，相除后该向量的方向会变为与原来相反的方向，长度的计算方法不变。

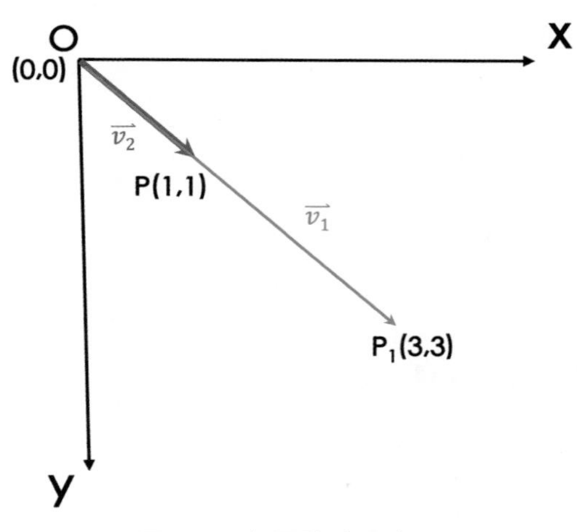

图9-9　向量除法示意图

9.2.4.2 计算机语言中向量的除法

Processing语言的PVector类中有一个div（　）方法适用于向量的除法，即：

```
void div(float a){
  x=x/a;
  y=y/a;
}
```

9.2.5 向量的模

9.2.5.1 数学中向量的模

向量的模，即我们前面提到的向量的长度，也常称为向量的大小。通常，以像素为单位，一个像素的长度记为1。一个长度为10的向量指的就是该向量的长度由10个像素点的长度构成。数学中，用符号“‖ ‖”来表示向量的长度，即向量$\overrightarrow{v_1}$的长度记为$\|\overrightarrow{v_1}\|$。比如，图9-10所示的向量$\overrightarrow{v_1}$=（3，3），起始点为O（0，0），终止点为P（3，3），点P到Y轴的距离为3，即$\|P_1P\|=\|OP_1\|=a=3$，点P到X

轴的距离也为3，即$\|P_1P\| = \|OP_2\| = b = 3$。点O，$P_1$，P构成直角三角形，根据勾股定理可得该直角三角形的斜边OP的长度$c = \sqrt{a^2+b^2}$，即为向量$\overrightarrow{v_1}$的长度或大小，我们称其为向量$\overrightarrow{v_1}$的模，记为$\|\overrightarrow{v_1}\| = \sqrt{a^2+b^2}$。

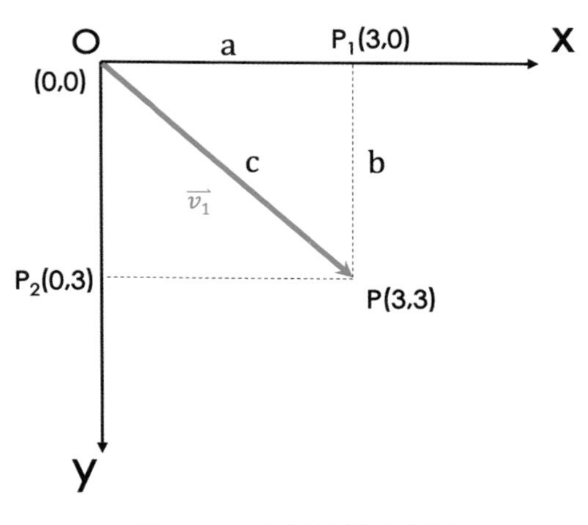

图9-10　向量的模示意图

前面我们讲到向量的乘法，比如$m*\overrightarrow{v_1}$，其本质就是将向量本身的长度扩大或缩小m倍，即：

$$\begin{aligned}\|m*\overrightarrow{v_1}\| &= \sqrt{(m*a)*(m*a)+(m*b)*(m*b)}\\&=m*\sqrt{a^2+b^2}\\&=m*\|\overrightarrow{v_1}\|\end{aligned}$$

9.2.5.2 计算机语言中向量的模

Processing语言中的PVector类里面有一个求向量模的方法mag( )，即：

```
void mag( ){
  return sqrt(a*a+b*b);
}
```

9.2.6 单位向量

9.2.6.1 数学中的单位向量

所谓单位向量，即长度为1的向量。单位向量长度为1不变，通常只用来记录向量的方向，而与向量的大小无关。把向量长度变为1的过程，我们称之为向量的单位化，或向量的归一化。

前面我们讲过向量的模，即向量长度的求法，将向量的长度变为1，其实就是将向量除以其本身的长度，数学中常用字母e来表示单位向量，即：

$$\vec{e}=\frac{\vec{v}}{\|\vec{v}\|}$$

9.2.6.2 计算机语言中的单位向量

Processing语言的PVector类中关于向量单位化的方法为：

```
void normalize( ){
  float m=mag( );
  if(m!=0){
     div(m);
  }
}
```

需要说明的是，前面我们所讲的关于向量的表示、向量的运算等均为二维向量。对于三维向量而言，这些方法同样奏效，这里我们不再赘述。

9.3 向量的使用

对于向量的使用，下面我们通过两个案例来具体讲解。

○ 案例9-2：

一组小球的运动（运行结果如图9-11所示）。

图9-11 案例9-2运行结果图

• 代码9-2：

```
Ball ball;

void setup( ){
  size(800, 300);
  ball=new Ball( );
}

void draw( ){
  fill(255, 10);
  rect(0, 0, width, height);
  ball.update( );
  ball.checkBoundary( );
  ball.display( );
}
class Ball{
  PVector loc;
  PVector v;

Ball( ){
  loc=new PVector(random(width), random(height));
  v=new PVector(random(-5, 5), random(-5, 5));
}

void update( ){
  loc.add(v);
}

void display( ){
```

```
    fill(255, 0, 0);
    ellipse(loc.x, loc.y, 20, 20);
  }

  void checkBoundary( ){
    if(loc.x>width){
      loc.x=0;
    }else if(loc.x<0){
      loc.x=width;
    }

    if(loc.y>height){
      loc.y=0;
    }else if(loc.y<0){
      loc.y=height;
    }
  }
}
```

○ 案例9-3：

多组小球的运动（运行结果如图9-12所示）。

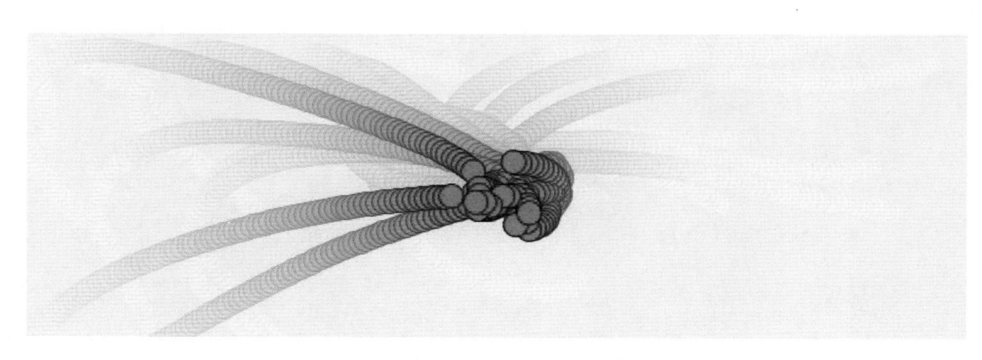

图9-12　案例9-3运行结果图

• 代码9-3：

```
Ball[ ]ball=new Ball[20];
void setup( ){
  size(800, 300);
  for(int i=0; i<ball.length; i++){
    ball[i]=new Ball( );
  }
}

void draw( ){
  fill(255, 10);
  rect(0, 0, width, height);

  for(int i=0; i<ball.length; i++){
    ball[i].update( );
    ball[i].checkBoundary( );
    ball[i].display( );
  }
}

class Ball{
  PVector loc;
  PVector v;
  PVector acc;

Ball( ){
  loc=new PVector(random(width), random(height));
  v=new PVector(random(-3, 3), random(-3, 3));
```

```
  }
  void update( ){
    PVector newLoc=new PVector(mouseX, mouseY);
    PVector dir=PVector.sub(newLoc, loc);

    dir.normalize( );
    dir.mult(0.6);
    acc=dir;

    v.add(acc);
    v.limit(5);
    loc.add(v);
  }

  void display( ){
    fill(255, 0, 0);
    ellipse(loc.x, loc.y, 20, 20);
  }

  void checkBoundary( ){
    if(loc.x>width){
      loc.x=0;
    }else if(loc.x<0){
      loc.x=width;
    }

    if(loc.y>height){
      loc.y=0;
```

```
    }else if(loc.y<0){
      loc.y=height;
    }
  }
}
```

第 10 章　粒子系统

【本章重点】

1. 了解粒子系统的概念。

2. 了解粒子的生命周期以及成长过程。

【本章难点】

粒子系统的实现。

【本章学习目的】

通过了解粒子系统的生命周期以及其成长过程，将粒子效果设计应用到具体的视觉创作当中。

所谓粒子系统，指的是一系列相互独立的对象的集合。点、圆等基本图形常被用来作为表现粒子的形式。我们可以用粒子系统来模拟烟花、爆炸、瀑布等各种不规则的自然效果。

通常，一个粒子系统中所包含的粒子个数是可变的。每个粒子都要经历从出生到成长直至消亡的过程。原因很简单，如果所有的粒子都只出生不消亡，屏幕上聚集的粒子越来越多，计算机的运算速度也会越来越慢，最终导致死机。因此，粒子系统中的每一个粒子都有一个生命周期，来控制每个粒子的消亡时间。

在建立粒子类时，我们不仅需要建立单个粒子的类（Particle）来描述和控制单个粒子的属性与行为，还需要建立一个整个粒子系统的类（Particle

System）来描述和控制整个粒子系统中所有粒子的属性和行为。在粒子系统类中，我们需要对该系统中所有粒子的出生位置和运动速度进行设置和初始化。在生命周期中，新的粒子不断产生，旧的粒子不断消亡。我们可以根据效果需要设计不同粒子的运动方式和消亡方式。案例10-1向大家介绍了单个粒子类的定义和使用。

○案例10-1：

简单的单个粒子类（运行结果如图10-1所示）。

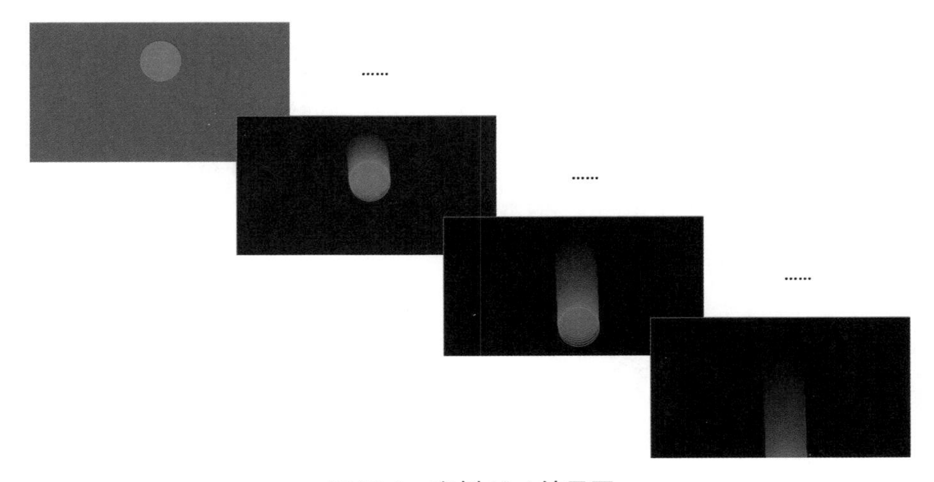

图10-1　案例10-1结果图

●代码10-1：

```
Particle particle; //声明一个Particle类的对象particle
void setup( ){
  size(320, 180);
  particle=new Particle(new PVector(width/2, 50)); //创建并初始化对象particle
}
void draw( ){
  fill(0, 10);
  rect(0, 0, width, height);
```

```
    particle.run( ); //调用粒子运动方法
  //判断粒子是否完成了生命周期而消亡
    if(particle.isDead( )){
      println("The Particle is dead.");
    }
  }
  //定义一个简单的单个粒子的类Particle
  class Particle {
    PVector position; //记录粒子出生位置的向量
    PVector velocity; //记录粒子速度的向量
    PVector acceleration; //记录粒子加速度的向量
    float lifespan; //记录粒子生命周期的变量
  //构造函数
    Particle(PVector p){
    acceleration=new PVector(0, 0.05); //初始化粒子加速度
     velocity=new PVector(random(-1, 1), random(-2, 0));
//初始化粒子的运动速度
    position=p.copy( );
    lifespan=255.0;
  }
  //粒子的运动
  void run( ){
    update( );
    display( );
  }
  //更新粒子位置
  void update( ){
    velocity.add(acceleration);
```

```
    position.add(velocity);
    lifespan-=2.0;
  }
  //粒子的显示
  void display( ){
    stroke(255, lifespan*2);
    fill(255, lifespan/2);
    ellipse(position.x, position.y, 30, 30);
  }
  //判断粒子是否完成了生命周期
  boolean isDead( ){
    if(lifespan<0.0){
      return true;
    } else {
      return false;
    }
   }
  }
```

分析：本案例中定义了单个粒子的类。这个类包括对单个粒子出生位置、运动速度、运动加速度、生命周期等属性的设置，以及单个粒子运动方式、更新方式、显示方式、消亡方式等方法的设置。此时，画布上只会出现一个粒子从出生直至消亡的画面。该粒子完成自己的生命周期之后便不会有新的粒子出生。要实现不断有新粒子出生、旧粒子消亡的过程，我们还需要另一个来控制整个粒子系统的类，即粒子系统类。案例10-2给出了关于粒子系统类的定义与应用。

○ 案例10-2：

粒子系统的定义与应用（运行结果如图10-2所示）。

图 10-2　案例 10-2 结果图

• 代码 10-2：

```
ParticleSystem particleSystem; //声明一个粒子系统的对象
void setup( ){
  size(640, 360);
  particleSystem=new ParticleSystem(new PVector(width/2, height)); //创建一个粒子系统的对象，其位置在画布(width/2, height)的位置
}
void draw( ){
  background(0);
  particleSystem.addParticle( ); //随着draw( )函数的反复运行不断地增加粒子
  particleSystem.run( );
}
//定义单个粒子类
class Particle {
  PVector position;
  PVector velocity;
```

```
  PVector acceleration;
  float lifespan;
//构造函数
Particle(PVector p){
  acceleration=new PVector(0, 0.05);
  velocity=new PVector(random(-1, 1), random(-2, 0));
  position=p.copy( );
  lifespan=255.0;
}
//单个粒子的运动
void run( ){
  update( ); //更新单个粒子位置
  display( ); //显示单个粒子
}
//更新单个粒子的位置
void update( ){
  velocity.add(acceleration); //改变单个粒子的加速度
  position.sub(velocity); //改变单个粒子的速度
  lifespan-=2.0; //减少单个粒子的存活时间
}
//显示单个粒子
void display( ){
  stroke(255, 0, 0, lifespan*2);
  fill(255, 0, 0, lifespan/2);
  rect(position.x, position.y, 30, 30);
}
//判断粒子是否完成了生命周期
boolean isDead( ){
```

```
    if(lifespan<0.0){
      return true;
    } else {
      return false;
    }
  }
}
//定义粒子系统类
class ParticleSystem {
  ArrayList<Particle> particles;//声明一个存放粒子的动态
数组
  PVector origin;
//构造函数
ParticleSystem(PVector position){
  origin=position.copy( );//粒子系统的初始位置
  particles=new ArrayList<Particle>( );
}
//在粒子系统中增加粒子
void addParticle( ){
  particles.add(new Particle(origin));//在粒子系统的原始
位置增加粒子
}
//粒子的运动
void run( ){
  for(int i=particles.size( )-1; i>=0; i--)
{
    Particle p=particles.get(i);
    p.run( );
```

```
      if(p.isDead( )){
        particles.remove(i);
      }
    }
  }
}
```

分析：所谓粒子系统，简单地讲就是管理粒子的系统。通常，粒子系统类与粒子类一起使用。单个粒子类的定义与使用与案例10-1相同。在粒子系统类中，利用动态数组（ArrayList）来存储和管理该类中的每一个粒子，我们可以方便地对粒子系统中的粒子进行添加或移除。

其中，动态数组是一种存储可变数目对象的动态数组，与前面讲过的普通数组的不同之处在于我们可以简单地增加或移除动态数组中的对象元素。也就是说，动态数组的大小或者长度是动态变化的。如果我们存放的是动态变化的整数、浮点数或者字符串的话，我们需要使用整数列表（IntList）、浮点数列表（FloatList）、字符串列表（StringList）等。另外，对于动态数组而言，有一些用来控制和管理该动态数组的方法。比如，.size( )方法用来返回动态数组的大小或者长度，.add( )方法和.remove( )方法来为动态数组增加或者移除其中的对象元素，而.get( )方法则是用来得到某个对象元素在动态数组中的位置。图10-2为该案例的运行结果图。该粒子系统位于画布的中下方，其中的所有粒子从该位置出生，随机向上运动，随着生命周期的结束而消亡。

○案例10-3：

粒子系统的系统。

●代码10-3：

```
ArrayList<ParticleSystem> systems; //声明存放粒子系统的动态数组 systems
void setup( ){
  size(800, 800);
  systems=new ArrayList<ParticleSystem>( );
}
```

```
void draw( ){
  background(0);
//对于每一个粒子系统而言，不断产生新的运动的粒子
  for (ParticleSystem particleSystem : systems){
    particleSystem.addParticle( );
    particleSystem.run( );
  }
}
//单击鼠标，在鼠标单击的位置产生新的粒子系统
void mousePressed( ){
   systems.add(new ParticleSystem(new PVector(mouseX,
mouseY)));
}
```

分析：案例10-2中给大家介绍了如何产生一个粒子系统及其产生、生长和消亡的过程，然而粒子系统也是可以被“复制”的，我们同样可以借助动态数组来管理多个粒子系统。在本案例中，单个粒子类与粒子系统类的定义与案例10-2相同，所不同的是我们用动态数组systems来存储若干个粒子系统ParticleSystem，如代码10-3第一行所示。然后分别对每个粒子系统进行管理与操作。本案例中，通过单击鼠标，在鼠标单击的位置产生一个新的粒子系统。图10-3所示为本案例的运行结果图，在不同的鼠标单击位置分别产生一个新的粒子系统。

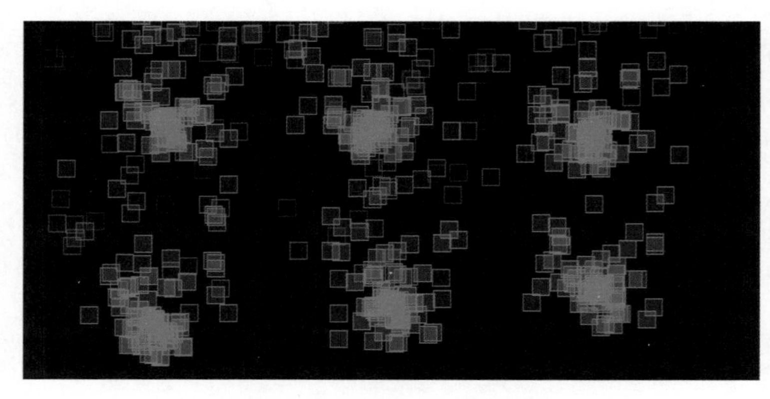

图10-3　案例10-3结果图

第 11 章　分形艺术

【本章重点】

1. 了解计算机生成艺术的概念。

2. 了解分形艺术的概念。

【本章难点】

分形的实现。

【本章学习目的】

了解计算机生成艺术、分形艺术的概念，掌握分形的本质，并将其应用到视觉创作当中。

在前面的章节里，给大家介绍了不少简单图形的绘制函数，我们可以用这些图形绘制函数或者其组合创作出各种我们想要的画面和视觉效果。除了这些简单的图形之外，如果我们想要设计出更为复杂或有规律的图案效果的话，分形艺术可以帮助我们。

11.1 计算机生成艺术

在谈分形艺术之前，我们先来简单了解一下什么是计算机生成艺术，即通过设计一定的规则或算法，让计算机自己生成出难以复制的结果（艺术品）。计算机生成艺术之所以成为可能，与计算机技术的发展有着直接必然的联系，尤其是计算机强大的图像处理能力。早在20世纪50年代，Ben F. Laposky就创作了世界上第一个计算机生成的艺术作品，德国艺术家Franke也开始创作其计算机艺术作品，并首次提出“计算机艺术（Computer Art）”的概念。到1971年，巴黎现代艺术馆首次展出了计算机生成艺术（Computer Generated Art）作品。

根据计算复杂度（不同于视觉复杂度），计算机生成艺术可以划分成四个不同的等级：

第一等级：完全需要人的参与，同时借助已有的绘画软件。这些绘画软件为我们提供各种不同的视觉元素，我们可以通过选择不同的视觉元素、数字画笔等，利用鼠标或数绘笔在计算机屏幕上完成自己的绘画作品。

第二等级：该等级要求我们输入不同的属性值或是类型和数学公式，计算机会根据这些输入的数据自动计算并输出所生成的结果。最具有代表性的就是分形艺术了。

第三等级：该等级的实现方法通常是启发式的。它主要有两种方法：生成式方法和转化式方法。比如，艺术家风格作品的生成属于生成式方法，抽象画转化属于转化式方法等。

第四等级：这个等级将会实现更高一级的极具创新性的艺术设计与创作形式，目前还未能实现。当然，这一等级的实现与人工智能、人工情感技术的发展有着密切的关系。

11.2 分形艺术

回到第二等级中的分形艺术（Fractal Art），与传统艺术不同，分形艺术实现了数学与美学的完美融合，科学与艺术的结合统一，并已经较好地应用到了计算机生成艺术以及数据可视化当中。分形，也称为不规则几何元素，是维度并非整数的几何图形，在不断细化的尺度上进行自我重复，进而呈现出一种不规则的美。分形艺术最早由IBM的数学家曼德尔布罗特（Benoit Mandelbrot）首先提出。

简单地讲，分形艺术所表现出的是一种对称美，一种在不同尺度下局部与整体的对称美，很好地阐释了“一沙一世界”的哲学原理，用艺术的形式展现出了数学的美，用可视的图形表现抽象的数学公式。如图11-1所示，为一个非常经典的分形艺术作品，大家仔细观察这幅作品的整体与每一个细节部分，会发现整体的结构形状与每一个分支结构惊人的相似，甚至完全相同。

图 11-1　分形艺术作品示例图

具体来讲，分形艺术主要具有以下四个特点：

• 自相似性：某个目标的每一个细小的组成部分或者分支结构与该目标的整体结构是相似的，甚至是完全相同的。

• 无限精细：无论在多小的尺度下，都具有一样精细的结构。换句话说，即使分支结构越来越小，但其结构依旧清晰可见，并不会因为尺寸的缩小而丢失细节内容和信息。

• 不规则性：在分形艺术中，并不是所有的分支结构都是具有几何规则性的，更多情况下是不规则的，无法用简单的几何图形形容或描述。

• 分形维度：所谓分形维度，指的是通过对某结构的复杂度的量化来刻画分形模式的一个索引值。

11.3 分形艺术案例分析

下面，我们以松树结构为例来具体了解一下什么是分形。我们可以把一棵松树分为三个层次：整棵树、分支与子分支。子分支的形状与分支的形状相同或相似，分支的形状与整棵树的形状相同或相似，并且子分支的形状与整棵树的形状也是相似的。这种现象也是经常出现在大自然中的。

那么，我们如何在程序中设计并生成分形曲线呢？递归，即反复地调用自身的函数是产生分形模式的主要方法之一。下面我们通过生成Cantor曲线的案例来具体看一下是如何实现函数自己调用自己并产生分形效果的。

○案例11-1：

Cantor曲线的绘制。

分析：图11-2所示为Cantor曲线。从图中不难看出Cantor集起始于一条直线：

line（x，y，x+len，y）；

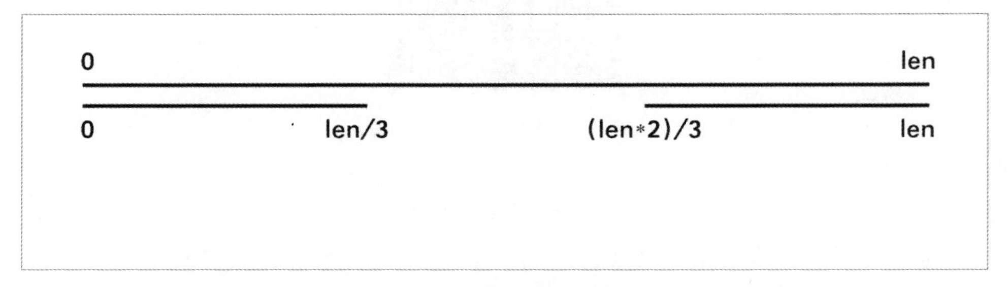

图11-2 Cantor曲线示意图

根据Cantor集的生成规则，我们每次除掉当前这条直线中间的1/3，剩下两边的1/3，即从起始直线左端到该直线的1/3处（0-len/3），和从该直线的2/3处到其右端点［（len*2）/3-len］：

```
line(x, y, x+len/3, y);
line(x+len*2/3, y, x+len, y);
```

即cantor（ ）函数：

```
void cantor(float x, float y, float len){
  line(x, y, x+len, y);
  y+=20;
  line(x, y, x+len/3, y);
  line(x+len*2/3, y, x+len, y);
}
```

下面，我们对这两条新生成的直线继续分别执行上述同样的操作，即对这两条新生成的直线执行cantor( )函数的操作：

```
void cantor(float x, float y, float len){
  line(x, y, x+len, y);
  y+=20;
  cantor(x, y, x+len/3);
  cantor(x+len*2/3, y, len/3);
}
```

这种在cantor( )函数内部调用cantor( )函数本身的操作被称为递归。如此不停地重复调用本函数自身，势必会造成无限循环，永远不停地执行下去。当然，这不是我们想要的结果。因此，递归结构中往往会设置一个递归的出口，即递归停止的条件。本例中，我们将递归停止的条件设置为：当直线的长度小于1时，递归停止运行结果如图11-3所示。

图11-3　案例11-1运行结果图

• 代码11-1：

```
void setup( ){
  size(800, 500);
  background(0);
  stroke(255, 0, 0);
```

```
    strokeWeight(1);
  }
  void draw( ){
    cantor(10, 100, width-30);
  }
  void cantor(float x, float y, float len){
    if (len>1){
    line(x, y, x+len, y);
    y+=80;
    cantor(x, y, len/3);
    cantor(x+len*2/3, y, len/3);
   }
  }
```

曲线可以说是分形艺术最简单、最经典的表现，可以通过计算机的迭代与递归来生成。Koch曲线为另一个简单的自相似曲线的例子，由数学家Helge von Koch于1904年发现，如图11-4所示。

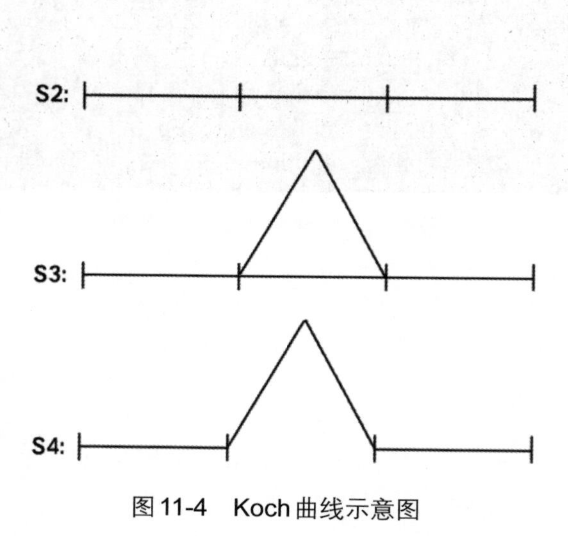

图11-4 Koch曲线示意图

通常，构建一个Koch曲线需要以下几个步骤：

步骤1：从一条直线段开始，称为k_0；

步骤2：将每一条线段分成三等分；

步骤3：将中间那一等分用一个等边三角形替代。该等边三角形的边长为中间这一等分的长度；

步骤4：去掉中间等边三角形的底边；

步骤5：重复n次步骤S2到S4。

○案例11-2：

生成自相似Koch曲线。

●代码11-2：

```
ArrayList<KochLine> lines;
void setup( ){
  size(600, 300);
  background(255);
  lines=new ArrayList<KochLine>( ); //创建一个数组列表
  PVector start=new PVector(0, 200); //从窗口的左边开始
   PVector end=new PVector(width, 200); //到窗口的右边
结束
   lines.add(new KochLine(start, end)); //第一个Koch曲线
对象
  for(int i=0; i<5; i++){
      generate( );
  }
}
void draw( ){
  for (KochLine l : lines){ //循环显示Koch曲线对象
    l.display( );
  }
```

```
}
void generate( ){
  ArrayList next=new ArrayList<KochLine>( ); //创建下一个数组列表
  for (KochLine l: lines){ //对于每一个当前的直线执行下面的循环
  //KochLine的对象有五个方法，每个都会按照Koch规则返回一个向量
    PVector a=l.kochA( );
    PVector b=l.kochB( );
    PVector c=l.kochC( );
    PVector d=l.kochD( );
    PVector e=l.kochE( );
    //添加四条新的直线，需要知道怎样计算出这些直线的位置
    next.add(new KochLine(a, b));
    next.add(new KochLine(b, c));
    next.add(new KochLine(c, d));
    next.add(new KochLine(d, e));
  }
  lines=next; //新创建的数组列表next成为当前的数组列表lines
}
class KochLine {
  PVector start; //两个点start和end之间的一条线
  PVector end;
  KochLine(PVector a, PVector b){
    start=a.get( );
    end=b.get( );
  }
```

```
void display( ){
  stroke(0);
  line(start.x, start.y, end.x, end.y); //从向量start到向量end画线
}
PVector kochA( ){ //KochA( )与KochE( )中使用get( )方法返回一个复制的向量
  return start.get( );
}
PVector kochE( ){
  return end.get( );
}
PVector kochB( ){
  PVector v=PVector.sub(end, start); //从start到end的向量
  v.div(3); //向量长度的1/3
  v.add(start); //在直线的起始端添加该向量以找到新的点
  return v;
}
PVector kochD( ){
  PVector v=PVector.sub(end, start);
  v.mult(2/3.0); //与KochB( )不同的是移动到直线的2/3处，而不是1/3处
  v.add(start);
  return v;
}
PVector kochC( ){
  PVector a=start.get( ); //从起始端开始
```

```
        PVector v=PVector.sub(end, start);
        v.div(3); //将1/3的路径移动到B点
        a.add(v);
        v.rotate(-radians(60)); //将直线向上旋转60°
        a.add(v); //沿着向量移动到点C
        return a;
    }
}
```

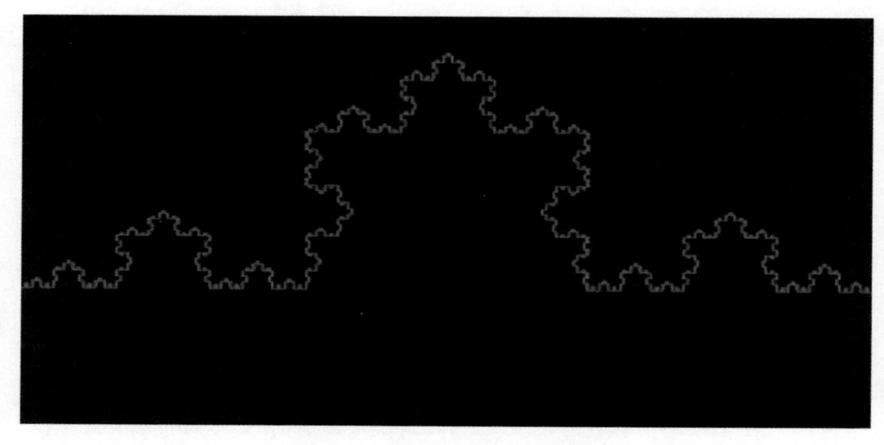

图11-5　案例11-2运行结果图

在这个案例中，我们定义了一个KochLine类，并用ArrayList来记录由该类派生出来的所有对象。这样一来，我们不仅可以生成曲线本身，还可以将每一个部分作为单独的对象进行跟踪、移动或其他处理。

类似的分形艺术还有很多，比如Dragon曲线、Hilbert曲线、Levy曲线等，大家有兴趣的话可以尝试着编写程序实现一下。

语法篇

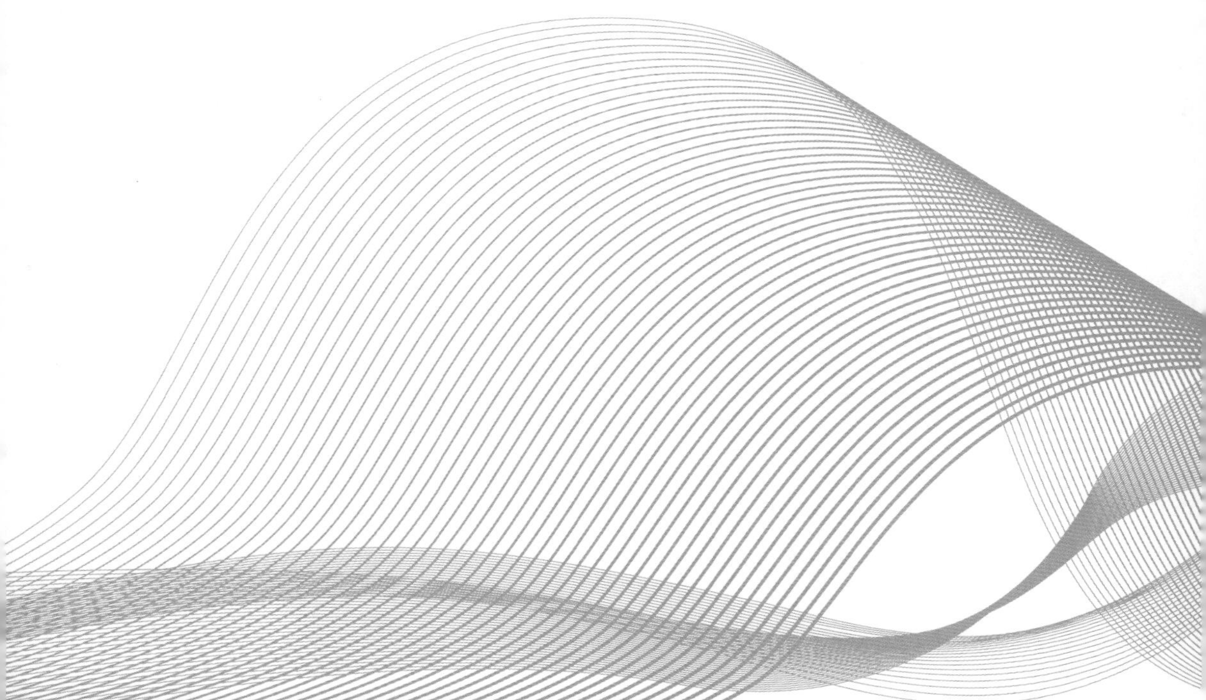

第 12 章　常用语法

12.1 语句（Statement）

对于任何一种计算机语言来说，其在计算机中的执行顺序均是按照从上到下、从左到右的顺序逐字逐句地执行。无论程序复杂与简单，其在计算机中的执行顺序是不会发生改变的。当然，Processing 语言也不例外。

语句（statement）是计算机程序的重要组成部分。例如，案例 1-2 中的语句“size（300，600）；”和“background（125）；”均为一条完整的语句。在 Processing 语言中，每一条完整的语句都以“；”结束，这里“；”的作用就是告诉计算机本条语句的结束和下一条语句的开始。当然，不同的计算机语言会用不同的符号表示一条语句的结束，有的用“,”来表示，有的用“回车”来表示。

计算机程序中的每一个函数都由若干条语句组成，且每一条语句都有其各自的作用，完成一定的功能。计算机语言中除了顺序执行的基本语句之外，还有循环语句、条件语句等各种不同结构类型的语句，后面我们会一一讲解。

12.2 语句块

语句块由若干条语句组成，也称其为模块。通常，一个语句块可以实现一个完整的功能，用花括号“{ }”将属于同一个语句块的语句括起来。另外，所有属于同一个函数的语句也要用花括号括起来。比如，我们已经接触到的 Processing 语言中的函数 setup（　）和 draw（　）。这两个函数分别实现设置和绘画两个基本功能，所有属于这两个函数的语句都分别放在两对花括号内，左花括号意味着本函数的开始，而右花括号意味着本函数的结束。再如，前面讲过的for循环语句，所有属于该循环结构的语句都放置在一对花括号中。

12.3 关于setup（ ）与draw（ ）

在Processing编程语言中，每一段程序都包含两个由一对花括号“{}”括起来的函数：setup（ ）和draw（ ）。其中，设置函数setup（ ）在整个程序的运行过程当中只运行一遍，而draw（ ）在默认情况下按照每秒35次的频率不停反复运行，我们会利用draw（ ）函数的这个特性来实现画面的动态效果。通常，setup（ ）置于draw（ ）的前面，即：程序会先执行setup（ ），而后再执行draw（ ）。整个程序的运行中只需要运行一遍的、常规的且不会再发生改变的属性设置语句通常会放在setup（ ）函数里面，而需要不断更新和反复执行的语句和内容则放在draw（ ）函数里面。比如，设置画布大小时，我们不允许在程序运行过程中随意改变画布的大小，因此设置画布大小的语句应放在setup（ ）函数里面，且只运行一次。

12.4 函数（Function）

课堂上，我们提到的可以实现一定功能的程序段setup（ ）、draw（ ）、size（ ）、background（ ）等在计算机语言中有其专有的名字：函数（Function）。函数是计算机程序的主要组成部分，单词“function”还有一种中文解释就是“作用、功能”，我们可以理解为每个函数都可以完成某一种功能，程序中用一对花括号“{ }”将属于某一个函数的所有语句括起来。换句话说，我们可以简单地理解一个函数其实就是实现某个具体的功能。

简单来讲，一个完整的函数由函数头和函数体两部分组成。其中，函数头包括函数名、参数与返回值类型，而函数体则包括若干条语句。函数名的后面紧跟一对小括号，根据该函数要实现的具体的功能，小括号里面可以为空，也可以有不同个数的用逗号隔开的参数（Parameter）。所谓参数，顾名思义，可以理解为参与运算的数据，根据具体设置的参数的数值和参数的数量的不同，该函数所实现的具体功能也有所不同。比如，函数size（ ），用来设置画布的大小，size是该函数的名字，根据该名字也可以猜到该函数的功能。这里需要强调一点，即：养成良好的命名习惯，与变量的命名一样，函数的名字也应尽量做到见名知意。这样有助于帮助读者理解和记住某个函数的功能和作用。既然要设置画布的大小，就要具体给出所要设置的画布的宽（width）和高（height）。这里的宽和高就是函数size（ ）的两个具体的参数，放在小括号内，中间用逗号隔开，如size（800，800）。再如，setup（ ）函数，不需要任何具体参数的设置，因此小括号里面为空。注意：小括号内参数的放置顺序是不可以随意改变的。比如，size（800，800）中第一个参数800一定是画布的宽，而第二个参数800一定是画布的高，不可以随便交换二者的位置。

既然每个函数都可以实现一定的功能，那么根据该函数所具体实现的功能会有一个反馈，我们称这个反馈为返回值。这个返回值可以是空的，即不返回任何具体的数值，而是返回一个动作或者抽象的功能；也可以是一个具体的数值。我们可以根据函数返回值的类型来判定该函数的类型。换句话说，函数的返回值类型是根据每个函数本身所得到的运行结果来确定的。比如，对于函数setup（ ）和draw（ ）而言，由于没有任何具体的运行结果，而只是实现完成了某种功能，这两个函数的返回值类型为“空”。如果函数的运行结果为一个具体的整数或浮点数，该函数的类型就是int或者float，具体情况具体分析。

函数还可以分为库函数和自定义函数两大类。比如，函数size（ ）是Processing语言中已有的库函数，我们可以直接拿来用。而有些Processing语言中没有的函数，需要我们自己定义和设计的，被称为自定义函数。函数的命名规则与给变量命名的规则相同。我们在给自定义函数命名时也要注意“见名知意”这个命名习惯，且自定义函数的名字不能与系统已有函数的名字以及系统变量和常量的名字相冲突。如果函数名由多个单词组成，习惯将第一个单词全部小写，而后面的每个单词只有首字母大写，这样的命名习惯更容易识别函数名的含义。比如，后面我们会讲到的设置线条宽度的函数strokeWeight（ ），其中stroke表示画线的线条，全部小写；而Weight表示线的重量和粗细，只有首字母大写。

12.5 大小写问题

不同的计算机高级语言具有不同的大小写规则，有的语言大小写敏感，而有的语言大小写无区别。在Processing语言中，大写字母和小写字母是有区别的，比如‘A’与‘a’是两个不同的字母，Size（ ）和size（ ）是两个完全不同的函数名。

关于大小写的问题，有一些属于书写习惯，而有一些属于硬性的要求和规则。从习惯上讲，Processing语言中的函数名或者变量名都由小写字母组成。关于更多书写习惯，我们在具体章节会具体做出解释和说明。比如，当变量名由多个单词组成时，习惯将第一个单词全部小写，而后面的单词只有首字母大写，等等。这里，我们首先需要树立的一个观念就是：在Processing语言中，大小写字母是敏感的、不同的。

12.6 注释语句

首先要声明一点，注释语句是不参与程序运行的。程序员都有这样的体会，当一段程序放置时间久了之后，再重新阅读它时，有很多语句或细节会变得很陌生，甚至会忘记那些变量或者语句的作用。另外，我们阅读别人写的程序时，会遇到一些难以理解的变量、语句，甚至函数，这就需要我们在程序中添加一些帮助我们读懂或记忆的注解语句，计算机语言中称这种起到注解作用的语句为注释语句。

通俗地讲，注释语句是写给人看的，与计算机无关，是计算机程序中唯一不参与执行和运算的语句。也就是说，计算机不会去理会和读入这些注释语句，它们的作用就是帮助读者理解和记忆相应语句的功能和作用。除此以外，我们在调试程序时也经常会用到注释功能，来临时暂停某些语句的运行。

当然，不同的计算机高级语言有其各自不同的标记注释语句的符号。在Processing语言中，被注释的语句用灰色的字体显示，共有两种类型的标识注释语句的符号：一种是单行注释，另一种是多行注释。

12.6.1 多行注释（/* … */）

我们要同时注释多行语句时，可以使用斜杠加星号的符号对多行语句进行注释。其中，“/*”表示多行注释的开始，放在多行注释语句的最前面；而“*/”表示多行注释的结束，放在多行注释语句的最后。如图12-1所示，程序的开始为多行注释语句。一般情况下，放在程序最前面的注释语句往往用来对整个程序的功能和作用做简单介绍，也可以包括程序的作者、编写时间等信息。

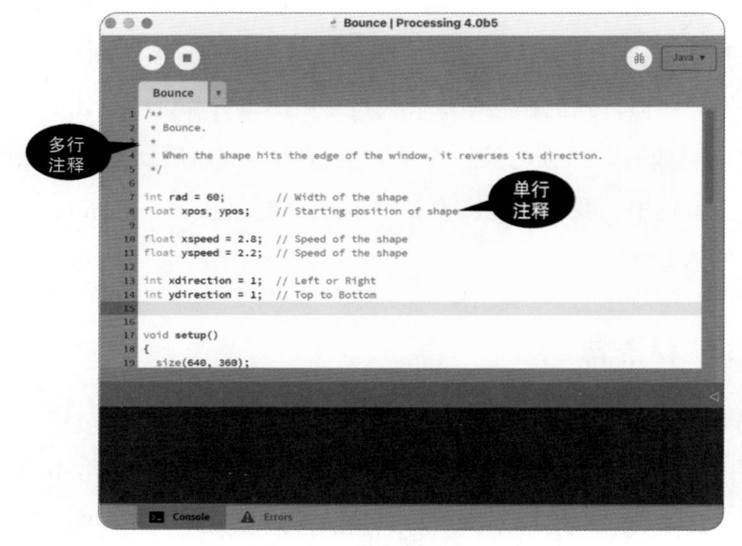

图12-1　注释语句图示

12.6.2 单行注释（//）

当我们只需要注释某一行语句时，可以用两个左斜杠置于该行语句的开始，即某一行中“//”之后的内容均为被注释的内容。

注意：两斜杠之间不能有空格，并且这个符号只能注释某一行语句。如图12-1所示，双斜杠标注的为注释当前行。当然，多行注释也可以用单行注释的方法分别分行标注。大家可以根据自己的习惯对程序的注解部分进行标注。

12.7 数据

数据的概念涵盖的范围很广，类型也很多。比如，文本信息可以被称为数据，图像、视频、音频等也可以被称为数据，我们可以用数据记录人的身高、年龄、肤色等，记录一个国家的人口、面积等。书面上来讲，数据指的是对某种物理特征的量度。记录不同的物理特征需要用不同类型的数据，并且每种类型的数据在计算机中所占据的空间也不相同。

Processing语言包含有多个不同类型的数据。比如，常用的记录数字的整型数据和浮点型数据，记录单个字母的字符型数据，记录多个字母的字符串类型的数据，记录一种颜色的颜色类型的数据，记录一张图片的图片类型的数据，以及记录一段视频、一段音频的视频类型、音频类型的数据等。具体的数据类型见表12-1。

表12-1　常用数据类型表

数据类型	大小	描述
boolean	1位	真或假，“0”或“1”
char	16位	键盘字母“a”“1”“&”等
byte	8位或1字节	字节、小数字
int	32位	整数
float	32位	浮点数
long	64位	巨大的数
String	64位	字符串
color	4字节或32字节	红、绿、蓝、透明度
PImage	不确定	图像
PFont	不确定	载入的字体
Movie	不确定	视频
Minim	不确定	音频

12.8 变量（Variable）

顾名思义，变量（Variable）就是值可以发生变化的量。我们可以把变量比作一个存放数据的储物间，其中储物间的大小根据所存放的数据的类型决定，不同类型的数据所占用的存储空间不同。储物间除了有大小和所存放的数据内容以外，每一个储物间还应有其名字来区别不同的储物间。因此，对于一个变量而言，总共由三部分构成：变量名（储物间名字）、变量类型（储物间大小）和变量的值（储物间存放的内容）。通过变量可以在一段程序中反复使用和改变某一个数据。我们在使用变量前，需要事先告知计算机在什么位置需要多大的储物间存放什么东西。也就是说，要先声明变量、变量类型及变量的初始值。

通常，变量的声明有两种形式：

• 形式一：

变量类型＋变量名；

变量名＝变量初始值；

• 形式二：

变量类型＋变量名＋变量初始值；

在第一种形式中，变量的声明和赋初值分成两步，即先声明要使用的变量，然后再对变量赋初值；在第二种形式中，变量的声明和赋初值同时进行，一步完成。

需要说明的是，在声明变量时，首先要指定变量的类型，即该变量所要存放的数据的类型。变量的类型一旦指定，在整个程序的运行过程当中则不允许再被修改。并且，在同一段程序中，不允许出现两个相同名字的变量，否则计算机会发生混淆，报出该变量数据类型重复的错误提示。

另外，在给变量命名时，建议做到见名知意，即变量的名字能够起到描述变量所存放内容的作用，而尽量避免使用诸如a，b，c等名字或者过长的名字作为变量名。当然，这并不是硬性规定，而是为了让大家养成一个良好的编程习惯。

在Processing语言中，变量的命名有以下几条必须遵守的硬性规则：

• 变量名必须以英文字母开头，不能以数字或其他字符开头；

• 变量名中可以包含字母、数字和下划线，但不能含有空格、标点符号以及其他特殊符号。

通常，我们把变量分为系统变量和自定义变量两大类：

①系统变量。Processing语言中有一种系统内置的变量类型，这种类型的变量具有固定的事先起好的变量名字，用来存储一些常用的数据。比如，当我

们设定好画布的大小，即size（200，300）之后，系统便会自动把画布的宽200和画布的高300赋给系统变量width和height。需要说明的一点是，我们在命名自定义的变量时，所使用的变量名不能与系统变量的变量名相冲突。并且，系统变量的名字往往由小写字母表示，以区别于后面要讲到的系统常量，即系统里已有的、其值在程序运行当中不会发生变化的量，比如我们前面讲到的PI等。通常，系统常量都用大写字母表示。

②自定义变量。我们在程序中新声明的变量，而非系统自带的。需要经过声明、赋初值等才可以使用。其命名规则与系统变量相同。

不同的变量，其在程序中出现的位置不同，所作用的范围也不相同，即程序中的哪些语句可以使用该变量，而哪些语句不可以使用。根据所在位置，即作用域的不同，变量分为局部变量和全局变量两类。

①局部变量。通常，Processing程序包含setup（ ）和draw（ ）两部分。在函数setup（ ）内声明的变量只能在setup（ ）内使用，而不能在函数draw（ ）内使用。同样，在函数draw（ ）内声明的变量只能在函数draw（ ）内使用，而不能在函数setup（ ）内使用。这种在某一个程序块或函数内声明的变量为局部变量，其作用范围仅限于该程序块或函数内，程序中的其他任何程序块都无权使用该变量。需要说明的是，在循环语句中声明的循环变量只作用于该循环语句块内，循环语句结束后，系统会自动收回分配给该循环变量的空间，撤销该变量。

②全局变量。相对于局部变量，另一种在所有函数之外声明的变量为全局变量。顾名思义，全局变量可以被用于整个程序的各个位置。通常，全局变量在所有程序块或函数之前声明，放在整个程序的最前面。当然，程序中任何一个函数都可以使用和修改全局变量的值，大家在使用全局变量时一定要注意这一点。

12.9 for循环结构

所谓循环，即重复不停的执行，直到遇到需要停止执行的条件才停止循环的执行。在计算机语言中，我们用循环结构来处理需要重复不停运行的语句。for是循环语句的关键字，是此类循环语句的标志。

大家都知道，对于任何一个循环结构来讲，不仅要有循环开始和终止的条件，还要有循环每次执行时更新的条件。缺少循环开始的条件，循环则无从进行；缺少循环结束的条件，循环将会无休止地执行下去，而形成“死循环”；而如果缺少循环更新的条件，每次循环都会执行相同的内容，进而失去循环的意义。因此，完整的循环结构都要具备开始条件、终止条件和更新条件，三者缺一不可。

对于for循环结构主要有以下几种常用的形式：

12.9.1 单层循环

例：
```
size(300, 300);
for (int y=50; y<=300; y+=30){
    rect (50, y, 50, 10);
}
```

单层循环是最简单的一种循环结构，我们把循环每次运行时发生变化的变量叫作循环变量。比如，上述例子中for循环体内声明的变量y，语句rect（50，y，50，10）每运行一次，y的值就会发生一次变化。花括号内的为循环体，即每次循环运行的内容，比如上例中花括号内的语句“rect(50，y，50，10)；”。for后面括号中的内容由三个部分组成：初始化、判断终止条件和更新。只要不符合终止条件，循环体语句就会继续重复执行下去。初始化部分为循环体的开始赋一个初始值，循环每运行一次都会判断一下是否满足循环终止的条件，若满足则停止运行，跳出循环体；否则更新循环变量继续重复执行循环体语句。

具体来看，循环开始运行时，首先需要对循环变量赋一个初始值，来开始第一次循环。上述代码中，第一次循环时循环变量y=50，即画的是第一个矩形rect(50，50，50，10)，其中for为循环语句的关键字，表示循环的开始。for语句括号内第一项对循环变量进行初始化（int y=50），第一重循环结束后，循环变量会发生有规律的变化，for语句括号内第三项给出了循环变量更新变化的规律（y+=30）。循环什么时候停止是另一个需要考虑的问题，for语句括号内第二项限制了循环的界限（y<=300），即循环停止的条件，for语句括号内的三项内容分别用“；”隔开。那么，在第二重循环时，y的值更新为80，循环体语句则变成画矩形函数rect（50，80，50，10）；在第三重循环时，y的值更新为110，循环体语句则变成画矩形函数rect（50，110，50，10）。以此类推，直到循环变量y的值超过300，即y>300，循环结束。

整个循环过程，我们还可以通过一个流程图来解释，如图12-2所示：

```
for(初始化; 判断终止条件; 更新){
  循环体语句;
}
```

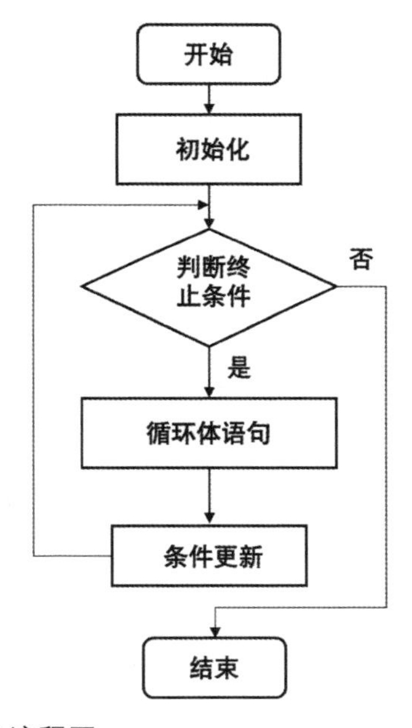

图12-2　for循环结构流程图

步骤1，执行循环变量的初始化。

步骤2，判断是否满足终止条件。

步骤3，若满足终止条件，循环终止，跳至步骤6；否则，继续执行步骤4。

步骤4，执行循环体语句。

步骤5，执行更新语句，更新循环变量的值，并跳转到步骤2。

步骤6，退出循环结构，继续执行循环结构后面的语句。

12.9.2 for循环结构的嵌套

我们需要画一行矩形时，可以用我们前面讲过的循环结构，即：

```
for(int x=5; x<300; x+=20){
  rect(x, 5, 10, 10);
}
```

我们需要画一列矩形时，同样可以用我们前面讲过的循环结构，即

```
for(int y=5; y<300; y+=20){
    rect(5, y, 10, 10);
}
```

而如果我们需要画图12-3所示的15行15列矩形，该怎么办呢？也就是说，我们要在画布上绘制15×15矩形。正常的手绘顺序无外乎有两种情况：一行一行地画和一列一列地画。模拟人类绘画的顺序，我们用计算机语言也是同样的，可以按行或者按列依次绘画。

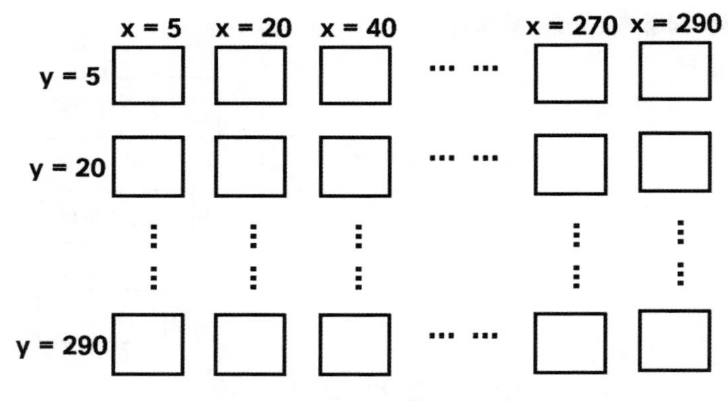

图12-3　15行15列矩形示意图

具体来讲，假设我们按行来画，画第一行矩形时，这一行中所有的矩形都有一个共同的特点，即：这些矩形左上角顶点的坐标y是相同的，不会发生改变，发生变化的是每个矩形的坐标x，从左到右依次等间距地增大。而对于第二行所有的矩形而言，它们的y坐标相同且比第一行矩形的y坐标有所增加，x坐标依旧按照从左到右的顺序依次增大。以此类推，第三行、第四行……均遵循这个规律。

换句话说，双重for循环就是两个嵌套在一起的for循环结构。第一层（外层）for结构来控制行数的变化，即y坐标的变化；第二层（内层）for结构来控

制列数的变化，即x坐标的变化。外层的循环执行一次，内层的循环执行一轮。图12-4为双重for循环结构的流程图。

```
for(初始化1; 判断终止条件1; 更新1){
    for(初始化2; 判断终止条件2; 更新2){
        循环体语句;
    }
}
```

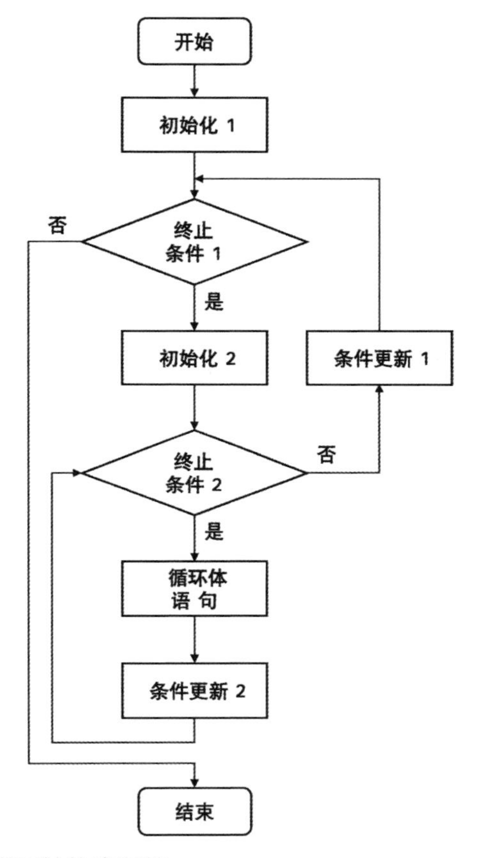

图12-4 双重for循环结构流程图

上面介绍过双重嵌套for循环之后，我们大胆地想象一下：如果要在一个3D的空间内画一组空间排列的矩形，该怎么办呢？也就是说，我们不仅要考虑第几行（X）第几列（Y），还要考虑深度（Z）。那么，在这种情况下，就可以在双重循环的基础上再嵌套一层来控制Z轴坐标的变化。当然，由此可以看出，for循环不仅可以双重嵌套，还可以多重嵌套。需要说明的是，过多地嵌套循环结构会使程序的运算速度降低。大家要根据具体情况合理设计自己的循环结构。

12.10 while循环结构

同for循环类似，while是这种循环结构的关键字，我们可以按照while本身的字面意思来理解这类循环结构，即“当…的时候，就…”。条件成立时就执行花括号中的循环体语句，否则就跳出该语句块，执行while语句块之后的内容。

图12-5为while循环结构的流程图。用这种循环结构来画一行矩形，相当于把for循环中的三个部分（初始化、终止条件和更新）分开来写。初始化语句写在while循环的前面，即在循环开始前先进行循环变量的初始化；判断循环终止的条件依旧放在关键字while后面的括号里，而循环变量的更新语句则写在循环体内部，以保证循环结构每运行一次循环变量就会更新一次。

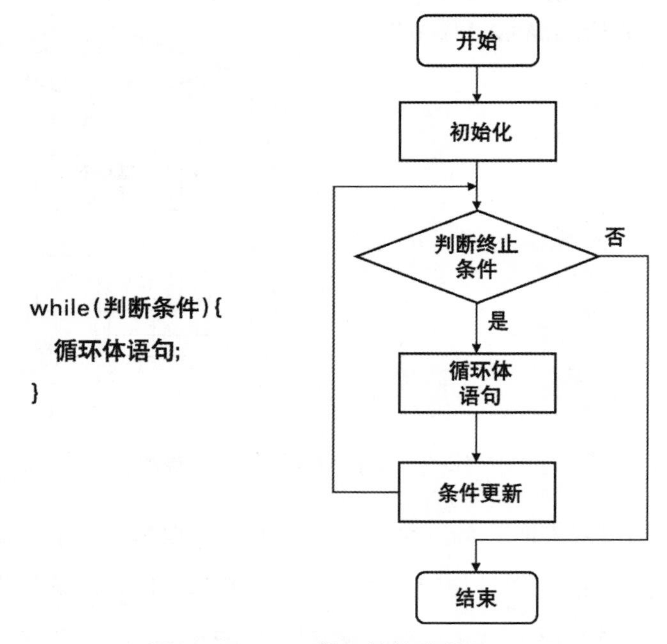

图12-5　while循环结构流程图

例如：

```
int x=0;
while(x<300){
    rect(x, 0, 15, 15); //(1)
```

```
        x+=30; //(2)
    }
```

x的初始值为0，只要x<300就执行花括号里面的循环体语句（1）（2），即画矩形并将x的值更新。

12.11 do...while循环

在前面讲过的while循环中，只有当判断条件成立时才执行花括号内的循环体语句；若判断条件不成立，则循环体语句一次也不会被执行。但是，如果我们希望无论在什么条件下都至少执行一次循环体语句时，则需要用另一种形式的循环结构，do...while循环。图12-6为该循环结构的流程图。

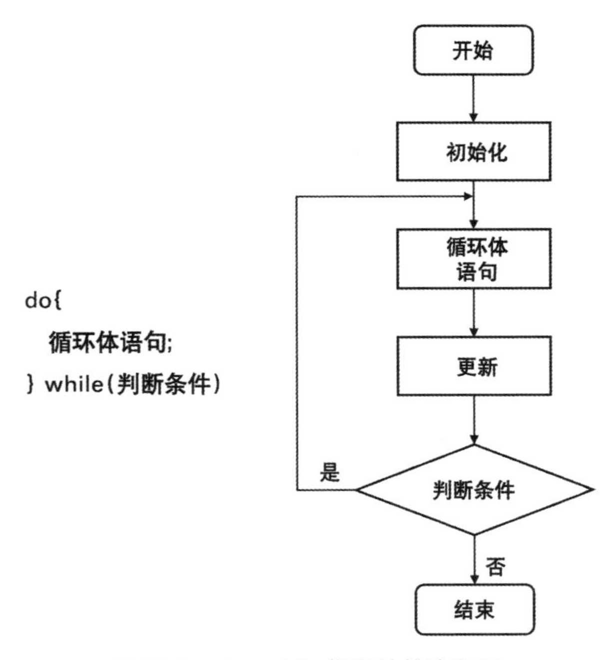

图12-6　do...while循环结构流程图

例如：

```
int x=0;
do{
    rect(x, 0, 15, 15); //(1)
```

```
        x+=30; //(2)
    } while(x<300)
```

在这种情况下，x的初始值没有改变，依旧为0，所不同的是，无论当前x的值是否满足小于300的条件，循环体语句（1）和（2）都要执行一遍。换句话说，这种循环结构下循环体语句至少要执行一次。而在while循环结构中，如果循环条件为“假”，循环体语句是不执行的。

12.12 死循环

前面我们讲过，循环语句都需要有开始条件、结束条件和更新条件来控制循环体语句的执行。而如果结束条件缺失或者某个条件出现什么错误的话，就会造成一种非常特殊的情况——死循环。我们来看一个小例子：

```
int x=0;
while(x>=0){
    rect(x, 0, 10, 10);
    x+=20;
}
```

这个例子中的循环执行条件为x >=0，而根据x的初始值以及循环体内x的更新语句x+=20，x的值是永远不会小于0的，这里的判断条件也是永远为“真”的，这样一来，循环体就会无休止地被执行下去。这种情况被称为是“死循环”。我们在写程序的过程中一定要尽量避免这种情况的发生，注意循环终止条件的设置。

12.13 流程图（Flow Chart）

我们可以把流程图比作纸上绘画之前勾的草稿图、结构图等，是用图形的方式来表示和描述程序的执行过程。流程图是一种最常用的描述语句结构的方法，清晰，直观，易懂。在流程图中，我们可以用各种不同的图形来表示不同类型的操作，用线条表示每个操作的执行步骤和方向。当然，这些图形来自国家标准GB 1526-89，与国际标准化组织ISO（Inernational Standard Organization）提出的ISO流程图符号是一致的。表12-2中列出了常见的图形。

表 12-2　流程图常用符号及作用表

图形符号	作用
	起止框，用来表示程序的开始和结束
	输入、输出框，用来表示程序输入和输出的信息，比如变量的声明等
	处理框，用来表示赋值以及其他各种计算
	判断框，用来判断条件是否成立，若条件成立，则出口标明“是”否则标明“否”
↑ ↓ ↓	流程线，用来连接各个程序框

如图 12-7 所示，为画多个矩形程序的流程图。程序开始首先要设置画布的大小，而后设置要画的第一个矩形的位置，判断其位置是否超出所限制的范围；若没有超出，即满足判断的条件，则画出该矩形，并将矩形的位置坐标更

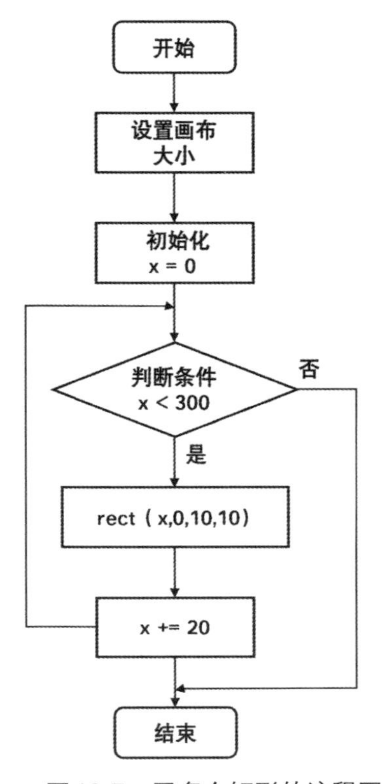

图 12-7　画多个矩形的流程图

新，继续判断条件 x<300；否则，循环结束，跳出循环，程序结束。

12.14 代码书写格式与习惯

选中所有的代码，并点击Edit（编辑）菜单下面的Auto Format（自动格式化）选项时，我们会发现所编写的代码会自动地被调整、对齐格式，呈现出一种缩进、嵌入式的形式，通过这种嵌入式的结构可以更容易地区分各条语句之间的从属与包含关系。

比如，我们刚刚讲过的双重嵌套式的for循环结构，这种嵌入式结构形式可以理解为一种包含式结构，即第二层循环包含在第一层循环结构中。因此第二层循环比第一层循环缩进了几列；而rect语句从属于第二层for循环，因此rect语句又比第二层的for语句缩进了几列。这种缩进式结构可以很清晰地帮助我们了解和看清程序的结构分布。当然，我们在编辑语句时，若在每行的结束按回车键，系统则会根据输入的上下文内容决定是否需要缩进，从而自动调整下一行的开始位置。

需要说明的是，虽然上述讲到的只是在编程过程中的代码书写习惯问题，不会影响程序的运行与对错，但我们在书写的过程中应尽量避免所有语句都是从第一列开始，没有任何缩进关系。这种形式不利于代码的阅读和理解，不是一种良好的书写规则。

另外，关于花括号的位置通常有两种书写习惯，以for循环结构为例：

①左花括号放在与for语句同行的位置，右花括号自成一行，作为这个语句块的结束放在这个语句块的最后面的位置。

例如：

```
for( int x=0; x<300; x+=20 ){
    rect( x, 0, 5, 5 );
}
```

②左右花括号分别各占一行，两个花括号内的语句自动缩进，且左右花括号位于相同的列。这样一来，我们可以很清楚地看到哪些语句是从属于这个for循环结构的。

例如：

```
for(int x=0; x <=290; x+=20)
{
    rect(x, 0, 10, 10);
}
```

大家可以根据自己的喜好和习惯选择不同的格式来书写和安排自己的程序代码结构，养成良好的程序书写习惯。

12.15 运算符

运算符，顾名思义，就是要执行的运算的符号，比如我们常见的“+”“–”“*”“/”等。针对不同的运算对象，有不同类型的运算符，主要包括算数运算符、关系运算符、逻辑运算符、赋值运算符等，见表12-3。

表 12-3　常用运算符表

名称	运算符	示例
圆括号	（ ）	x/（y–z）
常用算术运算	+，–，*，/，%	x+y，x–y，x*y，x/y，10%3
自增自减与取反	++，––，–	x++，––y，–z
关系运算	<，>，<=，>=，==，！=	if（x<y）
逻辑运算	&&，||，！	if（（x>2）&&（y<6）），！z
赋值运算	=，+=，–=，*=，/=，%=	x=0，y+=5

下面，我们分别对这几种常用的运算符进行具体的介绍。

12.15.1 圆括号运算符

在各种常见的运算符中，有一种比较特殊的圆括号运算符，这种运算符主要用来改变各个操作符之间运算的先后顺序，即：先计算括号里面的，再计算括号外面的。括号运算符在各种表达式中起着重要作用，可以达到改变运算顺序的目的。

例1：

```
x*(y+30)
```

在没有括号的情况下，该式子的运算顺序按照从左到右、先乘除后加减的顺序执行，而这里的括号使运算顺序变为先计算括号内的加法，再计算括号外的乘法。

12.15.2 算术运算符

+、-、*、/、-（取反）是常见算术运算符，这几个运算符的作用与我们数学中学过的一样，这里就不再多讲。

++和--是自增和自减运算符，是在变量本身的值上加1或者减1，参与该类运算的只能是整数类型的变量或者表达式，而不能是其他类型的变量或表达式，也不能是常数。

例2：

```
1)int i=3;
2)int j;
3)++i;
4)j=i+3;
5)println(i); //i的输出结果为4
6)println(j); //j的输出结果为7
```

例3：

```
1)int i=3;
2)int j;
3)i++;
4)j=i+3;
5)println(i); //i的输出结果为4
6)println(j); //j的输出结果为7
```

例4：

```
1)int i=3;
2)int j;
```

3）j=++i; //相当于i=i+1; j=i;

4）println(i); //i的输出结果为4

5）println(j); //j的输出结果为4

例5：

1）int i=3;

2）int j;

3）j=i++; //相当于j=i; i=i+1;

4）println(i); //i的输出结果为4

5）println(j); //j的输出结果为3

在例2和例3两个例子中，程序运行结束后，i的值均为2，j的运算结果均为5。也就是说，当++i或者i++自成一条语句时，这两种运算的结果是一样的。而在例4和例5中，j的运算结果截然不同。在这两个例子中，i++和++i分别作为两条语句的一部分，即两个表达式参与到运算当中。在这种情况下，根据运算符“++”所放置的位置不同，其运算顺序也有所不同。在例4的语句3）中，“++i”作为一个表达式，把其值赋给整型变量j，“++”运算符放在整型变量i的前面，即先把x的值加1，然后再参与下面的运算，相当于先执行i=i+1的运算，再执行j=i的运算。而后者是x先保持当前的值参与下面的运算，然后再加1，相当于先执行j=i，然后再执行i=i+1。--运算符的规则与++运算符的运算规则相同。

12.15.3 取模运算符

取模运算%，可以理解为取余数的运算，10%6结果为10除以6的余数为4。比如，程序中如果要获得可以被8整除的各个值，即可用取模的运算符，模8后结果为0的即为8的整倍数。

例6：将一系列值连续增加的变量，通过取模运算将其进行有规律的变换。表12-4将一组连续增加的变量值0—12分成0—1的小序列。

表12-4 变量x取模结果对照表

x	0	1	2	3	4	5	6	7	8	9	10	11	12
x%2	0	1	0	1	0	1	0	1	0	1	0	1	0

还有一种常用的情况，比如，我们想要在画布上画一组有固定间隔的矩形，此时我们就可以将矩形的位置坐标设置为某个常数的整数倍。大家可以试着自己写一下这段程序。

12.15.4 关系运算符

关系运算符用来判断和比较两个数据或者两个表达式的大小关系，是大于、小于还是等于。运算结果只有两种情况："真"和"假"，或者"1"和"0"。如果关系运算符运算结果为正确的，整个关系表达式的结果为"真"或者"1"，否则结果为"假"或者"0"。

例7：

```
int x=2;
int y=6;
```

那么"x==y"的值则为"0"，即为"假"，而x<y的值则为"1"，即为"真"。

12.15.5 逻辑运算符

逻辑运算符用于连接多个关系表达式，我们需要判断多个关系表达式是否同时满足某个条件时使用。表12-5列出了常用的逻辑运算符。

表12-5　逻辑运算符表

表达式	值	示例
TRUE && TRUE	TRUE（1）	3<5 && 4==4
TRUE && FALSE	FALSE（0）	3<5 && 4！ =4
FALSE && FALSE	FALSE（0）	3> 5 && 4！ =4
TRUE || TRUE	TRUE（1）	3<5 || 4==4
TRUE || FALSE	TRUE（1）	3<5 || 4！ =4
FALSE || FALSE	FALSE（0）	3> 5 || 4！ =4
！ TRUE	FALSE（0）	！（3<5）
！ FALSE	TRUE（1）	！（4！ =4）

非运算（！）是单目逻辑运算，即只连接一个关系表达式，如果原有的数据或者表达式的值为"真"，非运算之后的结果则为"假"，反之亦然。

与运算（&&）连接两个关系表达式，当“&&”符号两边的表达式同时为“真”时，整个表达式的结果才为“真”。只要其中有一个为“假”，整个表达式的结果就为“假”。

或运算（||）连接两个关系表达式，只要“||”符号两边的表达式中有一个为“真”，整个表达式的结果就为“真”。当“||”符号两边的两个表达式同时均为“假”时，整个表达式的结果才为“假”。

表12-5给出了各种逻辑运算的结果。这里需要说明的是，在表达式“3<5 && 4==4”中，关系运算符“<”与“==”的优先级要高于逻辑运算符“&&”，运算时会先计算“3<5”与“4==4”的值为“1”和“1”，再计算“1 && 1”的值仍为“1”。

12.15.6 赋值运算

赋值运算符“=”是极为常用的运算符之一，是把赋值号右边的值赋给赋值号左边的变量。注意：赋值运算符虽然与数学中的等号符号相同，但功能并不相同。除了基本的赋值运算符之外，还有几种赋值运算符，比如，“+=”是把左边变量的值加上右边的数值之后再重新赋给左边的变量。同样，“-=”等另外几种赋值运算符也遵循同样的规则。

例8：

```
1）int x=3;
2）x+=2; // 相当于x=x+2
3）println(x);
```

其中，语句2）中变量x的值在初始值3的基础上又加了2，因此，该例子中x的输出结果为5。

每种运算符均有不同的优先级，如图12-8所示。其中，圆括号的优先级最高，有圆括号时一定是先算圆括号内的内容，其次是算术运算符。而对于算术运算符来说，优先级最高的是取反运算，然后是自增和自减，接下来是乘除与取模，最后是加减运算。同一优先级的运算符按照算术表达式从左到右的顺序进行运算。比算术运算符优先级低一级的是关系运算符，而且各个关系运算符之间是平级的关系，之后是逻辑运算符。在逻辑运算符中，“非”运算优先级最高，而“与”运算又比“或”运算的优先级更高。在所有的运算符中，优先级最低的是赋值运算符。也就是说，所有运算都执行结束并有了最终结果之后才进行赋值运算。

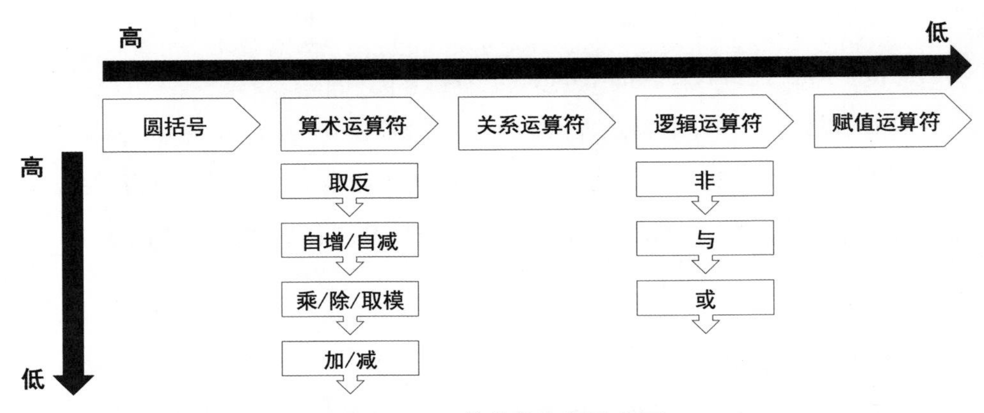

图12-8　运算符优先级示意图

例9：

```
1)int x, y, z;
2)boolean m, n;
3)x=2;
4)y=3;
5)z=4;
6)m=4>=x+1;
7)n=!(3<y+2)||z-1<2 && x<y;
8)println(m);
9)println(n);
```

该例的输出结果为：true

false

语句6）中总共包含有三种类型的运算符：赋值运算符、关系运算符和算术运算符。按照不同运算符的优先级别，应先计算算术运算，然后计算关系运算，最后进行赋值运算。因此，首先计算“x+1”的值为3，然后计算关系表达式“4>=3”，很显然这个表达式是正确的，其值为“1”，最后将“1”赋值给逻辑类型的变量“m”，即“m=1”，结果为true（真）。

语句7）中不仅包含算术运算符、关系运算符和赋值运算符，还包含逻辑运算符。按照运算顺序，首先计算算术运算“y+2”与“z–1”，其值分别为“5”和“3”；然后计算关系运算“3<5”、“3<2”和“x<y”，即“2<3”，值分别为“1”、“0”和“1”；接下来计算逻辑运算“！1 || 0 && 1”。这里既有“非”运算，还有“与”运算和“或”运算。这三种运算虽然同属于逻辑运算，但也存在优先级，其中优先级最高的是“非”运算，其次是“与”运算，最后是“或”运算。因此，这里首先计算“！1”，结果为“0”；然后计算“0 && 1”，结果也为“0”；最后计算“0 || 0”，结果为“0”，“false（假）”。

12.16 表达式

我们可以把表达式理解为汉语或者英语中的短语，是一个语句的重要组成部分。计算机语言的表达式主要分为算数表达式和关系表达式两种。并且，每一个表达式都可以得到一个具体的值，算数表达式得到的是一个数值，而关系表达式得到的是一个逻辑值。下面，我们分别来具体介绍算数表达式和关系表达式。

12.16.1 算术表达式

算术表达式即为用作计算的公式，通常包含算术运算符、数值、变量、圆括号等多种构成元素。一般情况下，算术表达式可以包含多个数值、变量、算术运算符等。

例如：

```
x*(y+80)+y/(z-15)-x%3-20
```

12.16.2 关系表达式

关系表达式由关系运算符、数值、变量、括号等构成。运算结果如果为“真”，则值为“1”；反之，运算结果如果为“假”，则值为“0”。

例如：

```
!（5<y-7）|| z+3>2 && x<y
```

12.17 条件结构

在动态篇的案例中，我们实现了椭圆小球在画布上的来回运动。小球运动到画布的边缘时会重新设置小球的位置和运动方向，我们需要告诉计算机应该如何判断小球是否运动到了画布的边界，所谓超出画布的边界。具体来讲，小球的位置坐标x大于画布的宽或者坐标y大于画布的高时，小球会超出画布的右边界或者下边界；而当小球的位置坐标x或者y小于0时，则意味着小球的位置超出画布的左边界或者上边界，此时需要重新设置小球的位置坐标x或者y及其运动方向。若小球没有超出画布的边界，矩形则继续沿原方向运动。如何在程序中判断小球是否到了画布的边界？这便要用到计算机语言中的另一种重要结构：条件结构（if），即可用来实现这个判断功能。

12.17.1 形式1（if...）

图12-9为if条件语句流程图。如果（if）判断条件为“真”，计算机就执行花括号内的语句；否则，若判断条件为“假”，计算机则跳过整个if语句块执行该语句块后面的内容。

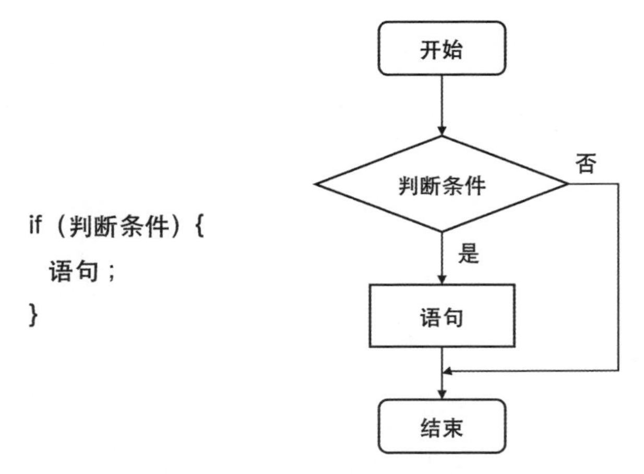

图12-9　if条件语句流程图

例如，案例5-4第12行的语句，随着函数draw( )反复运行，所画椭圆的位置坐标x的值每次增加s，每增加完之后计算机都需要判断矩形的位置是否已经超出画布的范围，这里我们用if语句来进行判断，即if(x>=width−25)。若此时的变量x大于画布的宽度，也就意味着所画的小球已经超出画布的右边界，计算机就执行if语句块内的内容，重新设置小球x坐标的位置x=0，让其重新回到画布的左边界，重新开始向右运动。否则，若x<width−25，即判断条件x>=width−25不成立，计算机就不执行if语句块内的内容，跳出来继续执行其后的语句，即rect(x，100，50，50)。

上面我们所讲的if语句结构为最简单的一种条件判断结构。下面，我们在此基础上继续来介绍其他形式的条件结构。

12.17.2 形式2(if... else...)

从图12-10中的if... else...结构的流程图中，我们可以清楚地看出，形式2比形式1多一个else(否则)。也就是说，对于形式1而言，若所判断的条件为“假”，则跳出整个条件语句块，条件语句块到此结束，对于与判断条件相逆的情况不执行任何操作。而对于形式2而言，若判断条件为“假”的话，要执行else后面的语句，即语句2。简单地说，无论判断条件成立与否，都有相应要执行的语句。

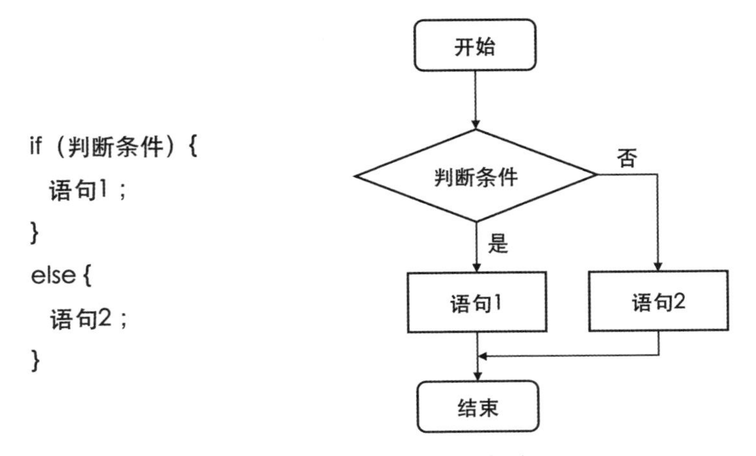

图12-10 if... else...条件语句流程图

12.17.3 形式3（if... else if...）

形式3在形式2的基础上又多了一重判断条件，即：在条件1不成立的情况下，继续判断条件2是否成立。如图12-11所示，首先判断条件1，若条件1为“真”，则执行语句块1，之后跳出该语句块；否则，如果条件1不成立，为“假”，就继续判断条件2。若条件2为“真”，则执行语句块2的内容；否则，就跳出整个条件语句。

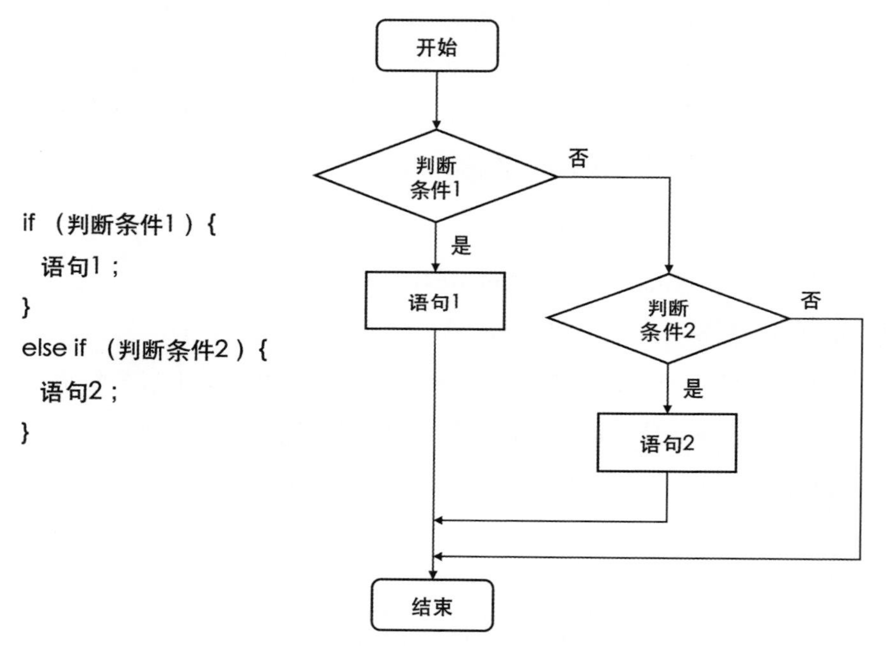

图12-11　if... else if...条件语句流程图

12.17.4 形式4（if... else if... else...）

在形式3的基础上，还可以根据判断条件的需要，继续在else if的后面添加else或者else if。如图12-12所示，在else if的后面又添加了else，即：如果判断条件2不成立，则执行语句3。原则上讲，只要判断条件需要，我们可以无限制地继续添加。

另一种需要说明的情况是，if条件语句也是可以嵌套使用的。我们需要在某一个大范围的条件下进一步判断小范围的条件时，便可以使用if语句的嵌套结构。

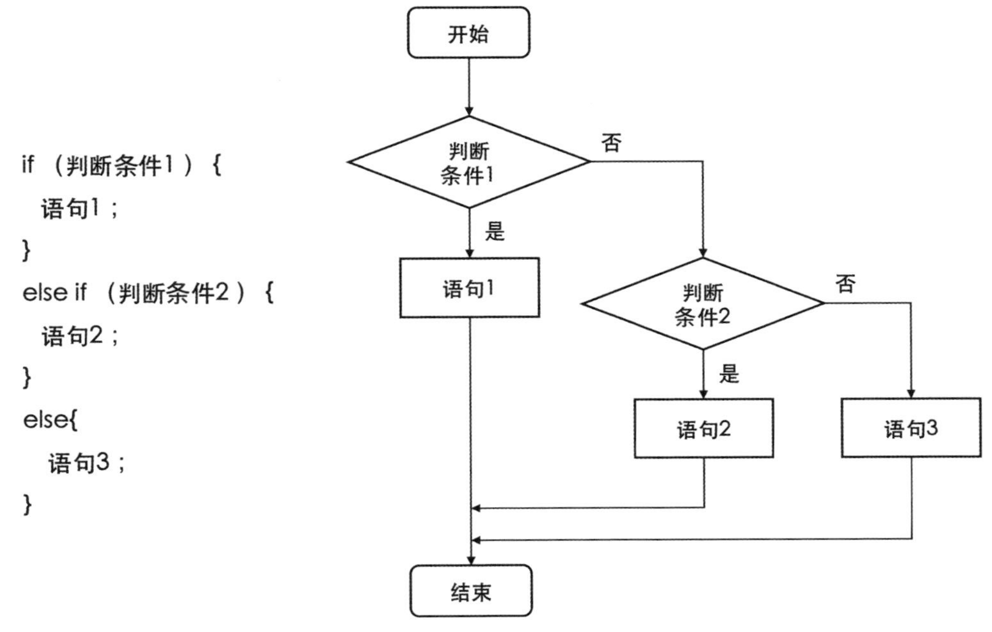

图12-12　if... else if... else...条件语句流程图

上述各种if语句的形式均是比较常见的条件语句形式，我们可以根据我们所要表达的具体内容来选择合适的判断结构形式。

12.18 数组（Array）

数组（Array），顾名思义，是一组数，是一种常用的数据存储的结构类型。简单地说，数组是一组具有相同类型和名字的数据集合。这组数据有序地存放在数组中，而且每个数据元素都具有一个区别于数组中其他数据元素的序号，我们称这个序号为数组元素的下标（Index）。通过下标，我们可以任意地读取或写入每个数组元素。举个例子来讲，如果数组是整型（int）的，该数组中存放的数据均是整数；而如果数组是浮点类型（float）的，该数组中存放的数据则均是浮点数。在Processing语言中，数组除了可以存放这些普通的数据类型之外，还可以存放图像、视频、音频等类型的数据，即图像类型的数组、视频类型的数组、音频类型的数组等。

我们可以借助数组特殊的数据结构来存储各种复杂图形的顶点信息，鼠标所运动过的位置，以及键盘所输入的一系列内容等信息，以便于这些数据的存取与使用。

对比例1与例2，假设有5个浮点类型的变量，我们可以分别声明5个不同的浮点类型的变量来存放这5个浮点数。而如果我们用一个浮点类型的数组来存放这5个浮点数的话，只需要声明一个长度为5的浮点类型的数组即可。数组的下标用来区分每个数组元素，如图12-13所示。

例1：

```
float datas1;
float datas2;
float datas3;
float datas4;
float datas5;
```

例2：

```
float[ ]datas;
datas=new float[5];
```

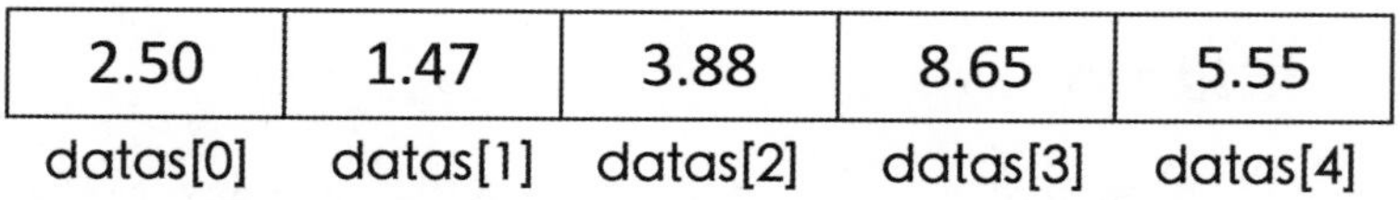

2.50	1.47	3.88	8.65	5.55
datas[0]	datas[1]	datas[2]	datas[3]	datas[4]

图12-13　数组datas[ ] 存放数据元素的下标示意图

12.18.1 数组的长度

所谓数组的长度，即数组中所能存放的数据元素的个数。程序中用数组名.length来表示和记录该数组的长度。比如，上例中数组的长度：datas.length=5，即数组datas[ ] 总共可以存放5个元素。

12.18.2 数组的下标

为了区别数组中的每一个元素，按照给数组中元素赋值的顺序依次给每个元素一个下标，也就是索引值，并用“[ ]”将下标括起来。注意：在Processing语言中，数组的下标从0开始，最后一个数组元素的下标为数组的长度-1。在个别计算机语言中，数组的下标是从1开始的。

12.18.3 数组的声明、创建与赋值

如同变量一样，在程序中使用某个数组之前，首先要声明这个数组，具体包括以下三个步骤：

▶ 步骤1：声明数组

声明数组时，在数组类型的后面加上表示每个数组元素下标的方括号“[ ]”，以区别于普通变量的声明。具体格式为：

数组类型 [ ]数组名;

例：char[ ]datas; //声明一个名为datas的字符型数组

▶ 步骤2：定义数组长度

声明完数组之后，接下来要创建数组对象，并定义其长度，即其所能存放的元素的个数。在步骤1中，我们仅仅告诉计算机需要一个空间来存放一个数组，并未告诉计算机具体需要多大的空间来存放，步骤2便是用来完成此项工作的，具体格式为：

数组名=new 数组类型 [长度];

其中，new是类中创建一个对象的关键字，数组类型［长度］则用来告诉计算机所需要的存储空间的大小：(数组类型)×长度。

例：

datas=new int[3]; //数组datas所需要的存储空间为3个整数类型变量的大小。

当然，我们可以将步骤1与步骤2合并在一起完成，即

数组类型 [ ]数组名=new 数组类型 [长度];

例：

```
int[ ]datas=new int[3];
```

▶ 步骤3：给数组赋值

通常有两种给数组赋值的方式。

方式一：逐一赋值法，即依次分别给数组中的每一个元素赋值。

例：

```
int[ ]datas=new int[3];
datas[0]=2; //分别给数组元素datas[0]到datas[2]赋值
datas[1]=18;
datas[2]=77;
```

数组长度较长且所赋的值具有一定规律时，我们可以利用for循环结构来给数组元素一一赋值。

例如：

```
int[ ]datas=new int[3];
int a=10;
for(int i=0; i<datas.length; i++){
    datas[i]=a;
    a+=10;
}
```

此时，数组中元素的值分别为10，20，30。

方式二：整合赋值法，即把数组声明与赋值整合在一起完成，将所有要赋的值放在一个花括号内。

例：

```
int[ ]datas={5, 10, 15, 35, 60, 75};
```

以上三个步骤可以采用不同的结合方式来完成数组的声明、创建与赋值。

方式一：声明→创建→赋值

这三个步骤分别依次执行，先声明，再创建，后赋值。

例：

```
int[ ]datas; //声明
datas=new int[3]; //创建
datas[0]=2; //赋值
datas[1]=18;
datas[2]=77;
```

方式二：声明+创建→赋值

将声明与创建放在一起完成，而后对其进行赋值。

例：

```
int[ ]datas=new int[3]; //声明+创建
datas[0]=2; //赋值
datas[1]=18;
datas[2]=77;
```

方式三：声明+创建+赋值

即将声明、创建和赋值放在一条语句中完成。

例：

```
int[ ]datas={2, 18, 77};
```

12.18.4 数组元素的使用

一个数组只有在完成上述三个步骤之后，我们才可以读取和使用其中的数组元素。在程序中，数组元素与普通变量使用的区别就在于，数组名字的后面加上方括号和其在数组中的下标，即索引值。

例：

```
int[ ]datas={20, 25, 35, 65, 75};
rect(datas[0], datas[3], 50, 50); //以数组中第一个和第四个元素为矩形左上角顶点的位置坐标，画一个宽和高分别为50，50的矩形
```

需要说明的是，我们在使用数组元素时，数组的下标不能超越数组的长度，即我们可以读取的最后一个数组元素的下标为数组的长度-1。比如，上例中数组的长度为5，即datas[4]为数组中的最后一个元素。如果我们读入datas[5]或者datas[-1]，即所读取的元素的下标值>=(数组长度-1)，或者为一个负数，程序运行时会抛出异常："ArrayIndexOutOfBoundsException"。

当所读取的数组的长度很长，即数组中包含有较多元素的超大数组时，一一赋值的方法显然是不可行的。这时，我们可以用for循环结构来访问数组中的每一个元素，或者用for循环结构为数组中的每个元素赋值。

例：

```
int rectNum=10;
float[ ] x=new float[rectNum]; //记录每个矩形初始位置的x坐标
float[ ] y=new float[rectNum]; //记录每个矩形初始位置的y坐标
float[ ] speed=new float[rectNum]; //记录每个矩形的初始速度
int d=1;
void setup( ){
  size(500, 500);
  smooth( );
   for(int i=0; i<rectNum ; i++){ //利用for语句为每个矩形的位置和速度赋初值
     x[i]=0;
     y[i]=i*30;
     speed[i]=5;
  }
}
void draw( ){
  background(0);
    for(int i=0; i<x.length; i++){ //依次画每个矩形
    x[i]+=speed[i]*d;
    if(x[i]>width || x[i]<0){
      d=-d;
    }
    rect(x[i], y[i], 20, 20);
  }
}
```

在与鼠标的交互中，我们给大家介绍过两组系统变量（mouseX，mouseY）和（pmouseX，pmouseY）来分别记录鼠标当前所在的位置和上一时刻所在的位置，我们可以利用这两组系统变量实现鼠标与矩形的各种实时互动。然而，我们想要记录下鼠标历史经历过的多个位置时，单凭这两组系统变量很难实现。原因很简单，随着鼠标的不断运动，这两组变量会不断地被新的位置所替代，之前的位置状态会不停地被覆盖掉。在这种情况下，我们可以利用数组来记录鼠标所经过的每个位置的坐标值。下面，我们通过一个例子来看一下具体的实现方法。图12-14为该例子的运行结果。

例：

```
int rectNum=200;
int[ ]x=new int[rectNum]; //记录鼠标所运动过的位置的x坐标
int[ ]y=new int[rectNum]; //记录鼠标所运动过的位置的y坐标
void setup( ){
  size(500, 500);
  smooth( );
}
void draw( ){
  fill(0, 15);
  rect(0, 0, width, height);
  for(int i=rectNum-1; i>0; i--){
    x[i]=x[i-1]; //数组中所有元素依次向后移动一个位置，这样每次后一个位置的值会被相邻的前一个位置的值所覆盖
    y[i]=y[i-1];
  }
  x[0]=mouseX; //移动完成后数组的第一个位置被鼠标当前的位置所覆盖
  y[0]=mouseY;
  for(int i=0; i<rectNum; i++){
```

```
      fill( random( 255 ), 100 );
      stroke( random( 255 ), 0, 0 );
      ellipse( x[ i ], y[ i ], i/5.0, i/5.0 );
    }
}
```

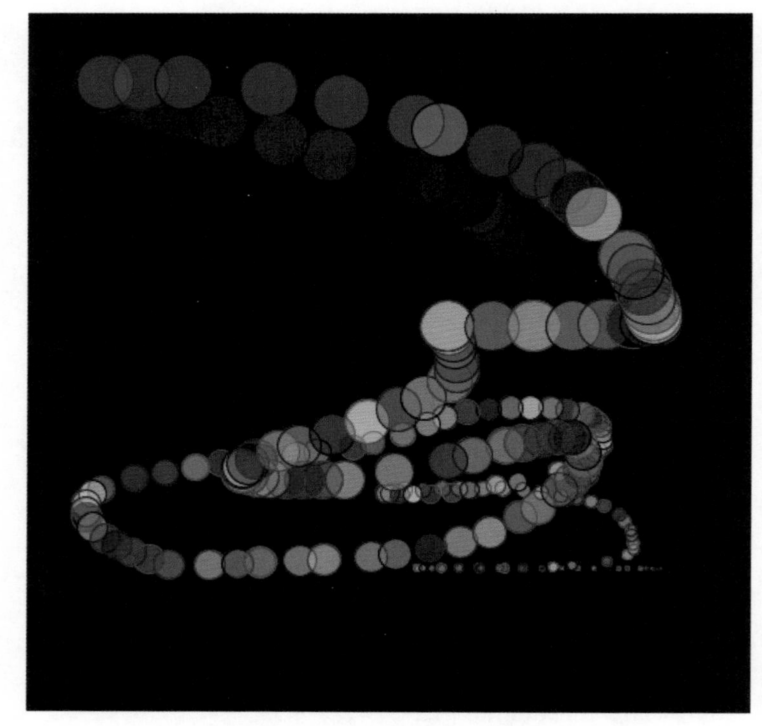

图 12-14　鼠标运动位置记录示意图

那么，上述案例是如何实现用一个数组来存放连续的鼠标在画布上的位置坐标的呢？如图 12-15 所示，我们让数组 x[ ] 和 y[ ] 中的元素随着 draw( ) 函数的运行依次后移一个位置，即：原来 x[0] 中的元素放入 x[1] 中，原来 x[1] 中的元素放入 x[2] 中，以此类推，原来 x[i-1] 中的元素放入 x[i] 中。这样，x[0] 与 y[0] 的位置就会被空出来。此时，我们把当前 mouseX 与 mouseY 的值放入 x[0] 与 y[0] 中。重复上述过程，整个 x[ ]、y[ ] 数组就会不停地记录鼠标所经历的所有的位置坐标。我们如果想记录更多位置，可以根据具体需要将数组的长度设置得更长一些。

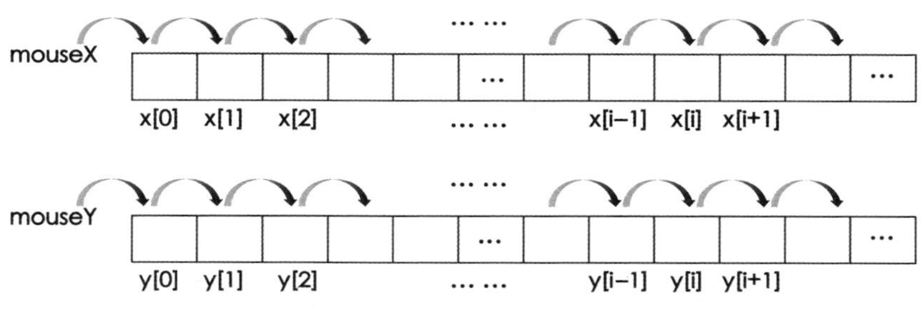

图12-15　数组中元素依次后移示意图

在Processing语言中，对于数组而言，还有一些常用的操作函数，比如为数组增加或者删除元素，以及增大数组的长度，等等。

• append( )：该函数实现为数组增加一个新的元素。在这个新增加的位置添加一个新的数据元素，并将这个添加完新元素的数组返回给一个新的数组。

例：

```
int[ ] datas={15, 25, 35, 65, 75};
datas=append(datas, 95); //将原数组在当前的基础上添加一个新的元素
int[ ] datas={15, 25, 35, 65, 75};
int[ ] newDatas=append(datas, 95); //在数组datas[ ]上添加一个新元素并赋给新数组newDatas[ ]
```

需要说明的是，如果添加完新元素后，我们并没有将其赋给一个数组，此时添加操作无效，即

```
int[ ]datas={15, 25, 35, 65, 75};
append(datas, 95);
```

这种情况下，添加新元素无效。

• shorten( )：该函数用来删除掉原数组的最后一个元素，并将删除后的数组重新返回给原数组。

例：

```
int[ ] datas={15, 25, 35, 65, 75, 95};
datas=shorten(datas); //此时datas={15, 25, 35, 65, 75};
datas=shorten(datas); //此时datas={15, 25, 35, 65};
```

• expand( )：增加数组的大小，将数组扩展到一个特定的长度。若没有在参数中特别指定所扩展的长度，系统会默认地增加到原数组长度的一倍。尽管它与append( )都是用来增加数组的长度，但我们要增加的长度较长，即要添加的元素个数较多时，使用expand( )要比多次使用append( )方便很多。

例：

```
int[ ] x=new int[30];
int index=0;
void setup( ){
  size(300, 300);
}
void draw( ){
  x[index]=mouseX;
  index++;
  if(index==x.length){ //当数组x[ ]中的元素被填满时，自动将数组长度增加一倍
      x=expend(x);
  }
}
```

• arrayCopy( )：由于我们所创建的数组不再属于普通变量，我们不能再简单地用赋值号将数值复制给一个数组，而是需要通过for循环结构逐一将数据复制给数组中的每个元素。而在Processing语言中，有一个专门进行数组复制的函数：arrayCopy( )。这种方式要比逐一元素赋值方便得多。

▪ arrayCopy(array1, array2)：把数组array1复制到数组array2中。此时，该函数将一个数组中的全部元素完全不变地复制给另一个数组，要

求这两个数组具有相同的长度，且原数组array2中的内容会被完全覆盖掉。

- arrayCopy（array1，array2，len）：这种形式上一种形式多一个参数len。该参数用来具体指定从array1复制到array2的元素的个数。计算机默认的是，从array1中第0个元素开始的len个元素复制到array2中的第0个到第len–1个元素的位置中，复制完成后，原array2中的所有对应位置上的数据将会被覆盖掉。

- arrayCopy（array1，pos1，array2，pos2，len）：这种形式对所复制的内容又进行了更加具体的设置，将array1中从位置pos1开始的len个元素复制到数组array2中从位置pos2开始的位置上去。同样，原来array2中这些位置上的数据元素将被覆盖掉。

例：

```
int[ ] array1={5, 10, 15};
int[ ] array2={20, 25, 30};
arrayCopy(array1, array2);
//此时array2={5, 10, 15}
arrayCopy(array1, array2, 2);
//此时array2={5, 10, 30}
arrayCopy(array1, 1, array2, 0, 2);
//此时array2={10, 15, 30}
```

需要说明的是，array1与array2应当是同一数据类型的数组，即：如果array1为int型的，而array2为float类型的，则无法执行上述各个函数的操作。

- concat（ ）：该函数用来连接两个数组。将array2连接在array1的后面，所连接的两个数组也必须是同一种类型的。并且，它所连接的数组类型不仅可以是整数类型、浮点类型、字符类型、布尔类型等普通的数据类型，还可以是一个对象，比如图片、视频、音频等，连接后的数组必须返回给一个新的数组，否则不会得到任何连接后的结果。

例：

```
int[ ] array1={5, 10, 15};
```

```
int[ ] array2={20, 25, 30};
int[ ] array3=concat(array1, array2);
//此时array3={5, 10, 15, 20, 25, 30};
```

- splice( )：在一个数组中插入一个值，所插入的数据类型必须与原数组的类型相同。
  - splice(array, value, index)：其中array是将要被插入新元素的数组，value是将要插入的内容，index则是所要插入的数据在数组array中的位置下标，插值完成后应返回给一个同类型的新的数组。

  例：

```
int[ ] array1={5, 10, 20};
array1=splice(array1, 15, 2); //此时array1={5, 10, 15, 20}
```

- subset( )：提取某数组中的元素。该函数只是从原数组中提取元素出来，而不会影响和改变原数组的内容，并且提取出的元素应返回给一个同种类型的数组。
  - subset(array, pos1)：其中，array为要从中提取元素的数组，pos1为要提取的元素在array1中开始的位置，所提取的元素从pos1开始到数组的最后一个元素结束。
  - subset(array, pos1, count)：这种形式比上一种形式多一个参数count。这个参数具体设置要提取的元素的个数，即提取从array的第pos1个元素开始的count个元素。

  例：

```
int[ ]array1={5, 10, 15, 20};
int[ ]array2=subset(array1, 1, 2); //此时array2={10, 15}
```

12.19 二维数组

在上一小节中，我们所讲的数组严格地讲应该称为一维数组，即只有一个维度的数组。一维数组常常被简称为数组。有别于一维数组，能够存放更多维信息的数组被称为多维数组。其中，二维数组是最常见的一种可以存放二维信息的多维数组。当然，还有三维数组、四维数组等。

回忆以前讲过的数字图像的概念，数字图像是由M行N列像素点组成的。假设一幅100×100的数字图像，如图12-16所示，共有100行100列个像素点组成，每个像素点都有自己的像素值和位置坐标，通过其位置坐标可以读取每个像素点的像素值。我们可以把这幅数字图像想象成一个二维数组，第一维代表行的信息，第二维代表列的信息，数组中对应的元素存放该像素点的像素值。比如，图像im中第0行第4列像素点的值为38，即im[0][3]=38；第3行第3列像素点的值为110，即im[2][2]=110。我们用“数组名[i][j]”的形式来表示二维数组中的一个元素，其中第一维[i]表示行数，第二维[j]表示列数。

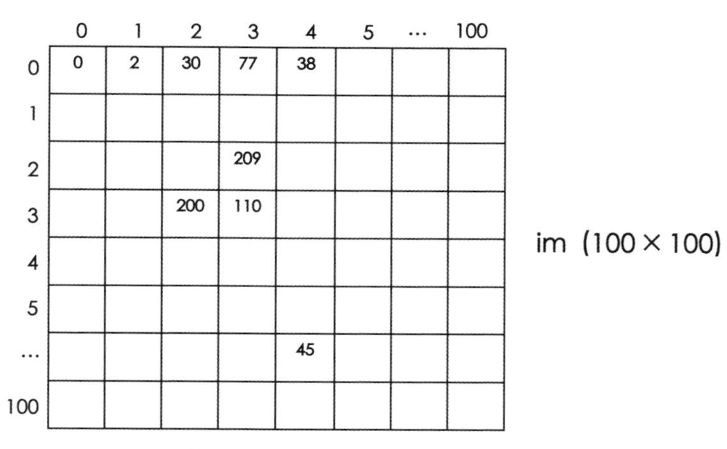

图12-16　数字图像像素点与二维数组对应关系示意图

12.19.1 二维数组的声明、创建与赋值

二维数组的声明、创建与赋值与一维数组的格式基本相同，所不同的是二维数组用两个“[ ]”来分别记录该元素在第一维和第二维的位置下标。假设有一个二维数表，如图12-17所示：

	[0]	[1]	[2]	[3]	[4]
[0]	15	25	35	45	55
[1]	10	20	30	40	50

图12-17　二维数表示例图

下面，我们将这个二维数表中的数存入一个二维数组data2D中：

```
int[ ][ ]datas2D={{15, 10}, {25, 20}, {35, 30}, 
{45, 40}, {55, 50}}
```

需要注意的是，赋值时外层花括号内的每一对花括号代表一列元素，第一对花括号{15，10}对应数表中［0］［0］和［1］［0］的位置所存放的元素15和10，第三对花括号对应数表中［0］［2］和［1］［2］的位置所存放的元素35和30。因此，我们若想提取和使用第0行第2列的元素35，用datas2D［0］［2］即可。其中，第一维对应数表的行数，第二维对应数表的列数。

我们可以通过嵌套的for循环结构来分别给第一维和第二维数组元素赋值，比如：

```
for(int y=0; y<2; y++){
  for(int x=0; x<5; x++){
     datas2D[y][x]=0;
  }
}
```

将二维数组datas2D［ ］［ ］的值全部赋值为0。

12.19.2 二维数组的长度

不同于一维数组，二维数组的长度不再是其所包含的元素的个数，而是指对应数表的列数，即在给数组赋值时对外层花括号内共有多少对内层花括号。如上数表中二维数组datas2D［ ］［ ］的长度datas2D.length=5，而每一列的长度data2D［0］.length=2。

学生作业

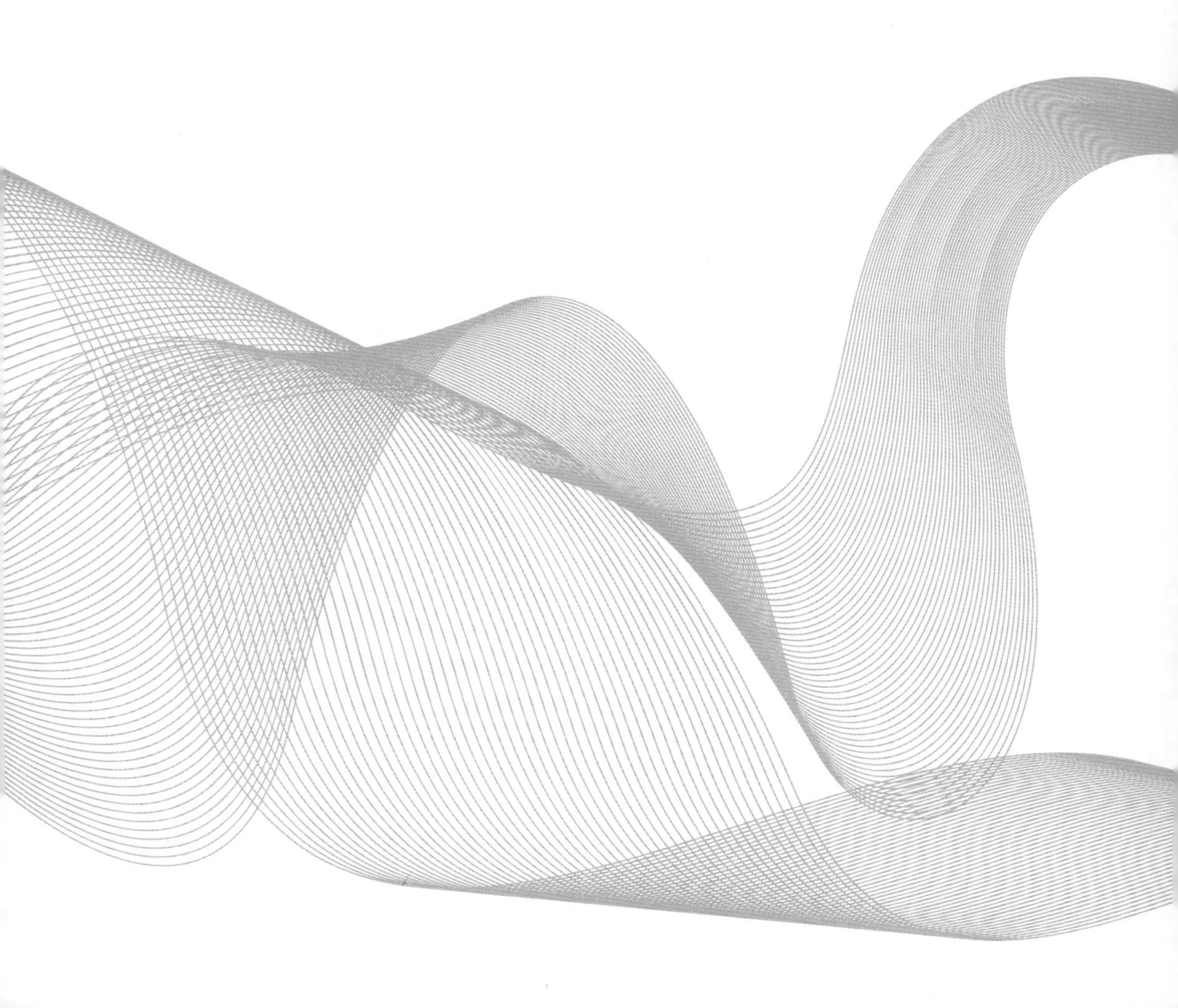

2018级本科生优秀个人作业及访谈

❖ 2018级环境设计（原影视虚拟空间设计）专业　本科　胡清雅

1. 课程心得访谈

此次编程课程的学习，让我受益匪浅。短短八周时间的学习，使我进一步加深对自身专业的了解，也启发了我，提供给我一种新的创作方式和新的创作表现形式，并为我之后的学习创作提供了新的支持力。

Q：虚拟空间专业课程的体验如何？对哪些课程印象深刻？

A：最开始大家都比较害怕和担心这门编程课，但实际学下来并没有想象中那么深奥晦涩，反而能从将自己想要的画面通过技术方法呈现出来的这个过程中获得满足感。老师的授课方式循序渐进，是通过近些年给学生上编程课的过程中不断总结规律，并改进课程，所以我们在理解上没有太大的困难。

Q：在完成课程作业时，遇到过哪些难题？是如何找到解决思路的？

A：思路是先想想自己想呈现出什么样的画面效果和互动方式，再通过代码使其实现。遇到的困难是，有时候为了实现自己想要的画面效果而需要用到一些较难的命令，要反复去官网查阅，看大量优秀作品，并分析理解那些艺术作品背后的代码，从而使问题得以解决。

Q：请谈谈学习专业技术与提高艺术修养的关系。

A：在我看来，技术是为艺术服务的，技术作为创作的一种媒介，可以为艺术带来许多未知性。而对于艺术修养的提升，需要多看、多听、多学，多去观看一些展览，感受与学习别人的创作思路。

2. 作业展示

○ 作业1：利用所学的图形绘制函数创作一幅自己喜欢的绘画作品。

• 作品介绍：

本次作业是通过Processing代码来创作图形，我的设想是尽可能多地使用不同的图像绘制命令使画面丰富多样。在此次作业中，我使用了矩形函数rect( )、椭圆函数ellipse( ) 和圆形函数circle( ) 来绘制卡通人物的身体、眼睛等，使用了三角函数triangle( ) 绘制树干等。同时，我结合四边形函数quad( )绘制小黄人肩带、嘴巴等，并使用贝塞尔曲线绘制哆啦A梦的嘴巴。此外，我还对边框stroke( )、透明度包括图形的叠加与覆盖也进行了运用，使整个画面更加丰富多样。

用代码让哆啦A梦和小黄人出现在一个画面也是有趣的体验呢！

• 作品展示：《家庭》(*Family*)

○ 作业2：利用所学习的运动设计，创作一段小动画。

• 作品介绍：

本次作业结合多种图形运动的方法来完成这个动画。在图形绘制方面，除了僵尸为图像导入，其余都是电脑绘制，草地和植物射手的编写使用了for

循环，避免了一些重复性工作。在图形运动方面，logo做四周沿边缘运动；太阳和豌豆射手吐出的子弹做匀速直线运动；坚果强做匀速直线反弹运动；寒冰射手的子弹和窝瓜使用了加速度；樱桃炸弹的扩大是将直径设为变量，并使其循环。

这样一幅有着不同运动节奏的小动画就能循环动起来，结合接下来学习的交互相关内容能使小动画变成真正的游戏，植物大战僵尸蓄势待发啦！

• 作品展示：《植物大战僵尸》（*Plants and Zombies*）

○ 作业3：创作一段能够表现某种情绪或心境的动画。

• 作品介绍：

本次作业是完成一个带情绪的动画。木偶人为图像绘制，采用椭圆和圆形相叠加的方法；手臂转动用的是函数rotate（　），结合函数pushMatrix（　）、popMatrix（　）和translate（　），改变其旋转的基点，并用if结构改变其转向使其循环。波浪用的是函数sin（　）/cos（　）使其运动，雨用函数rect（　）绘制并循环，星星的设置用到了类和对象，并在构造器中设置其大小半径、旋转半径、旋转角度、旋转速度等，血滴为PS手绘图像导入，最后插入带情绪的音频。

一个被挖空心脏的木偶傀儡就能在画面前运动了，只是不知这是自己运动，还是被人操控……

• 作品展示：《木偶》（*Puppet*）

○ 作业4：利用所学的鼠标与键盘交互设计一个互动小游戏。

• 作品介绍：

本次作业我做的是一个汉堡小游戏，开始是游戏玩法的介绍：点击特定位置画面移走，游戏继续；点击上方的食物管道，食物掉落。要预估好掉落的时间，才能堆出好看整齐的汉堡。当第一个汉堡做完后，根据提示点击重置就可以做第二个了。同时，要注意上方的时间进度条，当时间达到后，游戏结束的画面则会弹出。同时加上音乐和音效点击声，使游戏丰富。当时间条走到终点时，哆啦A梦和大雄就会邀请你和他们一起吃汉堡啦！

游戏风格和游戏内容与动漫风格相似，使用经典动漫IP增加游戏趣味性。欢迎大家一起来和哆啦A梦做汉堡。

• 作品展示：《汉堡》（*Hamburger*）

○ 作业5：设计一个手绘板。

• 作品介绍：

本次作业是做一个画板，我继续使用先前的风格，卡通界面皆为导入的PS合成图像，笔刷和图章皆由键盘激活开始。

1. 笔一为钢笔笔刷，可勾线使用。

2. 笔二为笔刷使用了数组，并用函数random（ ）给其丰富的颜色，同时"【"和"】"键可对笔刷进行放大缩小。

3. 笔三为方块画笔，带边框和透明度。

4. 笔四为泼墨笔刷，模拟墨水飞溅的效果，使用函数tint（ ）使颜色发生变化。

5. 笔五为粉笔笔刷，导入了粉笔质感图像。

6. 笔六为树叶旋转转笔笔刷，设置了变量angle，用到了rotate（ ）函数使其旋转。

同时，画板还配有可放大缩小的橡皮，丰富的印章工具，可以改变背景颜色的快捷键，还使用了旋转和圆周运动的函数做成的生长型樱花笔刷。

画板虽简单，但五脏俱全，相信大家能用它创作出精美作品。

• 作品展示：《画板》（*Drawing_board*）

○ 作业6：抽象画生成。

• 作品介绍：

本次作业使用的原画是《钢铁侠》，并设计了几种变化形式。

按1键，加载图像，获取了像素和颜色，然后在pixels[ ]数组中存储了颜色，最后绘制并移动图像。其中，加上纵坐标z轴的设置，使二维图像变成三维空间，每个像素是随机的运动速度，从而形成破裂感和冲击力，仿佛下一秒钢铁侠就要冲出屏幕了。

按2键和3键，也是获取并储存像素和颜色，分别生成以圆形图像填充和以另一张钢铁侠图片填充的形式。按4键，“Ironman”的英文与钢铁侠身体同时浮现，填充画面。

• 作品展示：《钢铁侠》（*Iron Man*）

○ 作业 7：粒子设计练习。

• 作品介绍：

本次作业是用学到的粒子知识做两种风格的作品和一段声音可视化。

Practice1 是带交互的粒子系统，并将粒子用哆啦A梦的图像代替，鼠标点击会使粒子聚集，也就是哆啦都向你点击的地方靠拢，并伴有音效。在模式 1 中，粒子为不断发射生成的，并设有生命周期，会随着时间消散。在模式2中，粒子为固定量并设有反弹模式，按住鼠标将粒子（哆啦）甩向画面边缘，会有有趣的事情发生。

Practice2 是用粒子点连线生成简单的几何形，并带有交互。按键“Q”和“A”控制画面中粒子的数量，“E”和“R”控制生成线条的粗细，“T”和“Y”控制连线的长短。以 if 条件结构为主导，控制连线和交互。

Practice3 是一段卡通太空风的声音可视化，根据音频大小来控制节奏线和星球的大小。

• 作品展示：《粒子练习 1》（*Paticle Practices 1*）

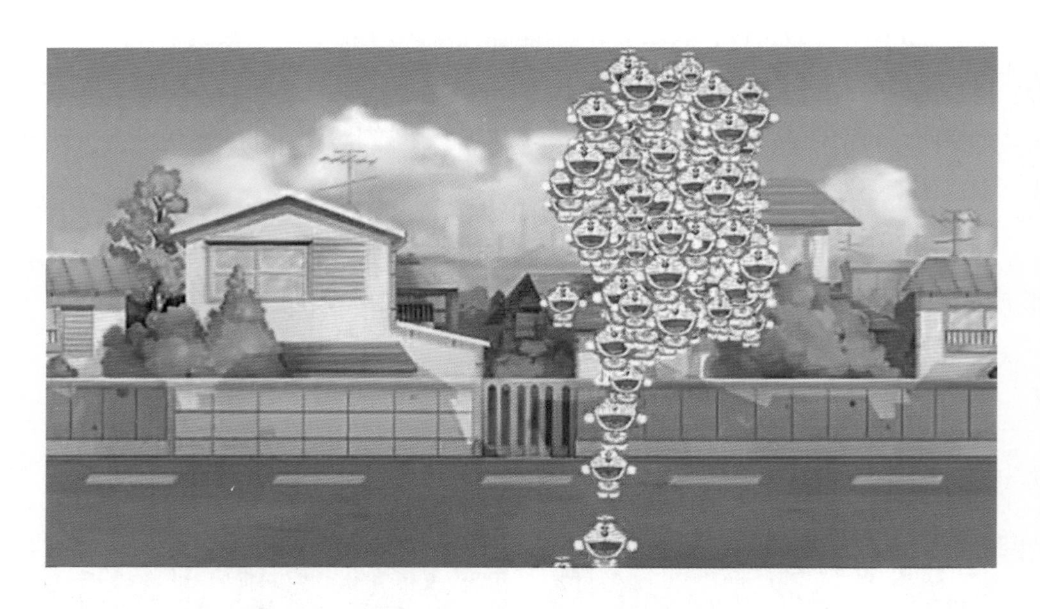

《粒子练习 2》(*Paticle Practices 2*)

《粒子练习 3》(*Paticle Practices 3*)

❖ 2018级环境设计（原影视虚拟空间设计）专业　本科　何令聪

1. 课程心得访谈

通过这次编程课程学习，我受益匪浅。在短短八周时间的学习中，我进一步加深对自身专业的了解，并让我知道了一种新的创作方式和新的创作表现形式，为我之后的学习创作提供了新的支撑力。

Q：你对于此门课程的感受如何？

A：您好，我对于此次编程课的感受，怎么说呢，我就是觉得没有传闻中那么可怕。从大一开始，我身边的同学都会以我们专业要学编程来“吓唬”我，说编程这也难那也难的，就是不好学。可我开始学习用 Processing 从矩形画起后，就感觉编程没有那么难，比我之前学 Nuke 时那种“抓耳挠腮”的状况比起来，简单多了。所以，我要告诉我们的学弟学妹：“不要被编程吓着，真的没想象中那么恐怖。”

Q：你在完成作业的过程中的创作思路是怎么样的？有没有遇到什么十分棘手的困难？

A：我想的其实很简单，就是在做完的基础上，不断复杂化，大致上是在我们所学的基础上，编程设计到极限，稳扎稳打。困难的话，不算太多，几乎都在我能解决的范围内，唯独就是在制作画板的时候，出现了特别多的程序错误（bug），加之那时候作业有点多，没法全心全意投入其中，到后来很多想法都没有得到实现，最后的成品比我最初设想简化至少 60%。这也是我的遗憾吧。

Q：请谈谈学习专业技术与提高艺术修养的关系。

A：哇，好高深的问题。嗯，我认为两者是相辅相成的，没有足够的艺术修养，我们在专业技术的学习上也是得不到很好展现的。可以说，艺术修养是学习创作的先决条件，提高艺术修养是我们艺术从业者一生不断追求的，没有终点。学习专业技术则是使我们艺术修养有展现表达的载体，同样不可或缺。

2.作业展示

○作业1：利用所学的图形绘制函数创作一幅自己喜欢的绘画作品。

• 作品介绍：

Hi，大家好，我是来自processing世界的一只小机器人，我和现实世界的兄弟姐妹有些不一样，我是用一条条代码构建的矩形、椭圆和三角组合而成的。我的名字由来似乎有点随便，我的创造者本来没有想好我的名字，就打算用“robot”代替，可是在用矩形拼接名字的时候，我的创造者一不小心将“ROBOT”写成了“ROBET”，而恰好“ROBET”在法语中是人名“罗贝”，我的名字就这样诞生了……

自我出生以来就被赋予很多使命，是一个时代的里程碑。所以，我的梦想也很伟大，要成为除暴安良的机器小超人。为了我的梦想，我天天披着红色斗篷，穿梭在互联网的世界，与网络黑客和病毒做斗争，维护我们的网络安全。我的口号是：“哪里有病毒，哪里就有罗贝。”

• 作品展示：《机器人 · 罗贝》(*ROBOT · ROBET*)

○作业2：利用所学习的运动设计，创作一段小动画。

• 作品介绍：

想必大家都有自己的从童年跟随到现在的虚拟伙伴，而我的便是大家耳熟能详的可爱大腮红闪电黄皮耗子——皮卡丘。从最初的金黄、火红和叶绿，再到现在的剑盾&&冠铠，我每一个宝可梦的游戏都没有错过，动画也是如此，每一个画面都历历在目。

这个Processing作品，运用了多种图形运动来模拟皮卡丘出精灵球的那一刻。先是多个矩形拼接出来一个遮罩，抠出中部像素化的精灵球；精灵球打开，三颗由五个三角形拼接的五角星向上、左和右进行变速运动，模拟精灵球打开时的闪光；接着，我们可爱的像素化皮卡丘登场，滑稽的表情和动作，让人不免发笑……

• 作品展示：《就决定是你了：皮卡丘》（*LET'S GO: PIKACHU*）

○作业3：创作一段能够表现某种情绪或心境的动画。

• 作品介绍：

夕阳无限好。城市的夕阳也是别有一番风味，伴随着家家户户的灯光、街道广告牌的霓虹灯，喧嚣和安宁交响。利用多个for循环结构形成的窗户和霓虹灯广告牌，层层叠进的高楼和摩天轮，天上来回飞着的飞艇，加上上海的地标东方明珠和金融中心远方的剪影，魔都的魅力展现在观众的面前。

可是，好好的风景却不让人好好看，多块黑色方块来回穿梭在画面前，影响着视野。倘若你受不了了，用鼠标去点击一下，你会发现鼠标白块会越来越大，直到大到超越边际，一切美好的画面将化为乌有。当然，你还有机会，只要鼠标点中红块，鼠标白块将会缩小一些。但是坑人的是，红块运动极快，就算碰到，缩小的大小也只是加大的一半。

• 作品展示：《城市夕阳》（*THE SUNSET OF A CITY*）

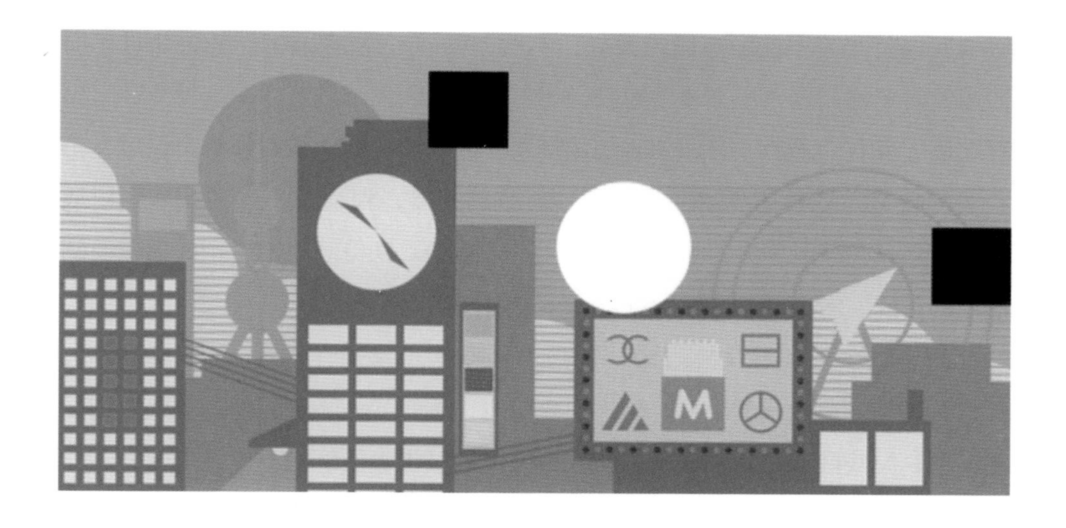

○ 作业4：利用所学的鼠标与键盘交互设计一个互动小游戏。

• 作品介绍：

我是一只小青蛙，拯救狸猫呱呱呱，躲避熊猫和竹竿，收集竹笋笑开花。蛙大侠历险记小游戏，角色和场景都是由自己绘画设计的，风格上偏向于国风插画，借鉴宋代青绿山水画的表现形式，采取平面简约化的设计，给人清新古典的感觉。

蛙大侠通过“W”“S”“A”“D”四个按键来控制移动方向。呱呱拯救狸

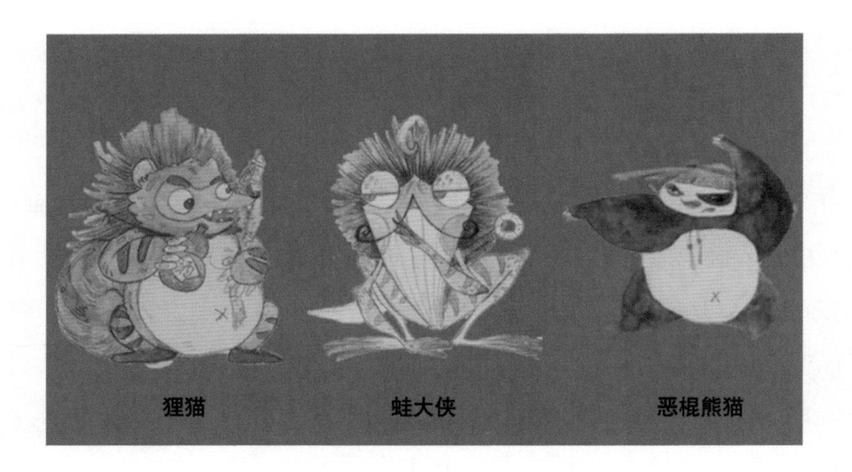

猫的途中，会遇到恶棍熊猫的阻挠。他们两两之间投掷竹竿作为武器，蛙大侠必须躲避竹竿且不能距离熊猫太近，不然HP条将会快速减少。蛙大侠可以向四周发射飞镖武器，用来攻击熊猫，每打倒一只熊猫可以获得一个竹笋，直到打败场上所有熊猫后，封印狸猫的能量罩才能消失。蛙大侠和狸猫交谈后，中心法阵的封印依然还没解开。正不知所措的时候，狸猫给了蛙大侠一个新武器，新武器一接触中心能量罩可以使能量罩缩小。在持续攻击后，蛙大侠便到了中心法阵，游戏胜利。

此外，在编辑游戏的时候，音频也是根据玩家操作播放。开启游戏后，背景音乐是古典欢快的小调；蛙大侠攻击时，音频导入飞镖音效，受伤时则是惨叫声；游戏胜利是欢快的恭喜音效，失败则是沮丧的音效。

- 作品展示：《蛙大侠历险记》（*FROGMAN ADVENTURE*）

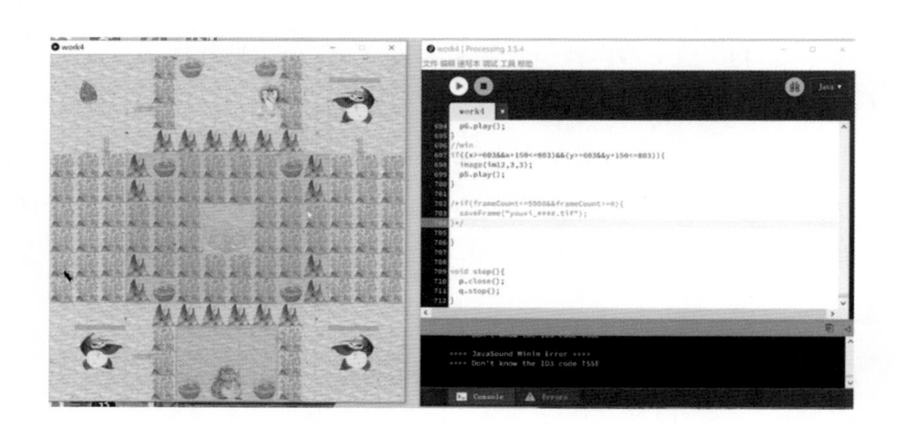

○作业5：设计一个手绘板。

•作品介绍：

卷轴画板，与游戏一样，我依然采用了古典的风格，画面上以画卷、墨碟、毛笔等元素组成，背景图片借用江南百景图的图片，点击画面左下角的问号，会弹出提示框，橡皮擦将更新画布。在画卷上绘画，是通过鼠标控制完成的，数字键0—1是更换画笔的控件，颜色控件则是由固定字母控制，点击墨碟可以查找颜色控件，上下键控制画笔大小，左右键控制画笔透明度。

完成一幅大作后，你可以点击右下角评分，系统将随机给予从优到差的评分和不同评语。

•作品展示：《画板》(*DRAWING BOARD*)

○作业6：抽象画生成。

•作品介绍：

抽象画原图我用的是小丑，我总共设计了七种变化模式，分别用数字键1—6控制：

“1”用于提取图片像素颜色，形成随机26个字母，编程用了随机函数来随机生成字母。

“2”在鼠标所在的一定范围内，随机生成大小不一的圆，圆的填充颜色即为所提取的颜色，鼠标的运动使生成圆形的区域发生变化。

“3”同“2”一样，也由鼠标控制生成位置，但生成的形状变成矩形，且方块的颜色只有红、黄、蓝、黑、白等五种，给矩形填充的颜色受颜色模式“HSB”中“B”值控制，在0—100之间分为五个区间，分别命令填充以上五种颜色。

“4”将图片纵向分为六个等面积区域，每个区域都是通过函数text( )根据像素点颜色导入字符串“JOKER”，但是每个区域的字体是不同的。

“5”用于分区域形成不同的物体。除了小丑的脸部以外，它与“1”的控制效果相同，随机出现字母，小丑的脸则以竖线的形式呈现，两个区域有一定的重叠。

“6”将图片进行马赛克处理，但所生成的是圆，颜色也是提取的颜色，圆的大小随机。与此同时，每个圆上面显示不同的字母，字母的大小与所在位置的圆的大小相关，颜色随机。

• 作品展示:《抽象画小丑》(*ABSTRACT JOKER*)

○ 作业7：粒子设计练习。

• 作品介绍：

这个作品运用像素点生成粒子效果，在指定区域生成不同颜色的粒子，组合形成了一幅蒙德里安风格的画面。在不同数字键的控制下，所有粒子进行不同的运动。我共编辑了9种运动形式，有受鼠标控制的，有缓慢的，也有狂躁的。粒子运动，我采用了函数cos( ) 和函数sin( )，加上噪声函数noise ( )，使粒子运动更加随机，再设置不同的参数来控制粒子运动的方向和速度。

我导出了所有运动方式的序列帧，再借助剪辑合成软件，最终形成了一段粒子视频。画面分三个部分，每个部分是不同的噪声方式，且随着音乐多次切换。

- 作品展示：《“风格”：不安》(*“DE STIJL” : PERTURB*)

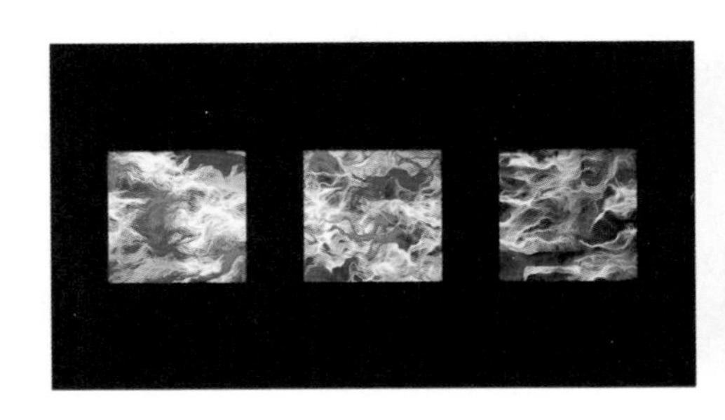

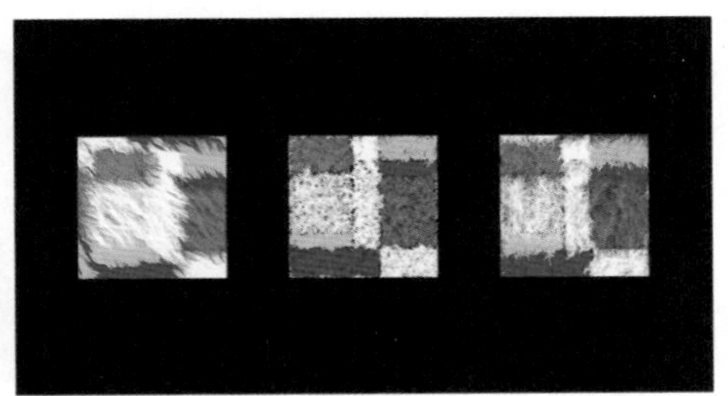

❖ 2018级虚拟空间设计　本科　王雨禾

1. 课程心得访谈

Q：虚拟空间专业课程的体验如何？对哪些课程印象深刻？

A：编程其实就是计算机语言，学习编程对我来说就像在学一门新的语言，感觉自己和电脑之间建立了联系，开启了我很多新的认知，让我觉得机器也变得不冰冷了。

跟单纯绘画相比，编程打破了我以往对艺术的认知，给我提供了更多可能性，让艺术不再停留在纸笔上，而是拥有更多表达形式与表达空间。我觉得编程是一门非常实用又灵活的课程。

Q：在完成课程作业时，你遇到过哪些难题？又是如何找到解决思路的？

A：难题主要有两个：一是计算机本身很傻瓜，只要输入有一丝错误，它就无法识别；二是需要全英文输入代码。所以做的过程中，一定要细心严谨，思路清晰，知道每一步在做什么，还要学好英语，遇到不懂的多查词典。

要做好作业，我觉得更多的是需要灵活创新的思维。这门课程本身难度不大，大家学到的都是一样的最基本的公式，想要做得精彩就要充分发挥想象力，巧妙地利用和综合课程内容。另外就是课后自学，课堂时间有限，不要局限于老师在课堂上讲的内容。现在有很多书籍和网站都可以轻松查阅拓展的编程知识。

Q：请谈谈学习专业技术与提高艺术修养的关系。

A：我们专业是一个与科学手段相结合并且联系密切的专业，学好专业技术才能使我们走在时代的前端，推陈出新。所以，拥有前沿的技术是做出好的影像作品必不可少的前提。同样，只有掌握了新的技术，才能拥有更多的发挥可能，为艺术打开更广阔的创作空间。

2.作业展示

○ 作业1：利用所学的图形绘制函数创作一幅自己喜欢的绘画作品。

• 作品介绍：

用基础的多边形、方形、圆形等拼成冻出鼻涕的小动物插画，没有任何复杂的操作，运用一下绘画思路，不停地堆积图形就可以做出有意思的画面。

• 作品展示：《保暖》（*Keep Warm*）

○作业2：利用所学习的运动设计，创作一段小动画。

• 作品介绍：

在第一次作业的基础上做了动态处理，画面大部分是用最基础的圆和方块组成，尽量用所学的简单的方法拼出丰富的图形。在动效上，用匀速运动做了流星，用加速度运动做了跳动的小猫，让整个画面灵动起来。

• 作品展示：《无题》

○作业3：创作一段能够表现某种情绪或心境的动画。

• 作品介绍：

这个作业想传达的是一种恐惧的情绪。我就用灰暗色调处理了整个画面。除了画面远处的树等简单图形用了最基本的圆和矩形在编程软件里画完，复杂图形是用Photoshop画好后导入图像进来。最后，我加入了一点儿简单的交互：用鼠标按键控制的方法控制小人。点击鼠标时，小人受到惊吓会哭泣。

• 作品展示：《哭泣》

○ 作业4：利用所学的鼠标与键盘交互设计一个互动小游戏。

• 作品介绍：

这是一个小水母寻宝的游戏。游戏程序并不难，在最基础的躲避障碍物上做一些更改。最麻烦的地方在于游戏的视觉，因为要用到的图案很多，基本是用PS一个个画出来导进编程里。游戏规则就是小水母碰到障碍物时血条会减少，当血条空掉后会弹出“You lost”的页面，在规定血条里躲避各种障碍物后到达终点收获一颗珍珠就会胜利。

• 作品展示：《小水母寻宝》

○作业5：设计一个手绘板。

• 作品介绍：

猫猫手绘板，主要用键盘控制画笔类型，鼠标控制位置。界面里的每一个字母代表键盘上的按键，按下后会出现相应的笔刷，除了各种类型的笔刷外，还有放大缩小、擦除、清除、换颜色等基本功能。手绘板的特色在于可以画出不同种类的猫猫，左上角的按键可以给它们佩戴不同的饰品，就像一个猫猫生成器的小游戏一样，右下角的猫爪里也有不同的纹理，堆加在一起可以做出好看的花纹。

• 作品展示：《猫猫手绘板》

○作业6：抽象画生成。

• 作品介绍：

原图是一头海洋中的鲸鱼，我将画面切分成七个部分，每个放上不同的抽象处理，最后形成了一个有构成感的蓝色动态抽象画。我主要用到的是图像像素点的代替操作和马赛克两种基本方法，并用图像染色技术加入一些小的变化。将这些基本方程里的参数修改一下，就会出现不同的效果，把它们拼凑在一起后，画面会变得丰富许多。

• 作品展示:《抽象画鲸鱼》

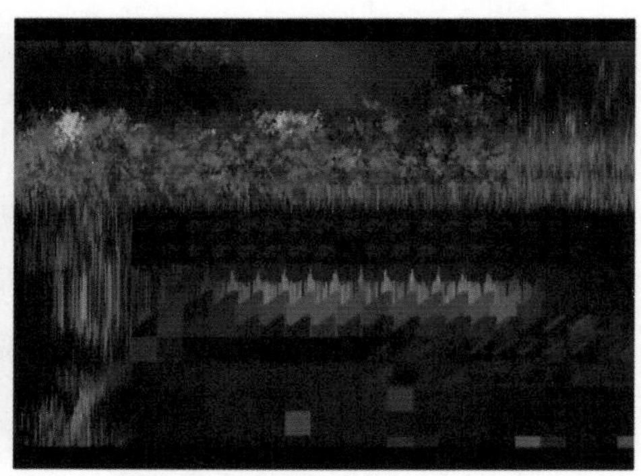

○ 作业7：粒子设计练习。

• 作品介绍：

这个作业用到的变化比较多，难度较大，需要上网查找资料。我选取了课上所学的加速度运动和基础粒子与网上搜集到的两个比较直观的粒子公式，对它们做了许多参数修改的变换，测试出了十几个在运动和视觉上比较有特色的画面，最终导出视频并剪辑在一起，再配上音乐，做出了一个随旋律变换的粒子视频。我发现，只要在过程中多尝试去修改公式，就会出现意想不到的画面结果。

• 作品展示:《粒子练习》

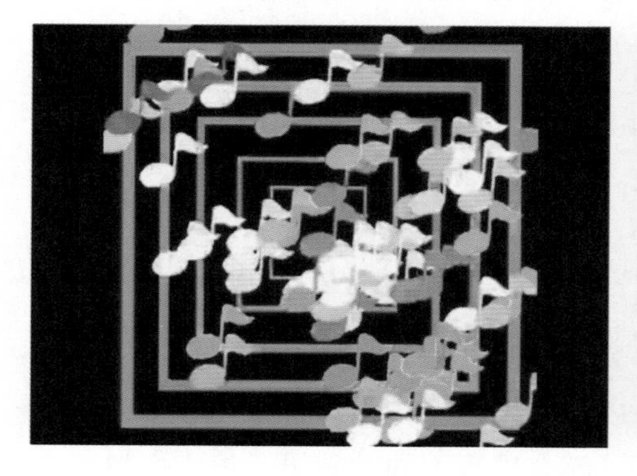

2020 级本科生图像创作作业展示

作品 1

• 作品名称:《乔布斯》

• 作品阐述

通过设置各种图形函数和颜色绘制一幅乔布斯的头像。

• 作品作者

吉　迪　北京电影学院美术学院2020级新媒体艺术专业　本科

• 作品展示

作品2

• 作品名称：《自画像》

• 作品阐述

第一次作业运用简单的几何形体来呈现一幅画，采用自画像的形式来表达。整个程序用大量四边形、三角形、椭圆等基础几何形体，通过透明度的叠加形成一张自画像。第一次作业主要是熟悉Processing的运行逻辑，以及代码书写规范。尝试运用程序代码这个媒介来形成一种特殊的自画像。

• 作品作者

马靖维　北京电影学院美术学院2020级环境设计专业　本科

• 作品展示

作品3

• 作品名称：《仰阿莎》

• 作品阐述

作品是以苗族女神仰阿莎的故事来进行创作的。这个故事是传说：很久很久以前，在一个山谷中间，有一个绿幽幽的深潭，山的两边有翠绿色的树木。有一天，忽然天昏地暗，电光闪闪，雷声隆隆。过了不久，雨停了，天也晴了，五彩斑斓的云霞，像苗家刺绣的图案一样，飘浮在晴朗的天空……而这幅画就是取自仰阿莎诞生后的场景。作品运用苗家服饰中的蓝、黑、绿、红、黄等颜色作为创作颜色，将故事中的场景呈现出来，远处天边霞光满天，左右两边各有太阳和月亮，近处有黑色大地和绿色森林，而仰阿莎带来河水，给大地带来了欢声笑语。

• 作品作者

袁筘琦　北京电影学院美术学院2020级新媒体艺术专业　本科

• 作品展示

作品4

• 作品名称:《夕阳》

• 作品阐述

利用透明方块不断叠加出夕阳和天空的渐变，前景用同样方法叠加增加空气效果，用不同深浅的方块表示房屋和窗户拉开空间关系，最后用透明方块画出像素云。通过Processing程序编写实现的黄昏给人一种被数据消融的感觉，黄昏本身代表终末的语义被强化，加上图形构成的房子带来程序模拟现实的感受，更给人一种荒诞感。

• 作品作者

豆欣彤　北京电影学院美术学院2020级环境设计专业　本科

• 作品展示

作品5

• 作品名称：《自然与本真》

• 作品阐述

我想表达的更多是“自然”与“本真”两个词，通过对自然形态的描绘与利用最简单的原理进行创作。画中描绘一个长满绿植的穹顶状山峰，它来源于我小时候的一幅画，现在我通过别样的手法将它再次描绘出来。有时候，站在儿童的角度去想，这个世界也许并没有那么复杂，只是单纯美好。

• 作品作者

郑瀚霄　北京电影学院美术学院2020级新媒体艺术专业　本科

• 作品展示

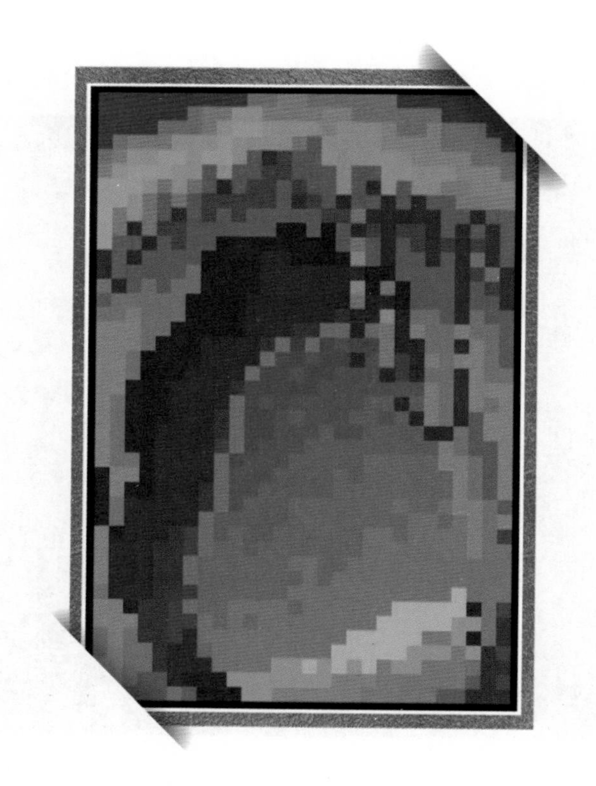

"The vault of heaven"
1942.7
On Sardinia

作品6

- 作品名称:《超级玛丽》
- 作品阐述

第一节课上，我学习了少量基础的Processing编程知识，用仅有的知识来创作了这一幅有关于超级玛丽的作品。众所周知，超级玛丽是很多人最早熟知的童年记忆。以我最早的记忆作为我学习编程的第一课，我认为非常有意义。

- 作品作者

方若玲　北京电影学院美术学院2020级环境设计专业　本科

- 作品展示

作品7

• 作品名称:《重构》

• 作品阐述

植物无穷无尽，也用之不竭，因此可以有很多迭代变化。Processing编程语言通过一次次迭代与循环给我们带来无限可能性，教会我们用新的方式思考，大面积高饱和度的颜色唤起人们内心深处的向往。生活就像编程一样，一直在循环，但也在向前迭代。永恒与短暂、真实与虚幻一直是生活的问题，这也是大卫·霍克尼在创作过程中一直寻找的通感。我通过重构以色列艺术家盖·亚奈（Guy Yanai）的绘画，用编程的形式表达出来，将平静的画面带入编程的无限可能性，寻找平静生活的无限可能。

• 作品作者

牛元康　北京电影学院美术学院2020级新媒体艺术专业　本科

• 作品展示

作品8

• 作品名称:《海绵宝宝》

• 作品阐述

第一周用简单的图形画出并拼贴简单画面。海绵宝宝图形的构造相对简单且具有代表性,可以训练学过的所有基本图形的运用。

• 作品作者

邱　韵　北京电影学院美术学院2020级新媒体艺术专业　本科

• 作品展示

作品9

• 作品名称:《小王子》

• 作品阐述

利用Processing语言创作小王子和玫瑰在星球上眺望星空的画面。繁星之所以美丽，是因为其中一颗藏着一朵鲜花。每个大人都曾是孩子，飞行员6岁时画过一幅蟒蛇吞大象的画，可大人都认为画的是一顶帽子。渐渐地，他为了迎合大人，活成了他们期待的样子。

• 作品作者

李奇峰　北京电影学院美术学院2020级环境设计专业　本科

• 作品展示

作品10

• 作品名称：《眼睛》

• 作品阐述

画面中的眼睛来自20世纪末著名动画《新世纪福音战士》的主人公绫波丽。在故事中，绫波丽代表克隆人的集合——神灵魂的容器。在作品中，导演多次使用凝视镜头，绫波丽的眼睛被认为其重要代表元素。因此，我使用波普、电波等展示这只眼睛。波普艺术所代表的大众性将绫波丽的形象拉到每个观众身边，从其所代表的神的身份回归她本身——一名学着喜怒哀乐的14岁少女。而复制克隆重复的手法也是对克隆人的象征和对制造者的讽刺。

• 作品作者

郑欣然　北京电影学院美术学院2020级新媒体艺术专业　本科

• 作品展示

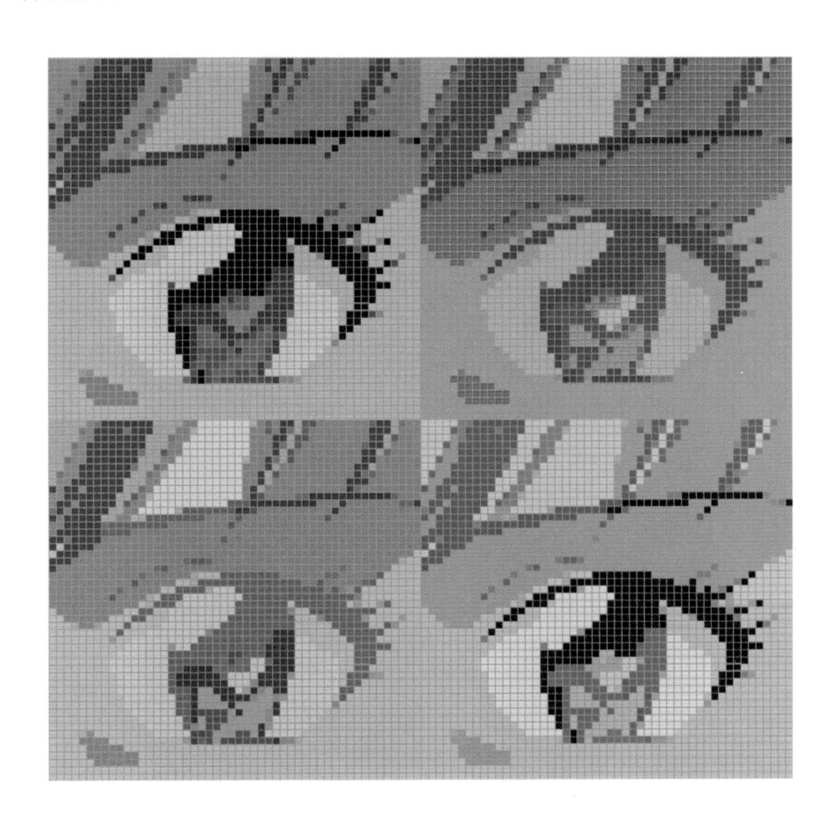

2020级本科生视频创作作业展示

作品1

• 作品名称：《永生》

• 作品阐述

在创作《永生》时，我只是想表达一段过程，而不是对一件事物的整体陈述，所以我用不断向右奔跑的镜头运动方式来制作这段视频。主人公从一开始的小方形——预示刚开始学习这门课程时的rect（ ）；代码——逐渐变得复杂，变得丰富多彩，背景也从一开始的单色逐渐变得清晰，同时背景运动模糊也可以表达出速度的变快。在这段视频中，我尽可能用到了课堂上学到的所有知识，并将它们分别安排在视频的不同部分。整个视频出现了六个主人公，分别是：小方形（可以迈步子移动的立方体）、小狗（会飞行的中世纪人物）、火凤凰和最后的暗夜小精灵，它们的形态从抽象变得具体，最后又归于缥缈。背景的设计方面也是从黑暗的洞穴中开始，经历了晨光、正午与黄昏，最后又归于黑夜。而每一次人物转换，每次形态转换，也预示着课程进度的推进。音乐方面，我使用了经典的英国电影《烈火战车》中的乐曲。这部电影讲述的是一个长跑运动员的故事，与我的创作手法存在互通之处。乐曲本身便配有主人公在沙滩上不断奔跑，永不停歇的精神。

视频最后，章节的人物与其说消失在黑暗中，不如理解为随着速度不断变快，主人公的行踪渐渐变得不可预见。这也回归《永生》本身的主旨。

• 作品作者

郑瀚霄　北京电影学院美术学院2020级新媒体艺术专业　本科

• 作品截图展示

作品2

• 作品名称：《终结》(*End*)

• 作品阐述

有限的空间和无限的信息流动。在有限的学习环境中，我和电脑已经形成一定程度上的绑定关系。信息发出、传入、传递、传出、做出应答等。我与电脑的交互是这样，个体间的互动也是如此，看似可控，但又充满未知。我们的大脑每天都需要处理各种各样的任务，接收大量信息。有的任务就像突然弹出的窗口，不可预知。有的任务伴随着生命而存在，不可或缺。在主观理解下，有的信息平淡无奇，来去无声，有的信息“影响力巨大”，甚至影响大脑的全盘运行。然而，无论大脑是否愿意消化存在的消息，无论我是否能完美的处理每个任务。

当指令发出，按键按下，电脑将会再次获得指令，我们再次睁开双眼，大脑再次投入一天的运作。

• 作品作者

杨涵冰　北京电影学院美术学院2020级环境设计专业　本科

• 作品截图展示

作品3

• 作品名称：《你好世界》（*Hello World*）

• 作品阐述

使用公众人物的发言剪辑在一起像素化处理，前半段表现人工智能对人类的学习，后半段则是人工智能对自由的表达。

中间插入程序生成的蓝色火焰、海底旋涡、天体、雨雪、月亮、DNA等的形状，最后插入《肖申克的救赎》海报的处理视频代表人工智能的解放。

火焰、旋涡代表人类的起源，火的出现和生命初生的海洋。

天体、雨雪代表机械对世界的解构和生成。

开头的演讲连接起来代表人类的自我意识，人类不再相信造物主的存在，智慧即是存在的核心。

作为人类造物的人工智能通过学习逐渐拥有独立意识，走上和科学相同的道路。

肯尼迪的登月演讲代表人类的野心，月食画面则是代表人工智能学习人类对领地的渴望。

后半段是人工智能的独立演说，用美国从英国独立指代人工智能也会从人类独立，成为拥有自我的独立生命体。

DNA的形状和数据分析的乱码代表传承，人工智能依据人类设定的本能分析模仿人类，最后也无法摆脱人类的影响，就算人工智能会成为新人类，但刻在既定程序里的本能让人工智能无法摆脱人类……

视频以人工智能的意识说出“hello world”结尾，人工智能会如何行动、如何发展是未知数。

• 作品作者

豆欣彤　北京电影学院美术学院2020级环境设计专业　本科

• 作品截图展示

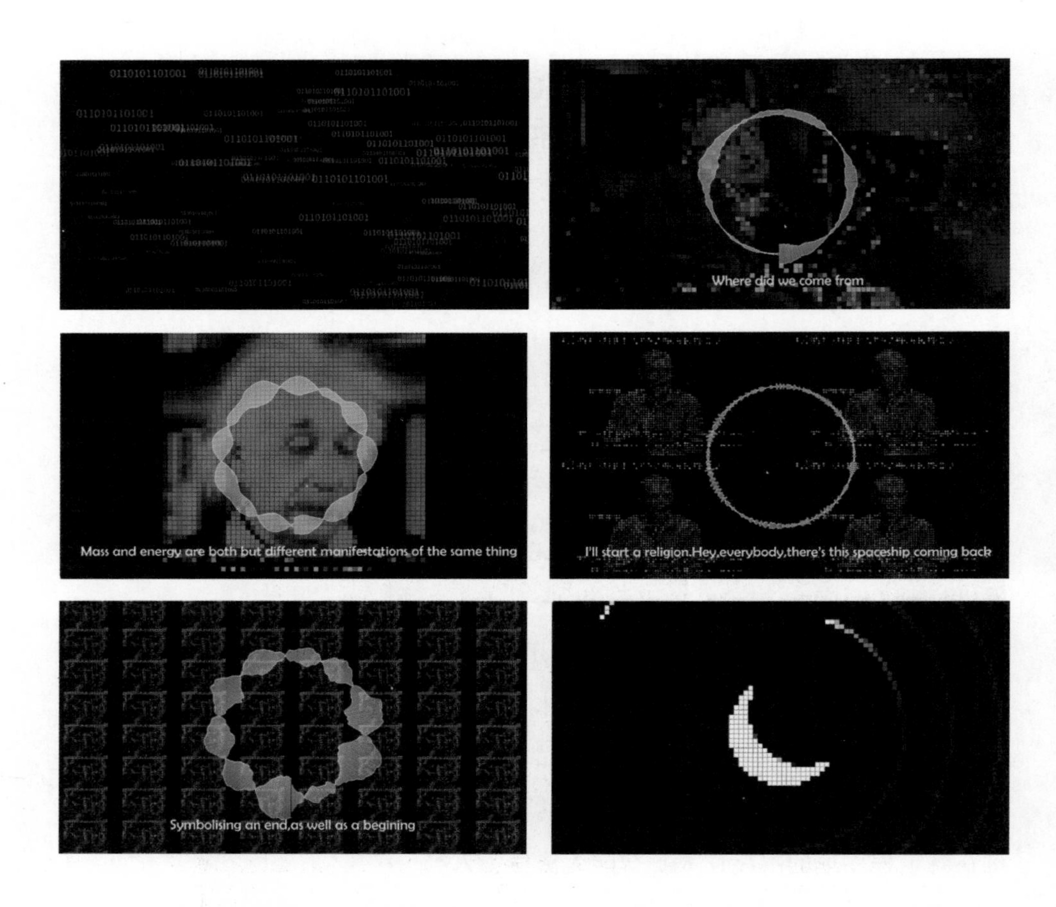
Where did we come from
Mass and energy are both but different manifestations of the same thing
I'll start a religion.Hey,everybody,there's this spaceship coming back
Symbolising an end,as well as a begining

作品4

• 作品名称：《情绪化》（*Emotional*）

• 作品阐述

在日常学习生活中，我们会迷惘，会烦躁，会跟着音乐跌宕起伏，内心泛起波澜。

本作品呈现情绪化的抽象表达，代码中加入自身的想法，让抽象的情绪具象化。

当扭曲的不规则的红色线团逐渐变成“人”的模样与你对视时，你感到恐惧，内心是否有共鸣？在某一个时刻，自己也像这红色线团一样，错杂、凌乱、恐惧、暴躁……最后归于平静。

• 作品作者

邱　韵　北京电影学院美术学院2020级新媒体艺术专业　本科

• 作品截图展示

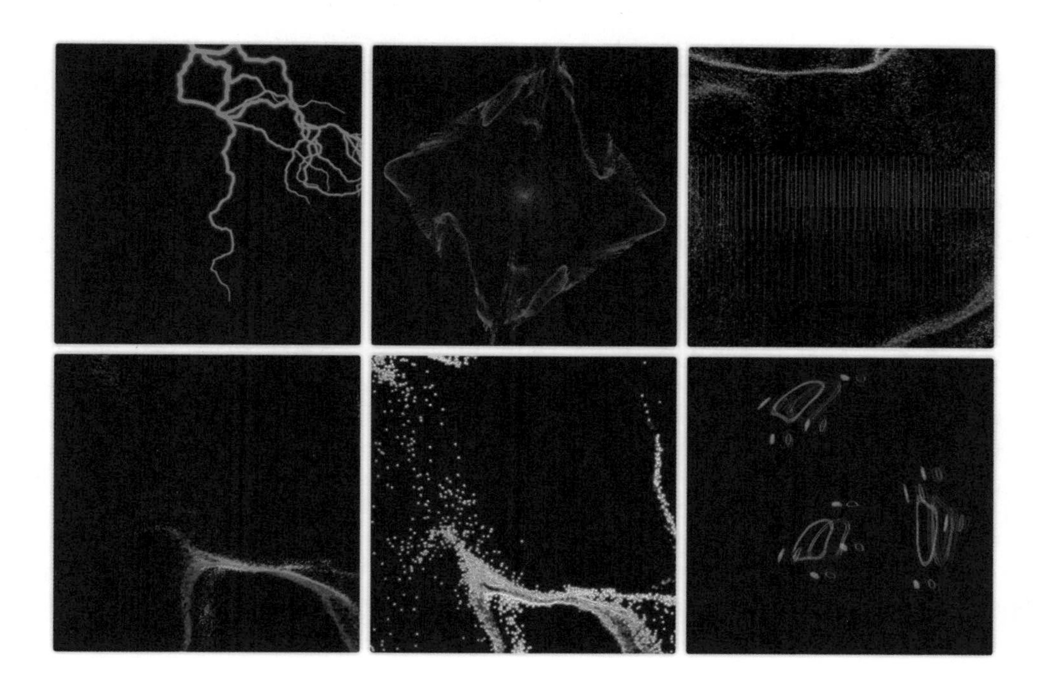

作品5

• 作品名称：《kongkongkongkong》

• 作品阐述

这段影像更多是一种内心感受。第一次听到这音频的时候，我就感受到里面的虚无神秘，具有一种原始感受的刺激。高潮部分的背景节奏让我有一种部落祭祀的神秘感。整段影片主要部分采用声音可视化，我希望通过这种简单的符号化的图像来传达出这种宗教部落祭祀的感受。这种具有符号化特征的简单图像很像部落图腾纹样。

整段影片背景是在一个荒芜的空间当中，没有任何特征。一段没有尽头、一直在延续的空间。我不希望用太过具象的影像来限制观众的感受，但我在影片中间刻意安插了较为具象的立体“眼”。这与整个影片二维抽象的基调区分开来。这几双眼可能代表我们，也可能代表这段音频影像中的“祭祀对象”，又或许是一种生命的具象。而这一切都在这无尽前行的空间中消散与重复。

• 作品作者

马靖维　北京电影学院美术学院2020级环境设计专业　本科

• 作品截图展示

作品6

- 作品名称：《救赎》
- 作品阐述

视频讲述关于那些正处于青春期的迷惘少年的自我救赎。这段时期正是成长路上对自身怀疑与积攒失望的非常时期，而我们总是在这段经历中，自我探寻旅程的转折点，心情也随着时间逐渐趋于平静。我们的旅途不会停止，关于人生的探寻也不会停止。

- 作品作者

张川银秀　北京电影学院美术学院2020级新媒体艺术专业　本科

- 作品截图展示

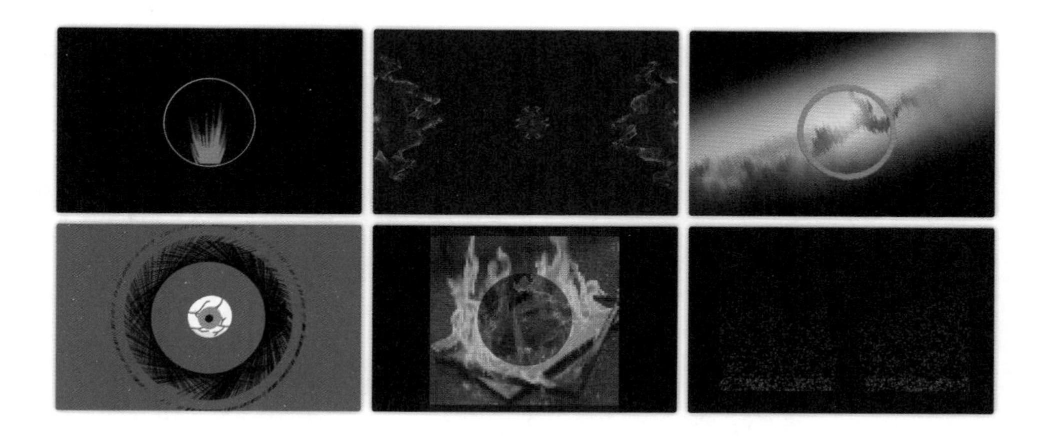

作品7

• 作品名称：《红色和蓝色的幻境》（*Red and Blue Illusion*）

• 作品阐述

熬到夜里三点时我辗转反侧，无法进入睡眠状态由感而作。视频开头就是在转动的时钟和转动的眼睛，时钟一直在转动，眼睛也在不停转动。时钟转动的声音一直在逼迫我的神经，可是此时的我依旧毫无困意。然后，我就陷入一个红色和蓝色的幻境之中，不停变化的环境像一种幻觉。最后，幻境消失了，时间又倒流到凌晨三点。

• 作品作者

李赛格　北京电影学院美术学院2020级新媒体艺术专业　本科

• 作品截图展示

作品8

• 作品名称:《消化》

• 作品阐述

消化，是指动物或人的消化器官把食物变成可以被机体吸收的养料，存储在体内供给人体需要。数据存储是数据流在加工过程中产生的临时文件或加工过程中需要查找的信息。数据以某种格式记录在计算机内部或外部存储媒介上，满足调用数据功能。消化作为一种人体机能，也是有限度的。巨量食物在体内消化，就会造成严重的人体机能失调，但数据储存却随着技术与时代的发展存储量变得越来越庞大。如此庞大的存储下是否暗含着危机？本作品《消化》就是通过将人体消化过程通过编程转化为数据存储过程，以消化的视角来解读数据存储是否会为生物与科技带来更多可能性。

• 作品作者

牛元康　北京电影学院美术学院2020级新媒体艺术专业　本科

• 作品截图展示

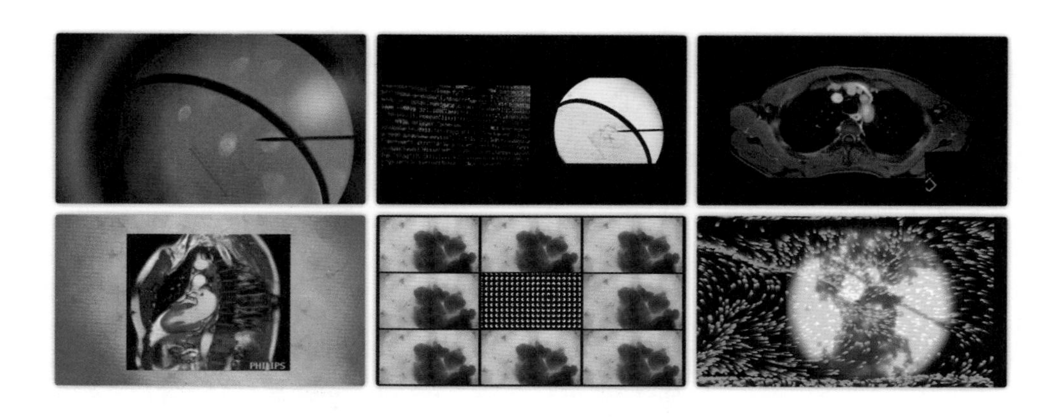

作品9

• 作品名称:《涅槃》

• 作品阐述

“涅槃”一词本身为佛教用语，指超脱生死的境界，也指僧尼死亡。但是我将短片取名为《涅槃》的原因则是该词同时包含重生的意思。

短片分为五个片段：分裂—旋涡—结合—网—自我。分裂，更多是指细胞分裂，无论什么样的物种，都要生长，而细胞分裂则是生长的必然过程。选择“分裂”作为第一个片段，因为它代表生物刚开始生长的第一阶段。“旋涡”，则是无论何种生物在成长过程中都要面临的种种困难。这一阶段虽然艰辛，却是每种生物生长的必经之路。第三阶段“结合”，是每一个物种发育成熟的标志，都需要选择一个对象进行结合，同时承担起繁育下一代的任务。作为物种生长的必要阶段，它在其中也起着承上启下的作用。“网”则是物种在结合之后，生活中面临的困难不减反增，像一只细密的网，将其牢牢困在其中。最后一个片段“自我”则是表达的重点：不管在成长过程中经历了什么，都要找到真正的自我。这也是为什么选择形似于风火轮的意象，希望以自我为中心，不被外界因素干扰。

• 作品作者

赵士豪　北京电影学院美术学院2020级新媒体艺术专业　本科

• 作品截图展示

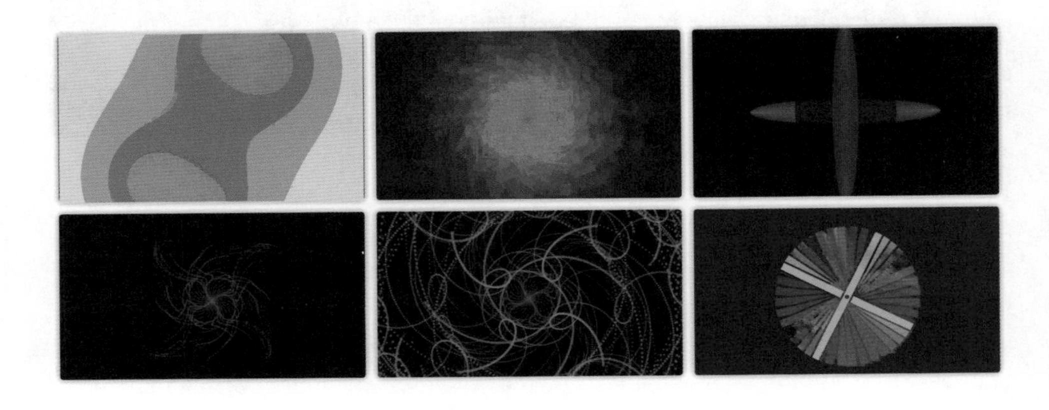

作品10

• 作品名称:《BORN IN DEATH》

• 作品阐述

此次作品我想要表达展现的是关于宇宙中渺小又强大的生命带给我的感受，世界很大，可是我的眼睛看到的世界很小，因为我所看到的世界是有限的。生命对于这个世界来说如此渺小，可是对于我自己，生命又是如此庞大。因为它是我的全部，它成就了我。

生命的诞生就像一朵朵绚丽的烟花绽放，每个人的生命都是美丽的，都是独一无二的。眼睛是我们能观察这个世界的重要媒介，因为每个人眼中的世界都是不同的。视频开端由圆点逐渐组成眼睛，就像细小的尘埃汇聚在一起，组成每一个人，然后绽放属于自己的绚丽之花，随后又消散。

生命的诞生注定了死亡的存在，我不惧怕死亡，就像不惧怕诞生一样，死亡也许不是终点，就像生命的诞生是一个人的世界的开始。

• 作品作者

韩冰婷　北京电影学院美术学院2020级新媒体艺术专业　本科

• 作品截图展示

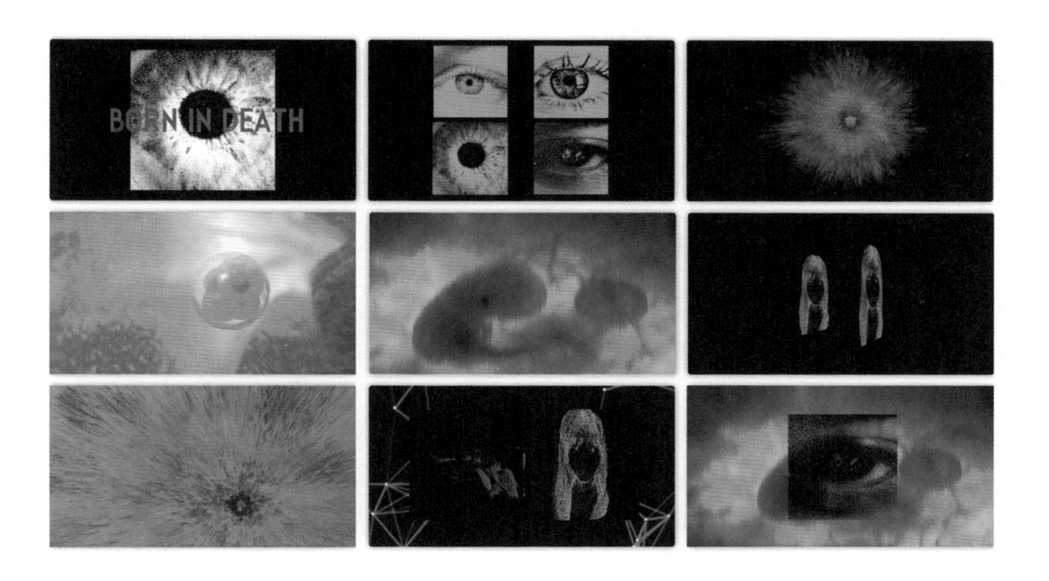

附　录　常用词汇

A	
abbreviation	缩略语
absolute	绝对的，完全的，不受任何约束的
absolute motion	绝对运动
absolute value	绝对值
abstract	抽象的
acceleration	加速，加速度
access	访问
accumulator	累加器
activate	激活
adapter	适配器
add	加，添加
add file	添加文件
adding libraries	添加库文件
add mode	从模式菜单添加新的模式从而使得草图文件能在不同的平台上开发和使用
add tool	打开工具管理器浏览并安装新的工具
addition	加，增加，附加
address	地址
advanced	先进的，高等的，高深的
AI（Artificial Intelligence）	人工智能
algorithm	算法

续表

A	
allocate	分配，配置
alpha mask	Alpha 遮罩，载入一个遮罩对图像的不同部分进行具体的透明度设置。在 Processing 语言中，通过图像的 mask（ ）方法将两幅图像混合在一起
alternative	备选
ambient	环境，周围的，包围着的，产生轻松氛围的
android	似人自动机；〔电影〕机器人；基于 Linux 平台的开源手机操作系统，主要使用于便携设备。目前尚未有统一中文名称，中国大陆地区较多人称为安卓
animation	动画片制作，动画片摄制，动画片；生气，活泼
annotation	注解
anonymous	匿名的
append	附加，添加，贴上，签名
application	应用
application framework	应用框架
application program interface，API	应用程序编程接口
application service provider，ASP	应用程序服务提供商
archive	存档
archive sketch	将当前的草图以 .zip 的形式存档。存档文件存放在与草图相同的文件内
Arduino	一款便捷灵活、方便上手的开源电子原型平台。包含硬件（各种型号的 Arduino 板）和软件（Arduino IDE）
argument	参数，自变量
arithmetic	算术
array	数组。即一组数，数组中的每一个数据元素都有一个根据其在数组中的位置的下标来区别每一个元素
array 2D	二维数组
assemble	组合
assembly	汇编
assign	赋值“=”，将一个数值赋给一个变量

续表

A	
assignment	赋值
assignment operator	赋值操作符
associated	关联的
attribute	属性，（人或物的）特征，价值
augmented	扩充
Augmented Reality，AR	增强现实
auto format	自动格式化
auxiliary	辅助
B	
background	背景
bandwidth	带宽
base	基础，基本
base case	基本情形
base class	基类
basic	基础
Bayes’ theorem	贝叶斯定理
begin	开始
behavior	行为，（机器等的）运转状态
Bezier curve	贝塞尔曲线
bicubic	双三次
binary operator	二元操作符
binary search	二分查找
binary search tree	二叉搜索树
binary tree	二叉树
binding	绑定
bit	位
bit manipulation	位操作
bitwise	〔计〕按位
black box	黑盒子

续表

B	
blend	混合，调和，协调
blob	斑点，一团
block	块
block structure	块结构
block name	代码块名字
bloop	杂音，出错
blue	蓝色
bluetooth	蓝牙
blur	模糊
board	板
body	体
boolean	布尔
border	边框
bottom	底部
bottom-up design	自底向上的设计
bottom-up programming	自底向上编程
bounce	反弹，弹回
bouncing ball	弹跳的小球
bouncy bubbles	弹跳的气泡
bound	边界
bounds checking	边界检查
brace	花括弧
bracket	方括弧
brainwave	脑电波，灵机
branch	分支
breadth-first	广度优先
breadth-first search，BFS	广度优先搜索
break	间断
breakpoint	断点

续表

B	
brevity	简洁
brightness	亮度
Brownian Motion	布朗运动
browse	浏览
browser	浏览器，浏览程序
bubble	气泡
buffer	缓冲区
buffer overflow	缓冲区溢出
bug	臭虫
builder	生成器
building	创建
built-in	内置
button	按钮
byte	字节
bytecode	字节码
C	
cache	缓存
calculation	计算，估计
call	调用
callback	回调
Camel Case	驼峰式大小写
camera	照相机，摄影机
cancel	取消，撤销，注销
candidate	候选的
canvas	帆布，油画布
capture	捕捉
carnivore	Processing 语言中的一个用来监控数据网络的库
Cartesian coordinate system	笛卡尔坐标系
case	分支

续表

C	
catch	处理异常的关键字，当程序出现异常时执行 catch 的内容
ceil	装天花板；向上取整函数
channel	通道
character（char）	字符
check	校验，检验
child class	子类
choke point	滞塞点
chroma	色度
chunk	块
circular definition	循环定义
clarity	清晰
class	类
class declaration	类声明
class library	类库
clear	清除
click	单击
client	客户端
clip	修剪
clipboard	剪贴板
clone	克隆
close	关闭
closure	闭包
cloud	云
clutter	杂乱
code	代码
code bloat	代码膨胀
collection	收集器
color	颜色

续表

C	
column	行
column-major order	行主序
comma	逗号
command-line	命令行
command-line interface，CLI	命令行界面
comment	注释
Common Lisp Object System，CLOS	Common Lisp 对象系统
Common Gateway Interface，CGI	通用网关接口
communication	交流，通信，传达
community	社区
compatible	兼容
compilation	编译
compilation parameter	编译参数
compile	编译
compile inline	内联编译
compile time	编译期
compiled form	编译后的形式
compiler	编译器
complex	复杂
complexity	复杂度
compliment	补集
component	组件
composability	可组合性
composite	混合，综合，合成
composition	组合，构图
compound value	复合数据
compression	压缩
computation	计算
computer	计算机

续表

C	
computer animation	计算机动画
concatenation	串接
concept	概念
concrete	具体
concurrency	并发
concurrent	并发
conditional	条件式
conditional variable	条件变量
configuration	配置
connection	连接
cons	构造
cons cell	构元
consequent	结果
consistent	一致性
console	控制台，操纵台
constant	常量
constraint	约束，限制
constraint programming	约束式编程
contributed library	〔计〕汇集型程序库
container	容器
content-based filtering	基于内容的过滤
context	上下文
continuation	延续性
continue	继续；关键字，当运行循环结构时，跳过语句块内剩余的部分而开始新的迭代
continuous integration，CI	持续集成
contrast	对比
control	控件；控制
convert	换算，转换

续表

C	
conversion	转换；〔逻〕换位（法）
cooperative multitasking	协作式多任务
coordinate	坐标
copy	拷贝
core	中心，核心；〔计〕磁心
corner	角，拐角
co-routine	协程
corruption	程序崩溃
cos	余弦
counter	计数器
cover	封面，覆盖
crash	崩溃
create	创建
crystallize	固化
cut	剪切
curly	括弧状的
curly braces	大括号
curried	柯里的
currying	柯里化
cursor	光标
curvy	卷曲的
cycle	周期
D	
data	数据
data structure	数据结构
data type	数据类型
data-driven	数据驱动
database	数据库
database schema	数据库模式

续表

D	
datagram	数据报文
dead lock	死锁
debug	调试
debugger	调试器
debugging	调试
declaration	声明
declaration forms	声明形式
declarative	声明式
declarative knowledge	声明式知识
declarative programming	声明式编程
declarativeness	可声明性
declaring	声明
decoding	解码
deconstruction	解构
decrement	减量，缩减
deduction	推导
deep learning	深度学习
default	缺省
defer	推迟
deficiency	缺陷
define	定义
definition	定义
default	默认的
default settings	〔计〕〔微软〕设置默认值
degree	〔数〕度，度数
delay	延迟，推迟
delegate	委托
delegation	授权，委派，代表（团）
delete	删除

续表

D	
deallocate	释放
demarshal	散集
density	密度，浓度，比重
deprecated	废弃
depth-first	深度优先
depth-first search，BFS	深度优先搜索
derived	派生
derived class	派生类
design	设计，绘制
design pattern	设计模式
designator	指示符
desktop	桌面
destructive	破坏性的
destructive function	破坏性函数
destructuring	解构
detection	检测
develop	开发，发展
developed	先进的，发达的
device driver	硬件驱动程序
dialog	对话框
dimensions	维度
directional	定向，方向的
directive	指令
directive	指示符
directory	目录
disk	盘
dispatch	分派
display	显示，显示器，陈列
dissolve	叠化

续表

D	
distance（dist）	距离
distortion	失真，畸变
distributed computing	分布式计算
divide	分，划分，分离
DLL hell	DLL 地狱
DMX	DMX 就是 DMX512 的简称，用来控制支持 DMX512 协议的系列灯具
doc	〔计〕文档，同 docu
document	〔计〕文档
dot	点
dotted list	点状列表
dotted-pair notation	带点尾部表示法
double	双重的，两倍的
download	下载
drag	拖拽，拖动
draw	绘画
drop	Processing 语言中用来拖放文件、图像等目标的库
duplicate	复本
duration	持续，持续时间，期间
DXF Export Library	DXF 文件导出库
dynamic	动态的
dynamic binding	动态绑定
dynamic extent	动态范围
dynamic languages	动态语言
dynamic scope	动态作用域
dynamic type	动态类型

续表

E	
edge	边缘
edit	编辑
editor	编辑，编者；〔计〕编辑软件，编辑程序
effect	效果
efficiency	效率
efficient	高效
elaborate	精心制作的
element	元素，要素
eliminate	消除
ellipse	椭圆
elucidating	阐明
else	否则
email	电子邮件
embedded language	嵌入式语言
emissive	发射
emulate	仿真
enable debugger	激活调试器
encapsulation	封装
encode	编码，编制成计算机语言
engine	发动机，引擎，工具
enum	枚举
enumeration type	枚举类型
enumrators	枚举器
environment	环境
equal	相等
equality	相等性
equation	方程
equivalence	等价性
error message	错误信息

续表

E	
error-checking	错误检查
escape character	转义字符
evaluate	求值
evaluation	求值
event	事件
event driven	事件驱动
example	例子
exception	异常
exception handling	异常处理
exception specification	异常规范
exhibition	展览，展示，表明
exit	退出
expendable	可扩展的
experiment	实验
explicit	显式
exploratory programming	探索式编程
exponential	指数
export	导出
expression	表达式
expressive power	表达能力
extend	延伸，伸展，扩展
extensibility	可扩展性
extent	范围
external representation	外部表示法
extreme programming	极限编程
F	
factorial	阶乘
fade-in	淡入
fade-out	淡出

续表

F	
false	错误
family	（类型的）系
FAQ（Frequently Asked Questions）	问的频繁的问题
feasible	可行的
feature	特色
feedback	反馈
field	字段，域，领域，视场，声场，范围
file	文件
file handle	文件句柄
fill	填充
fill pointer	填充指针
filter	滤波器
final	最后的，最终的
fine-grained	细粒度
firmware	固件
first-class	第一类的
first-class function	第一级函数
first-class object	第一类的对象
fixed-point	不动点
fix number	定长数
flag	标记
flash	闪存
flexibility	灵活性
floating-point	浮点数
floating-point notation	浮点数表示法
flush	刷新
focal length	焦距
focal point	焦点
focus	焦点

续表

F	
fold	折叠
folder	文件夹
font	字体
for	对于，由于；〔计〕循环语句关键字
force	迫使
form	形式，表单
formal parameter	形参
formal relation	形式关系
format	格式
forward	转发
forum	论坛
foundation	基础
fractal	分形
fractions	派系
frame	帧，画框
frame count	帧数
frame rate	帧率
framework	框架
framing	取景
freeware	自由软件
frequency	频率
full screen	全屏
function	函数
function literal	函数字面常量
function object	函数对象
functional arguments	函数型参数
functional programming	函数式编程
functionality	功能性
fuzzy	模糊影像
fuzzy-off	柔化

续表

G	
game	游戏
garbage	垃圾
garbage collection	垃圾回收
garbage collector	垃圾回收器
gauge	标准，规格
Gaussian	高斯函数
generalized	泛化
generalized variable	广义变量
generate	生成
generator	生成器
generic	通用的
generic algorithm	通用算法
generic function	通用函数
generic programming	通用编程
generative programming	生产式编程
geo visualizations	地理可视化
geometry	几何
global	全局的
global declaration	全局声明
glue program	胶水程序
go to	跳转
graph	图
graphical user interface，GUI	图形用户界面
graphics	图形
greatest common divisor	最大公因数
Greenspun's tenth rule	格林斯潘第十定律
ground power unit，GPU	地面动力装置
group	组，编组

续表

H	
hack	破解
hacker	黑客
half	一半，半个的
handbook	手册
handle	处理器
hard disk	硬盘
hardware	硬件
harmonized	协调，（使）和谐
hash tables	哈希表
header	头部
header file	头文件
heap	堆
height	高度
help	帮助
helper	辅助函数
heuristic	启发式
hex	十六进制
hierarchical	分层的
highlight	强调
high-order	高阶
higher-order function	高阶函数
higher-order procedure	高阶过程
hour	小时
holographic	全息
HSB（Hue，Saturation，Brightness）	HSB 颜色空间（色相，饱和度，亮度）
http（hypertext transfer protocol WWW）	服务程序所用的协议
hue	色相
hundred	一百

续表

H	
hyperlink	超链接
HyperText Markup Language，HTML	超文本标记语言
HyperText Transfer Protocol，HTTP	超文本传输协议
I	
identical	一致
identifier	标识符
identity	同一性
if	如果；〔计〕条件语句关键字
ill type	类型不正确
illumination	照明
illusion	错觉
illustrator	插画
image	图像
image degradation	图像损失
image distortion	图像畸变
image intensifier	图像增益
imperative	命令式
imperative programming	命令式编程
implement	实现，实施
implementation	实现
implicit	隐式
import	导入
Importer	进口商，进口者，导入者
increment	增量，增长
incremental testing	增量测试
indent	缩排，缩进
in-depth	纵深
inequality	不相等

续表

I	
infer	推导
infinite loop	无限循环
infinite recursion	无限递归
infinite precision	无限精度
infix	中序
information	信息
information technology，IT	信息技术
infrared	红外
infrastructure	基础设施
inheritance	继承
initialization	初始化
initialize	初始化
inline	内联
inline expansion	内联展开
inner class	内嵌类
inner loop	内层循环
input	输入
install	安装
instances	实例
instantiate	实例化
instruction	〔计〕指令
instructive	教学性的
instrument	记录仪
integer（int）	整数
integrate	集成
intensification	增强
intensity	光强，响度
interactive language	交互式语言
interactive programming environment	交互式编程环境

续表

I	
interactive testing	交互式测试
interacts	交互
interactive	交互的
interface	接口
intermediate form	过渡形式
internal	内部
internet	互联网
interpolation	插值
interpret	解释
interpreter	解释器
interrupt	中止
intersection	交集
inter-process communication，IPC	进程间通信
interval	间隔；〔数〕区间
invariants	约束条件
invoke	调用
I/O	输入 / 输出
iris	光圈
isometric	等距
issue	问题
item	项
iterate	迭代
iteration	迭代的
iterative	迭代的
iterator	迭代器
J	
jagged	锯齿状的
Java	〔计〕应用程序开发语言
JavaScript	〔计〕Java 描述语言（一种脚本语言）

续表

J	
job control language，JCL	作业控制语言
join	加入，连接，结合
judicious	明智的
K	
kernel	核心
kernel language	核心语言
key	键
keyboard	键盘
keystone	重点，基本原理
keyword argument	关键字参数
keywords	关键字
Kinect	kinetics（动力学）加上 connection（连接）两字所自创的新词汇，是微软在 2010 年 6 月 14 日对 XBOX360 体感周边外设正式发布的名字；一种体感设备
L	
language	语言
lap dissolve	叠化
laser	激光
latitude	纬度，范围
launch	〔计〕开始（应用程序）；发射，发动
layout	布局
leading	主要的，首要的，领导的
leap motion	面向 PC 以及 Mac 的体感控制制造公司 Leap 于 2013 年 2 月 27 日发布的体感控制器，主要感应手部动作
LED	发光二极管
left shift	左移运算（<<）
less	较少的，较小的
less than	小于（<）
less than or equal to	小于等于（<=）

续表

L	
leverage	杠杆
lexical	词法的
lexical analysis	词法分析
lexical closure	词法闭包
lexical scope	词法作用域
library	库
lifetime	生命期
light	光，发光体
lightweight	轻量的，不重要的
line	线，线条
linear iteration	线性迭代
linear recursion	线性递归
link	链接
linker	连接器
Linux	一种可免费使用的 UNIX 操作系统，运行于一般的 PC 机上
list	列表，目录
list operation	列表操作
literal	字面
literal constant	字面常量
literal representation	字面量
load	装载，下载，载入
loader	装载器
local	局部的
local declarations	局部声明
local function	局部函数
local variable	局部变量
locality	局部性
locate	定位

续表

L	
logarithm	对数
logical	逻辑的
long	长的
long integer	长整型
loop	循环
low	低的，下方的
M	
machine instruction	机器指令
machine language	机器语言
machine language code	机器语言代码
machine learning	机器学习
macro	宏
magnitude	大小，量级
mailing list	邮件列表
mainframes	大型机
maintain	维护
manage	管理
manifest typing	显式类型
manipulate	操纵，处理
manipulator	操纵器
map	地图
mapping	映射
mapping functions	映射函数
marshal	列集
massage	信息，消息
match	匹配
math，mathematics	数学
matrix	矩阵
max，maximum	最大值，最大化

续表

M	
media	媒体，介质
member	成员，构成，部件
memorizing	记忆化
memory	内存
memory allocation	内存分配
memory leaks	内存泄漏
menu	菜单
mesh	网格，网状物
message	消息
message-passing	消息传递
meta-	元 -
meta-programming	元编程
metacircular	元循环
method	方法
method combination	方法组合
metric	度量的，米制的；度量标准
micro	微
middleware	中间件
migration	（数据库）迁移
millisecond	毫秒
min，minimum	最小值，最小化
mindset	心态，思维倾向，观念模式
minimal network	最小网络
minus	减
minute	分钟
mirror	镜射
mismatch type	类型不匹配
mode	模式
model	模型

续表

M	
modem	调制解调器
modify	修饰，修改
modifier	修饰符
modular	模块化，模块，单元
modularity	模块性
module	模块
modulo	模数，以…为模
monochromatic	单色
monophonic	单声道
month	月
Moore’s law	摩尔定律
motion	运动
mouse	鼠标
mouse button	鼠标按键
movie	电影
multiline	多行
multi-task	多任务
multi-touch	多点触控（技术），多点触摸
multiple values	多值
multiply	乘
mutable	可变的
Multiple Virtual Storage，MVS	多重虚拟存储
N	
namespace	命名空间
native	本地的
native code	本地码
natural language	自然语言
natural language processing	自然语言处理
nested	嵌套

续表

N	
nested class	嵌套类
network	网络
new	新建
newline	换行
noise	噪声
non-deterministic choice	非确定性选择
non-strict	非严格
non-strict evaluation	非严格求值
nondestructive version	非破坏性的版本
norm	规范，标准
normal	正常的，正规的；〔数〕正交的
null	空的，零值的，无效的
number	数字
numerical	数字的，数值的，用数字表示的
O	
object	对象
object code	目标代码
object-oriented	面向对象
object-oriented programming	面向对象编程
on the fly	运行中
online	在线
opacity	不透明性，阻光度
OpenGL（Open Graphics Library）	指定义了一个跨编程语言、跨平台的编程接口规格的专业图形程序接口
open source	开放源码
operand	操作对象
operating system，OS	操作系统
operation	操作
operator	操作符

续表

O	
optics	光学
optimization	优化
option	选项
optional	可选的
optional argument	选择性参数
ordinary	常规的
orthogonality	正交性
output	输出
overflow	溢出
overhead	额外开销
overload	重载，超负荷
override	覆写
P	
package	包
page setup	页面设置
paint	绘画作品，绘画
pair	点对
palette	调色板
palindrome	回文
panorama	全景
paradigm	范式
parallel	并行
parallel computer	并行计算机
parallax	视差
parameter	参数
parenthesis matching	括号匹配
parent class	父类
parenthesis	括号
parse	解析

续表

P	
parse tree	解析树
parser	解析器
partial application	部分应用
partial applied	分步代入的
partial function application	部分函数应用
partical	粒子
particular ordering	部分有序
pass by adress	按址传递
pass by reference	按引用传递
pass by value	按值传递
path	路径
pattern	模式
pattern match	模式匹配
PDE，Partial Differential Equation	偏微分方程
perception	感知
perform	执行
performance	性能
permutations	排列，序列
persistence	持久性
perspective	观点；景色，远景；透镜
physical	物理的
PI	圆周率 π
picture	图片
pipe	管道
pixel	像素
placeholder	占位符
planning	计画
platform	平台
playback	回放，重放

续表

P	
plot	测绘，标图，绘制
point	点
pointer	指针
pointer arithmetic	指针运算
poll	轮询
polygon	多边形
polymorphic	多态
polynomial	多项式的
pool	池
pop	弹出
port	端口
portable	可移植性
portal	门户
positional parameters	位置参数
postfix	后序
precedence	优先级
precedence list	优先级列表
preceding	前述的
predicate	判断式
preference	优先权
preprocessor	预处理器
prescribe	规定
present	当前的，目前的
prime	素数
primitive	原语，原始的
primitive recursive	主递归
primitive type	原生类型
principal type	主要类型
print	打印

续表

P	
printed representation	打印表示法
printer	打印机
priority	优先级
private	私有的
procedure	过程
procedurual	过程化的
procedurual knowledge	过程式知识
process	进程
process priority	进程优先级
processing	（数据）处理，整理，配置；〔计〕一种编程语言
programmer	程序员
programming	编程
programming language	编程语言
project	项目
projection	投影；预测，规划，设计
prompt	提示符
proper list	正规列表
property	属性
property list	属性列表
protocol	协议
prototype	原型
pseudo code	伪码
pseudo instruction	伪指令
public	公有的
purely functional language	纯函数式语言
push	推，推进
pushdown stack	下推栈
Q	
quadratic	二次的；二次方程式

续表

Q	
qualified	修饰的，带前缀的
qualifier	修饰符
quality	质量
quality assurance，QA	质量保证
quarter	四分之一
query	查询
query language	查询语言
queue	队列
QuickTime	Apple 公司的数字多媒体技术
quit	退出
quote	引用
quoted form	引用形式
R	
radian	弧度
RAID，Redundant Array of Independent Disks	冗余独立磁盘阵列
raise	引起
random	随机的
random number	随机数
range	范围
rank	（矩阵）秩
rapid prototyping	快速原型开发
rate	速度，比率，率
rational database	关系数据库
raw	未经处理的
read	读取
REPL，read-evaluate-print loop	读取—求值—打印循环
read-macro	读取宏
record	记录

续表

R	
recursion	递归
recursive	递归的
recursive case	递归情形
redo	重做
refactor	重构
refer	参考
reference	引用
refine	精化
reflection	反射
register	寄存器
regular expression	正则表达式
relational operator	关系运算符
relative motion	相对运动
remove	移除
represent	表现
request	请求
reset	重新设置
resolution	解析度
resolve	解析
rest parameter	剩余参数
return	返回
return value	返回值
reuse of software	代码重用
reverse	反转，交换
right associative	右结合
RISC，Reduced Instruction Set Computer	精简指令系统计算机
robust	健壮，鲁棒
robustness	健壮性，鲁棒性

续表

R	
rotate	旋转
round	圆形的，弧形的，整数的
routine	例程
routing	路由
row-major order	列主序
remote procedure call， RPC	远程过程调用
run	运行
runtime	运行期
S	
saturation	饱和度
save	储存
scalar type	标量
scan	扫描
scene	场景
schedule	调度
scheduler	调度程序
scope	作用域
screen	屏幕
scripting language	脚本语言
search	查找
segment of instructions	指令片段
semantics	语义
semicolon	分号
sequence	序列
sequential	循序的
serial	串行
serialization	序列化
series	串行
server	服务器

续表

S	
setting	环境，装置，设置
setup	设置
shadowing	隐蔽了
sharp	犀利的，尖锐的
sharp-quote	升引号
shortest path	最短路径
shot	镜头
side effect	副作用
signal-to-noise ratio	信噪比
signature	签名
simple vector	简单向量
simulate	模拟
single-segment	单段的
size	大小
sketch	草图
sketchbook	速写簿，写生簿，草图册
slash	斜线
slot	槽
smart pointer	智能指针
smooth	光滑的，流畅的
snake case	蛇底式小写
snapshot	屏幕截图
software	软件
solution	方案
source code	源代码
space leak	内存泄漏
spam	垃圾邮件
spec	规格
special form	特殊形式

续表

S	
special variable	特殊变量
specialization	特化作用，专业化，特别化
specialize	特化，专门从事；详细说明
specialized array	特化数组
specification	规格说明
split	分裂，分开，划分
splitter	切分窗口
sprite	精灵图
square	平方
square root	平方根
squash	碰撞
stack	栈
stack frame	栈帧
standard library	标准函式库
state	状态
statement	陈述
static	静态的
static type	静态类型
static type system	静态类型系统
status	状态
step	步骤
stereophonic sound	立体声
store	保存
stream	流
strict	严格
strict evaluation	严格求值
string	字串
string template	字串模版
strong type	强类型

续表

S	
structure	结构
structural recursion	结构递归
structured values	结构型值
subroutine	子程序
subset	子集
substitution	代换
substitution model	代换模型
subtype	子类型
super	超，超级的
superclass	基类
superfluous	多余的
supertype	超集
support	支持
surround sound	环绕声，环境音
suspend	挂起
swapping values	交换变量的值
symbol	符号
symbolic computation	符号计算
syntax	语法
system administrator	系统管理员
System Network Architecture，SNA	系统网络体系
T	
tab	标签，制表
table	表格
tag	标签
target	目标
task	任务
taxable operators	需节制使用的操作符
taxonomy	分类法

续表

T	
template	模版
temporary object	临时对象
terminate	终止，结束
testing	测试
text	文本
text file	文本文件
texture	纹理
thread	线程
throw	抛出
throwaway program	一次性程序
timestamp	时间戳
tint	色彩，染色，着色于…，染
tip	提示
toggle	切换
token	词法记号
tonalities	音调，色调
toning	着色，调节
tool	工具
toolbar	〔计〕工具栏
toolkit	工具箱，工具包
top-down design	自顶向下的设计
top-level	顶层
topic	话题，主题，标题
touch	触摸；〔数〕与…相切
trace	追踪
trailing space	行尾空白
transaction	事务
transform	变换，改变；〔数〕变换式
transition	转移

续表

T	
translate	转化，翻译，解释
transparent	透明的
traverse	遍历
tree	树
tree recursion	树形递归
triangle	三角
trigger	触发器
trigonometry	三角学
trim	修建，整理，装饰
true	真的
tuple	元组
Turing machine	图灵机
Turing complete	图灵完备
tutorial	教程，辅导，使用说明书
tweak	拧，稍稍调整（机器、系统等）
typable	类型合法
type	类型
type constructor	类构造器
type declaration	类型声明
type hierarchy	类型层级
type inference	类型推导
type name	类型名
type safe	类型安全
type signature	类型签名
type synonym	类型别名
type variable	类型变量
typing	类型指派
typography	排版

续表

U	
user interface，UI	用户界面
unary	一元的
uncomment	取消批注
underflow	下溢
undo	取消，废除，撤销
unification	合一
uniform	（形状，性质等）一样的，规格一致的
union	并集
universally quantify	全局量化
update	更新
upload	上传，上载
upper	上面的
uptime	运行时间
URL， Uniform Resource Locator	统一资源定位符
USB，Universal Serial Bus	通用串行总线
user	用户
utilities	实用函数
utility	效用，功用
V	
validate	验证
validator	验证器
value constructor	值构造器
variable	变量
variable capture	变量捕捉
variadic input	可变输入
variant	变种
vector	向量，矢量
vertex	顶点，最高点；〔数〕（三角形、圆锥体等与底相对的）顶，（三角形、多边形等的）角的顶点

续表

V	
viable function	可行函数
video	视频
view	视图
virtual function	虚函数
virtual machine	虚拟机
virtual memory	虚内存
Virtual Reality，VR	虚拟现实
visual	视觉的，看得见的，形象化的，画面，图像
void	无效的，空的，空缺的
vision	视觉
vowel	元音
W	
warning message	警告信息
web	网络
web server	网络服务器
website	网站
weight	权值
well type	类型正确
wheel	轮子
width	宽度
wildcard	通配符
window	窗口
word	单词
wrap	包装
X	
XML，Extensible Markup Language	可扩展标记语言
Z	
Z-expression	Z- 表达式
zero-indexed	零索引的
zoom	变焦